Microsoft Office Specialist Certification Series
微软办公软件国际认证指定教程

Microsoft Office **Excel** 2003
专业级认证教程

CCI Learning Solutions Inc. 编著

李凤霞 李立杰 刘 丽 译

中国铁道出版社
CHINA RAILWAY PUBLISHING HOUSE

北京市版权局著作权合同登记号：01-2009-4141 号

版 权 声 明

图书在版编目（CIP）数据

Microsoft Office Excel 2003 专业级认证教程 / 美国
CCI Learning Solutions Inc. 编著；李凤霞，李立杰，
刘丽译. —北京：中国铁道出版社，2009.7
 （微软办公软件国际认证）
 ISBN 978-7-113-10368-2

 I．M… Ⅱ.①美…②李…③李…④刘… Ⅲ．电子表格
系统，Excel 2003－工程技术人员－技术培训－教材
Ⅳ.TP391.13

 中国版本图书馆 CIP 数据核字（2009）第 131959 号

书　　名：Microsoft Office Excel 2003 专业级认证教程
作　　者：CCI Learning Solutions Inc. 编著.
译　　者：李凤霞　李立杰　刘　丽

策划编辑：严晓舟
责任编辑：苏　茜　　　　　　编辑部电话：（010）63583215
编辑助理：王　宏　　　　　　封面设计：付　巍
责任印制：李　佳　　　　　　封面制作：白　雪

出版发行：中国铁道出版社（北京市宣武区右安门西街 8 号　邮政编码：100054）
印　　刷：北京鑫正大印刷有限公司
版　　次：2009 年 9 月第 1 版　　　2009 年 9 月第 1 次印刷
开　　本：880mm×1 230 mm　1/16　印张：15.5　字数：476 千
印　　数：4 000 册
书　　号：ISBN 978-7-113-10368-2/TP・3492
定　　价：35.00 元（附赠光盘）

前 言

欢迎参加微软办公软件国际认证（MOS）培训

本课程旨在为用户提供最佳的 Microsoft Office Excel 2003 培训解决方案。编写本课程的过程中，我们使用的是来自办公室以及课堂中的实际应用案例，因此请读者相信，课程中将提供简明而实用的内容。

本课程得到了 Microsoft 的认可

本课程已获准被纳入"微软办公软件国际认证"项目，符合专业级考试要求，读者可参考本课程 Appendix E"Microsoft Office Excel 2003 专业测试目标"了解该级别的技能要求。通过学习本课程，读者将可以参加 Microsoft Office Excel 2003 专业级认证考试。通过该考试将大大提升您的职场竞争力。该考试可通过北京计算机教育培训中心及其在各地的授权培训机构报名参加。关于 Microsoft Office 专业级认证项目的更多信息，可登录 Microsoft 网站 http://www.microsoft.com/officespecialist 查询。

课程约定

所有 Microsoft Office Specialist 课程都具有以下特点：

课程长度：Microsoft Office Specialist 课程均设计为 18～30 课时。每课都采用模块化设计，以便教师选择最适合其课时要求的内容。

多模式练习：本课程在讲解每个知识点时都提供了多种模式的练习，这些练习的组织方式如下：

技巧课堂

实际操作，分步练习指导学生完成各个步骤。"技巧课堂"安排在主题讲解之后，就如何以最高效的方式使用某一功能提供指导。

技巧演练

实际操作，在"技巧课堂"练习之后提供的分步练习。"技巧演练"提供给读者更多的练习和强化机会，使读者能够熟练地完成相应的操作。

技巧应用

实际操作，在每课结尾提供的拓展练习。这些练习不再是分步练习，而要求学生独立操作，应用该课所学知识来完成特定任务。

项目与案例研究

实际操作，在 Appendix A 中提供的综合练习。要求学生应用本课程所学的全部知识在类似真实工作环境中完成工作任务。这些练习可用做附加的实际操作练习、高水平学习者的高难度练习，或用于检测学员技能的期末考试题。

该图标提示读者在操作过程中应注意的问题或提出另一种解决问题的方式。在学习每一个知识点时，读者可以利用该提示更快或更有效地解决问题。

很多时候，练习时必须对某个功能特征有足够的了解才能进行操作，书中可能会出现此标志表示警告或者附加说明。

学习目标

本课程学习目标是掌握 Microsoft Office Excel 2003 的基本命令、功能和技能。本课程适合初学 Excel 数据处理的用户学习。学完本课程后，应该掌握以下内容：

- 打开并运行 Microsoft Office Excel 2003
- 使用鼠标选择菜单、工具栏、命令
- 使用帮助功能
- 理解并且可以描述电子表格的概念
- 解释 Excel 的基本组成部分
- 在工作表中输入数据
- 创建工作簿
- 创建和重命名文件夹
- 打开、保存、关闭工作簿
- 移动工作簿
- 选择单元格
- 更改单元格中的内容
- 使用撤销和恢复命令
- 数据的剪切、复制和粘贴
- 调整列宽度和行高度
- 插入或删除行列
- 创建和编辑简单的公式
- 在单元格区域中使用常用函数
- 绝对引用和相对引用单元格地址
- 重命名、插入、删除、复制、移动工作表
- 使用预置的数字格式
- 更改工作表中的字体、对齐方式、边框、颜色和图案
- 清除单元格中的内容和格式
- 使用自动格式设置
- 为工作表标签增添颜色
- 更改工作表的背景
- 打印前预览工作表
- 增添分页符，使用页面预览

- 新建和重新排列窗格
- 拆分和调整窗格
- 冻结和取消冻结窗格
- 隐藏和取消隐藏工作簿
- 创建常用图表
- 选择不同类型的图表
- 在图表中使用图例和标题
- 使用饼图
- 打印饼图
- 在当前图表中添加数据
- 理解函数的概念
- 使用插入函数和高级函数功能
- 使用格式刷
- 隐藏和取消隐藏行列以及工作表
- 使用批注
- 创建和使用格式样式
- 绘制图形
- 移动和调整图形大小
- 使用艺术字
- 在工作表中增添剪贴画
- 插入、更改、删除超链接
- 在浏览器中预览工作表
- 将工作表发布为网页
- 使用自动筛选功能
- 查找替换数据和单元格格式
- 使用定位工具
- 使用选择性粘贴
- 使用手动筛选功能
- 导入其他程序中的数据

- 设置页面布局和打印功能
- 选择不同的打印机设置
- 打印一个或者多个工作表

- 使用信息检索
- 更改 Excel 选项设置

Excel 是一个功能强大的办公软件，其中有很多功能和特性是一本书所无法全面讲解的。本课程将大量信息以简单明了的方式介绍给读者，以方便读者快速掌握并且应用。在学习过程中，读者应反复阅读，做到课前预习课后复习，这样才能更好地掌握知识。通过本课程的学习，读者将逐步了解 Excel 中的重要概念和使用技巧，不断提升在工作和学习中应用 Excel 的能力。

关于译者

本书由北京理工大学李凤霞、李立杰，北京联合大学生物化学工程学院刘丽翻译，由中国人民大学杨小平统稿。参加案例与习题整理工作的还有李仲君、李雪飞、崔灵果、介飞、邢郁丽、李涛、郭根华。在本书的翻译过程中，译者未敢稍有疏虞，但由于时间仓促，书中不足之处在所难免，恳请广大读者不吝赐教。

中国铁道出版社
2009 年 5 月

Contents

目　录

1
Lesson

绪　　论

学习目标

本课将介绍 Microsoft Excel 的基本功能。

学习本课后，应该掌握以下内容：

- ☑ 了解并能描述电子表格的概念
- ☑ 掌握 Excel 的基本组成
- ☑ 会使用鼠标和键盘选择指令并且做出恰当的选择
- ☑ 能够在电子表格中输入数据，包括文字、数字、日期、时间和符号
- ☑ 学会直接创建或从模板中创建电子表格
- ☑ 保存电子表格
- ☑ 在 Excel 中创建新的工作簿并为其重命名
- ☑ 打开或关闭 Excel 工作簿
- ☑ 在工作簿中移动 Excel 工作表

1.1 概述

1.1.1 什么是电子表格

电子表格是一个专门用于对数据进行数学计算及数据处理的应用程序。一经出现，它代替了传统使用的笔、纸、计算器。电子表格为解决金融财务和统计中的问题提供了很大的帮助。可以通过电子表格进行数据分析，并将分析结果以线性图、曲线图、柱形图及散点图的形式表现出来。

可以将电子表格想象成很大的一张纸，将其分割成不同的行和列。行列交叉而形成的小区域称为单元格。要构建一个电子表格，就需要在单元格中输入数据，然后可以依据使用的需要对单元格中的数据进行计算。

1.1.2 什么是 Excel

Excel 是 Microsoft 公司为 Windows 操作系统开发研制的电子表格，它是数据分析和数据处理的强有力工具。Excel 由以下三大部分组成：

数据表（spreadsheet）	用于输入分析数据（例如，财务预测、现金流分析、审计等）。在 Excel 使用中，常常用"工作表"（worksheets）这一说法代替"数据表"。
图表（graphics）	用于创建各种图形表格，以便更好地将数据形象化。
数据库（database）	用来编辑整理数据。

Excel 的优点主要体现在以下几个方面：

- 易于掌握：Microsoft 公司所开发的软件（如 Word、Excel、PowerPoint 等）都很易于操作。很多时候，在微软的某个软件中所学到的基本操作，在其他软件中同样适用。
- 数据共享：Excel 可以与其他 Office 软件之间共享数据。例如，用户可以将 Excel 中使用的表格直接插入到 Word 中继续使用。
- 功能强大：Excel 提供和支持信息检索和拼写检查等功能，以提高工作效率。
- 辅助工具齐全：Excel 提供了大量有关数学、统计、财务以及数据库等功能的辅助工具和 12 种不同功能的表格，为用户进行数据分析、预测等操作提供帮助。
- 多工作表操作：Excel 文件被称为工作簿，工作簿中有一个或多个工作表，用户可以利用 Excel 工具（例如重新命名工作表等）来处理多张工作表单。
- 自动填充功能：自动填充功能可以帮助用户依据前面行列中的数据规律为所选的行列自动填充恰当的数据。例如，如果第一个单元格中包含数据"季度 1"，自动填充功能会将下面的单元格自动填充为"季度 2"、"季度 3"、"季度 4"等。
- 编辑数据：Excel 默认用户可以在单元格中直接编辑修改数据，也可以在公式栏中编辑修改。
- 更改字体：用户可以直接更改单元格的字体。

Excel 是一个功能众多的软件，学习使用 Excel 会给用户的工作生活带来很多方便和效率。很多人在学习过程中发现 Excel 的优势是在循序渐进中显现出来的。用户会随着学习的深入，感觉到自己完全可以轻松自如地应对各种数据问题，在使用时也会更加有效，更加自信。

1.2 Excel 工作窗口

第一次启动 Excel，将会看到图 1-1 所示的工作窗口。

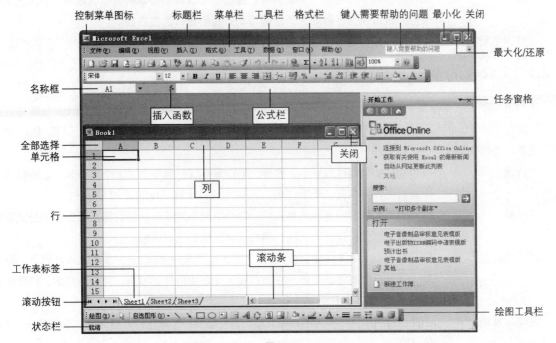

图 1-1

控制菜单图标	是窗口标题栏最左的 Excel 图标。单击控制菜单图标可以打开控制菜单，以调整窗口的大小或者关闭 Excel 窗口（通过最右上角的"关闭"按钮也可以实现此功能）。
标题栏	位于窗口最上方。标题栏通常显示软件的名称（Microsoft Excel）和正在编辑的工作表的名称（Book1）。标题栏的右边还有"最小化"按钮、"最大化/还原"按钮和"关闭"按钮。
菜单栏	位于标题栏下方，菜单栏中包含有不同的子菜单，用户可以通过这些子菜单的命令对 Excel 做各种操作。
工具栏	位于菜单栏下方，工具栏提供了一些常用命令的快捷方式，单击工具栏上的按钮可实现该命令的快速操作。
"最小化"、"最大化/还原"、"关闭"按钮	窗口右上角的三个按钮用于调整窗口的大小。单击"最小化"按钮可将窗口最小化；单击"最大化"按钮或者"还原"按钮可在最大化窗口和恢复之前的窗口大小之间切换；单击"关闭"按钮可关闭窗口。
名称框	位于工具栏左下方的名称框用来显示已激活的单元格的位置。如果名称框显示 A21，意味着单元格 A21 处于当前活动状态，即 A21 在从事数据整理或计算活动。图 1-1 中单元格 A1 被选中，名称框则显示为 A1。
"全部选择"按钮	位于"列 A"左边，"行 1"上面的按钮，单击"全部选择"按钮可以选定当前工作表内的全部单元格（包括有数据的单元格和空白单元格）。
活动单元格	输入数据时，当前使用的单元格为活动单元格。
插入函数	单击"插入函数"按钮，在打开的对话框内选择现有的公式或者输入所需的公式。
公式栏	在名称框右面的公式栏用于显示在当前活动单元格内使用的公式。在某些情况下，公式栏可以用于输入数据或信息。
行号	用阿拉伯数字显示行名称。
列标	用英文字母显示列名称。

滚动按钮	位于窗口左下方的按钮。通过这些按钮可以移动工作表标签。
状态栏	位于窗口最下方，用来说明 Excel 当前所处的工作进程。同时也可显示"求和"或"平均值"等自动计算的数值。状态栏也会显示当前使用的热键，如 Caps Lock 键。
滚动条	窗口右面和下面各有一个滚动条，通过它可以调整窗口中显示的内容。右面的滚动条控制窗口的上下移动，下面的滚动条控制窗口的左右移动。
工作簿名称	工作表标题栏显示当前工作簿的名称。

1.2.1　Excel 的基本用语

工作表格类似于一张很大的纸，被分割成不同的行和列。Excel 中，行标号由数字 1 至 65 536 依次排列；列数有 256 个，列标号由 26 个大写英文字母（A～Z）的组合显示，A～Z，之后为 AA～AZ，BA～BZ，以此类推，最终为 IV。

工作簿	一个 Excel 文档称为一个工作簿，工作簿可以包含一个或多个工作表。系统默认一个新的工作簿中有三个工作表，名称为 Sheet 1、Sheet 2 和 Sheet 3。
单元格	行和列交叉处的矩形称为单元格。每个单元格显示单一的数值、项目或者公式。单元格也可以含有句子、批注、格式或者其他的信息内容。
单元格地址	每一个 Excel 的工作表含有 16 777 216 个单元格（65 536 行乘以 256 列）。每个单元格以自己的地址来显示它当前在工作表中所处的位置，列显示在前，行显示在后。例如，B7 为 B 列第 7 行。
活动单元格	正在编辑的单元格称为活动单元格，其外部有一个黑色的方框，其右下角有一个黑色填充柄。
窗口调整按钮	如果当前工作表没有被最大化，窗口调整按钮则出现在窗口右下角。可以通过调整窗口的边缘来改变窗口大小，将鼠标置于窗口边缘，当鼠标出现↖形状时，可拖动鼠标改变窗口大小。

1.2.2　鼠标符号

下面介绍一些常用的鼠标符号：

✚	选择单元格或排列单元格。
✛	移动或者复制选定的单元格。
↖	选定对象，执行操作或选择所需要的项目。
↔, ↕, ↘	改变对象的大小。
I	编辑单元格中的内容。
✛, ✛	改变单元格或者行列的大小或高度。
✛, ↦	将窗口拆分为方格。
⊖	在打印预览中放大或缩小选定的区域。
⧖	Excel 正在运行当中，用户须等待。
✛	使用自动填充功能复制或填充单元格的内容。
✛	在创建新对象过程中指示左上角或右下角的位置。
→	选择整行。
↓	选择整列。

1.2.3　Excel 菜单

Excel 的菜单栏不仅显示了菜单的命令（如"文件"、"编辑"、"视图"、"插入"、"格式"等），用户可以通过选择这些菜单的命令来完成相应的操作，而且在菜单命令的旁边配有小图标，以便用户更直观地了解菜单的用途。如果菜单命令的右侧出现省略号（...），表示可打开相应对话框，供用户做更多的选择操作。

用户可以通过以下几种方式获取菜单：

- 单击菜单命令。
- 按 Alt 或 F10 键，可打开相应菜单，通过键盘中的方向键移动菜单命令，颜色的变化暗示当前被选择的对象（例如 文件(F) 等），然后输入想选择的菜单命令中括号内的字母或者按方向键，选择菜单中需要的命令。

Excel 同时提供了短菜单。当使用鼠标选定相关菜单时，Excel 仅仅显示最经常使用的或者最近使用过的命令。如果想要看到全部菜单，则须单击菜单最下方的 ⬇（更多选项）按钮。但是用户也可以依据自己的需要将菜单设置为每次都显示全部菜单，如图 1-2 所示。

图 1-2

要选择菜单中的命令可以通过以下途径：

- 单击菜单中的命令。
- 输入想选择的菜单命令中括号内的命令字母。
- 在弹出的子菜单中上下移动方向键，选择子菜单中需要的命令。

如果已完成选择，不需要此菜单时，可以通过以下途径关闭：

- 在空白处进行单击，菜单自然消失。
- 按 Esc 键关闭菜单，然后再按 Esc 键解除对菜单栏的选择。

1.2.4　对话框

当用户要求 Excel 提供更多的选项或者需要更多的信息以完成当前的操作时，窗口会弹出相应对话框。用户可以通过鼠标或者键盘选择对话框中的选项。

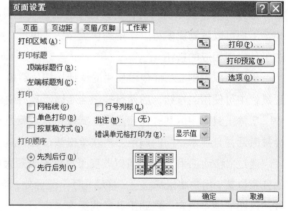

图 1-3

- 如果对话框含有多个选项卡，可以单击选择恰当的选项卡，或者通过按 Ctrl + PgDn 组合键向前移动或者按 Ctrl + PgUp 组合键向后移动。值得注意的是，当前使用的选项卡名称的四周有虚线环绕，如图 1-3 所示。
- 激活当前选项卡中的特定命令，方法是将鼠标的指针移动到该命令的上方，或者按 Alt 键并输入命令旁边括号中的字母，或者按 Tab 键逐个移动。
- 可以单击或者按 Spacebar 键（空格键），选中选项卡中需要的复选框。当鼠标指针移动到复选框上时，该复选框呈高亮显示。
- 如需要在命令旁边的文本框中输入文字，可以通过单击或按方向键移动到指定位置，然后输入内容。
- 若需要从下拉列表框中选择选项，可以单击下拉按钮（下三角形的按钮），或者通过按方向键移动到指定位置，然后按 ⬇ 键，则会显示出下拉列表框。下拉列表框将提供可供选择的选项。当鼠标移动到下拉按钮上时，该下拉按钮呈高亮显示。
- 通常按 ⬆ 或 ⬇ 键可以获得上方或者下方未能显示的内容选项。一些命令旁边带有微调按钮⬘，用于调节数值等。当鼠标指针移动到微调按钮上时，该微调按钮呈高亮显示。
- 用户可以通过单击选中具有特定功能的选项。这种特殊选项称为单选按钮◉，通常和很多其他单选按钮排列在一起，而其中往往只有一个可以被选中。如果取消选中的单选按钮，或者该单选按钮没有被选中，则显示为◯。如果要选中该单选按钮，可以单击◯或者单击旁边的文字，也可以通过键盘操作来完成。

- 选定需要的命令，可以通过单击实现，也可以通过键盘选定。按 Tab 键选择欲选定的命令，然后按 Enter 键。如果该命令被选中，对话框中的 确定 按钮可选，按 Tab 键选择 确定 按钮，然后按 Enter 键以确定所有之前的命令都有效。如果要取消先前在对话框中所有的命令设置，可以单击 取消 按钮，然后关闭对话框。

1.2.5　Excel 工具栏

工具栏中的按钮可以通过单击来启用。这些按钮为访问众多 Excel 功能提供了快捷方式。将鼠标指针放在图标的上面，该图标的颜色将发生改变，Excel 工作窗口会出现关于该图标名称的提示。大量的菜单命令以工具栏按钮的方式出现，使用户使用 Excel 更加便捷和有效。在图标上单击，便可以实现相应的操作。

Excel 提供了不同的工具栏，同时用户也可以自己设定工具栏中的项目。在工具栏上右击，打开工具栏的快捷菜单，如图 1-4 所示。单击菜单命令左侧，可以显示或者隐藏该工具栏。

图 1-4

通常系统默认的标准工具栏显示如图 1-5 所示。

图 1-5

这两个工具栏包括了 Excel 常用命令的快捷按钮。通常情况下，该设置为启动 Excel 时的默认设置。有时候由于缺少空间，应呈现两行的工具栏（常用工具栏和格式工具栏）会显示为一行。Excel 会自动在工具栏中呈现最近使用过的工具按钮。

如果工具栏显示为一行，工具栏中会出现"工具栏选项"按钮，通过单击该按钮，用户可以看到更多可以使用的快捷按钮（见图 1-6），并且可以根据操作需要单击工具栏中相应的按钮。

用户可以看到 Excel 中供使用的快捷按钮。例如，图 1-6 中前五行的按钮为标准工具栏中可使用的按钮，后两行按钮为字体工具栏中供使用的快捷按钮。

字体工具栏中的某些按钮是开关式按钮，也就是说当用户单击按钮后，该按钮就会被激活并且显示不同的颜色。再次单击该按钮，其功能将关闭，同时颜色消失。

通过"移动把手"图标可以改变工具栏的长短大小，或者把工具栏移动到窗口中的任意位置。用户将鼠标移至"移动把手"图标处，当鼠标出现四个箭头的图标时，拖动该图标便可以实现移动工具栏的操作。

图 1-6

如果工具栏出现"移动把手"图标，说明工具栏处于稳定的默认状态，这个时候该工具栏只会出现在窗口四周的边缘地带，如图 1-7 所示。

图 1-7

如果通过鼠标拖动工具栏，工具栏则变为浮动工具栏，可以安置于窗口中的任意位置。此时，工具栏上方会出现工具栏的名称，如图 1-8 所示。

图 1-8

浮动工具栏的大小可以调整，方法和调整 Excel 窗口大小一致，把鼠标指针放置于浮动工具栏左上或右上角，拖动鼠标即可改变其大小。

双击浮动工具栏的标题处，即可将浮动工具栏还原到默认状态下的稳定工具栏。

技巧课堂

练习使用工具栏。

1. 选择"视图"|"工具栏"|"常用"命令，关闭常用工具栏。常用工具栏在 Excel 工作窗口消失。

2. 选择"视图"|"工具栏"|"格式"命令，关闭格式工具栏。格式工具栏在 Excel 工作窗口消失。

3. 重复前两步，重新打开常用工具栏和格式工具栏。

4. 重复以上步骤练习打开关闭绘图工具栏。

5. 重复以上步骤练习打开关闭图表工具栏。

6. 选择"工具"|"自定义"命令。

7. 在打开的对话框中，切换到"选项"选项卡，如图 1-9 所示。

8. 选中"分两排显示'常用'工具栏和'格式'工具栏"复选框，如图 1-9 所示。然后单击"关闭"按钮，关闭对话框。

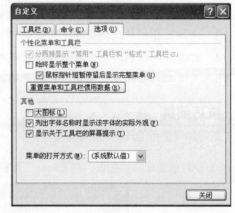

图 1-9

注意如何将常用工具栏和格式工具栏设置在不同行中。

9. 单击常用工具栏或格式工具栏右上方的"工具栏选项"按钮。

10. 在打开的下拉菜单中，选择"分两行显示按钮"选项。常用工具栏和格式工具显示在不同行中。

 技巧演练

工具栏和工具栏快捷菜单的操作练习。

1. 将鼠标指针移至"移动把手"图标处，此时鼠标指针将会变成四个箭头的图标，如图 1-10 所示。

图 1-10

2. 单击并将其向下拖动到工作区，一个带有标题栏的漂浮的工具栏出现在工作区中，如图 1-11 所示。

图 1-11

3. 将鼠标指针放置在工具栏的边缘上，当鼠标指针变成←→图标时，拖动格式工具栏的边缘，使其变成图 1-12 所示的工具栏。

图 1-12

现在对格式工具栏进行调整。

4. 双击格式工具栏上的标题栏。

注意此时格式工具栏会返回到工具栏的原来位置上。

5. 拖动格式工具栏与标准工具栏同排显示，如图 1-13 所示。

图 1-13

6. 拖动格式工具栏上的"移动把手"图标，直到它在标准工具栏下面靠左边对齐，如图 1-14 所示。

图 1-14

7. 右击工具栏，可显示需要定制的相关工具栏的快捷菜单。

8. 根据需要，在打开的工具栏的快捷菜单中进行相应的选择，操作完后关闭工具栏的快捷菜单即可。

9. 单击常用工具栏上的"保存"按钮█，当鼠标指针指向该按钮时，系统会显示该按钮的名称。

10. 右击工具栏，打开工具栏的快捷菜单。

11. 设置关闭不用的工具栏，打开常用工具栏，然后关闭工具栏的快捷菜单。

12. 单击常用工具栏上的"保存"按钮█，鼠标指向该按钮时，注意不会长时间出现按钮名称。

13. 选择工具栏的快捷菜单中的命令，并且注意所有的命令选择及显示的方式。

14. 右击工具栏，打开工具栏的快捷菜单，选择命令。

15. 关闭工具栏的快捷菜单，对打开的工具栏进行操作后，关闭该工具栏。

 技巧演练

练习如何使用工具栏和菜单命令。

使用前面学习的知识，在 Excel 工作窗口、菜单和工具栏（见图 1–15）上标出以下几个部分：

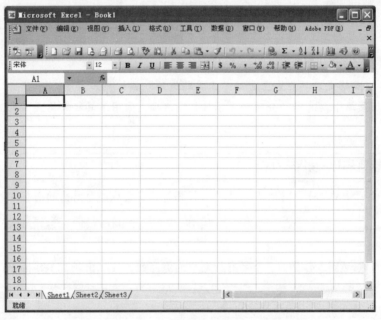

图 1–15

a. 公式栏	g. 菜单栏
b. 名称框	h. 列标号
c. 关闭按钮	i. 状态栏
d. 帮助菜单	j. 左右滚动条
e. 格式工具栏	k. 工作表标签
f. 全部选定按钮	l. 关闭窗口按钮

1.2.6 识别符号

在执行命令或任务时，用户会遇到各种各样的符号。这些是识别某种特别状态或区分特殊选项的标识符号，能为用户在使用这些命令和选项时提供线索和帮助。

符号内容如下：

如果在 Excel 中执行了循环引用，状态栏中会出现 Circular（循环）字样。循环引用是指第一个单元格使用的某个公式需要引用第二个单元格中的内容，第二个单元格引用的公式中直接或间接需要第一个单元格的内容。这时 Excel 会在这两个单元格间显示双向的蓝色箭头。

（智能标记）　当 Excel 识别到某种数据输入的规律时，会自动提供相应的选择性自动操作。将鼠标指针放在该图标上方，屏幕会出现 ⓢ ▾。单击图标上的下拉按钮，弹出的下拉菜单会为用户提供更多的选择性操作。

（自动填充）　当选择用自动填充的方法复制数据或者公式时，该图标便会出现在 Excel 工作窗口。Excel 将提供完成该操作的其他选项。将鼠标指针放在该图标上方，屏幕会出现 ▦ ▾。单击该图标上的下拉按钮，弹出的下拉菜单会提供更多的选择性操作。

（粘贴）　　　Excel 可以识别用户已经在当前位置上完成粘贴操作，并同时为粘贴的下一步操作提供其他选项。将鼠标指针放在该图标上方，屏幕会出现 📋 ▾。单击该图标上的下拉按钮，弹出的下拉菜单会提供更多的选择性操作。

上面提到的符号将在本书后面的内容中详细讲述。如果需要更多这方面的信息，可以通过 Excel 的"帮助"功能获取。

1.2.7　使用任务窗格

有时候 Excel 的任务窗格会显示在窗口的右侧，为用户提供可供选择的待操作任务。图 1-16 中的任务窗格是 Excel 打开时默认的任务窗格设置，通过任务窗格也可以打开工作表。

任务窗格中的选项的设置同菜单命令的设置相似，都是以组别的形式出现。将鼠标指向任务窗格的选项上进行单击，即可完成相应的操作。与菜单中的命令一样，如果选项旁边出现省略号则可以打开一个对话框，其中有更多的选项卡供选择。

单击"关闭"按钮 ✕ 关闭任务窗格。若要任务窗格显示更多选项，单击任务窗格上方的"其他任务窗格"按钮 ▾，打开下拉菜单如图 1-17 所示。如果任务窗格已被关闭，需要重新打开，可选择"视图" | "任务窗格"命令，或者按 Ctrl + F1 组合键，任务窗格又会重新出现在窗口中。

图 1-16

图 1-17

 技巧课堂

练习使用任务窗格。

1. 选择"视图" | "任务窗格"命令，使任务窗格在窗口右侧出现。
2. 单击任务窗格上方的下拉按钮 ▾，打开"其他任务窗格"下拉菜单，选择"新建工作簿"命令。

3. 重复第 2 步，分别选择"帮助"、"搜索结果"、"剪贴板"、"开始工作"四个命令。

4. 选择"视图"|"任务窗格"命令，关闭任务窗格。

1.3　管理文档

1.3.1　创建新工作簿

　　启动 Excel 后，系统会自动给出一个默认的新工作簿。用户可以使用该工作簿输入数据、公式等。一旦完成了该工作簿下的工作，可以将其保存（如何保存将在下面课程中讲述）。在工作过程中，用户可以随时创建新的工作簿，Excel 可以同时创建和显示多个工作簿。

　　Excel 会自动按照顺序命名每次所创建的新工作簿。如 Book#中，#代表新创建的工作簿的号码。如果关闭了 Excel，下次创建的工作簿将从 1 开始重新排序。

　　可以通过以下方法创建新工作簿：

- 选择"文件"|"新建"命令，在新开启的任务窗格的"新建"选项区域内单击"空白工作簿"超链接。
- 在常用工具栏中单击"新建"按钮。
- 按 Ctrl + N 组合键 。

 技巧课堂

学习创建和打开新工作簿。

1. 选择"文件"|"新建"命令。新建工作簿的任务窗格将出现在 Excel 窗口中的右侧，如图 1–18 所示。

2. 单击"新建"选项区域中的"空白工作簿"超链接。

现在会有两个工作簿出现在 Excel 工作窗口，如图 1–19 所示。

图 1–18

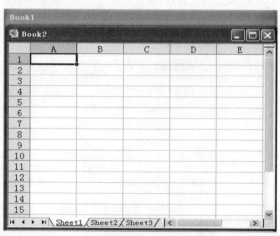

图 1–19

注意此时标题栏内呈现的工作簿名称为 Book2 而不是 Book1。同时，任务栏中也会出现两个任务图标，如图 1–20 所示。

图 1–20

 如果该项目得不到显示，选择"工具"|"选项"命令，在"视图"选项卡中选中"启动任务窗格"复选框以激活该设置。

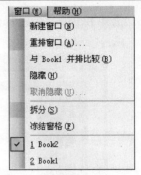

3. 单击任务窗格中的 Book1，可以实现 Book2 和 Book1 之间的切换。

4. 选择"窗口"|Book2 命令，如图 1–21 所示。

5. 在当前的状态下做下一个练习。

1.3.2 从模板中创建新工作簿

XL03S-5-1

　　除了上面提及的创建工作簿的方法，用户还可以通过模板创建新工作簿。模板是将已经设计好的含有数据、公式和其他项目的工作簿提前保存在软件中。这样可以省去用户的很多时间和精力。Excel 提供了关于销售发票、财务报表以及贷款日程表等很多模板。

图 1–21

 **技巧课堂**

学习从模板中创建新工作簿。

1. 选择"文件"|"新建"命令，新创建的工作簿将会在 Excel 窗口右侧的任务窗格中出现。

2. 选择"模板"选项区域内的"本机上的模板"超链接。

　　在打开的"模板"对话框中出现的模板数量可能会有所不同，这完全取决于当前所使用的 Excel 的版本，如图 1–22 所示。

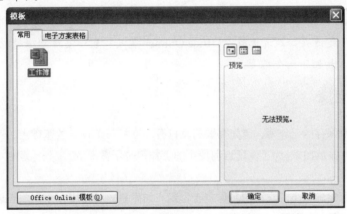

图 1–22

3. 在"常规"选项卡中选择"工作簿"图标，然后单击"确定"按钮即可。

　　此时会有一个新的 Book3 工作簿在屏幕中显示。这个工作簿和前面练习中创建的工作簿是相似的。

4. 选择"文件"|"新建"命令，打开"新建工作簿"任务窗格。选择"模板"选项区域中的"本机上的模板"超链接，打开"模板"对话框。

5. 切换到"电子方案表格"选项卡，如图 1–23 所示。

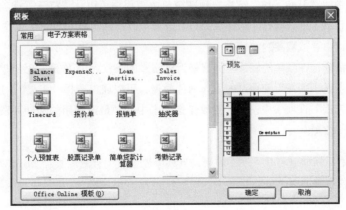

图 1–23

6. 选择 ExpenseStatement 图标，单击"确定"按钮。

Excel 工作窗口中将创建一个空白的发票格式，如图 1-24 所示。

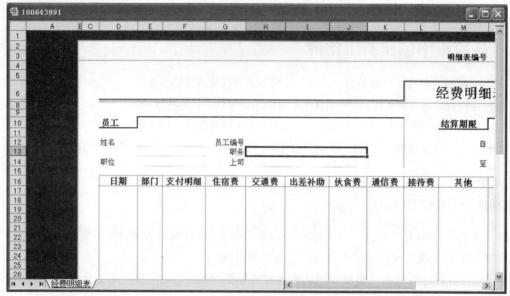

图 1-24

用户可以选择 Excel 上自带的模板，也可以通过网上下载最新的模板。选择"模板"选项区域中的"网站上的模板"超链接，或者选择"Office Online 模板"直接链接到微软的网站上进行下载。

7. 保存下载的模板，开始下一个练习。

1.3.3 打开工作簿

如果需要使用以前保存的工作簿，首先需要将其打开。在打开工作簿的基础上，可以创建新的工作簿，并让其在 Excel 中同时显示出来。为了保证当前使用的工作簿是所需要的，应到标题栏中核对工作簿的名称，然后继续使用。

有些时候，用户可能忘记了工作簿的名称或者位置。如果是这种情况，用户需要使用 Windows 搜索功能，在计算机或者局域网中找到需要的文件。另外，如果用户最近一直使用某一台计算机，也可以在这台计算机上 Excel 所显示的最近使用过的工作簿名单中查找。

可以通过以下几种方法打开工作簿：

- 选择"文件"|"打开"命令。
- 单击"工具栏"标签，在常用工具栏中，单击"新建"按钮。
- 按 Ctrl+O 组合键。
- 如果任务窗格中的"开始工作"窗格出现在窗口中，用户可以从"打开"选项区域中找到所需要打开的文件，然后单击所希望打开的文件即可。或者可以选择"打开"选项区域中的"其他"超链接，在弹出的对话框中寻找需要的文件。
- 选择"文件"命令，在菜单的底部会列出最近编辑过的 Excel 工作簿，然后单击需要打开的工作簿的名称。菜单所显示的最近使用过的工作簿的数量，可以通过选择"工具"|"选项"命令，在打开的对话框的"常规"选项卡中设置。更改该选项卡中的"最近使用的文件列表"数量即可增加或减少显示的工作簿数量。

 如果用户需要频繁地打开一个工作表，可以考虑把该文件放在桌面上，使用时从桌面上直接打开，方便省事。

技巧课堂

练习打开之前创建过的工作簿。

1. 单击工具栏中的"打开"按钮，弹出"打开"对话框，如图 1-25 所示。

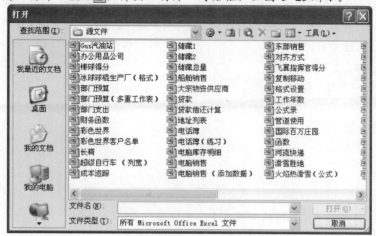

图 1-25

2. 如果有必要，可以在老师的指导下选择一个不同的文件夹。

3. 选择"养老金"文件。

4. 单击"打开"按钮。

 技巧演练

练习用其他方法打开 Excel 工作簿。

1. 选择"文件"菜单。

最近使用过的 Excel 工作簿名出现在"文件"菜单的"退出"命令上面（最多显示九个工作簿），选择要打开的工作簿。在这个练习中，可以打开任意一个工作簿。

2. 在菜单外的任意位置单击，可以关闭"文件"菜单。

现在打开另外的工作簿。

3. 单击常用工具栏中的"打开"按钮。

4. 在"打开"对话框中，选择"电脑库存明细"工作簿，单击"打开"按钮。

现在练习利用任务窗格打开其他工作簿。

5. 选择"视图"|"任务窗格"命令，让任务窗格在工作窗口中显示。

也可以创建一个新的工作簿，或者从任务窗格中的"打开"选项区域中选择最近使用过的 Excel 工作簿。

6. 也可以单击任务窗格中的"开始"按钮，让"开始工作"任务窗格显示出来。

7. 单击"打开"选项区域中的"其他"超链接。

弹出"打开"对话框，最左边有五个图标显示用户可能会感兴趣的 Excel 工作簿文件位置。

8. 单击"我最近的文档"图标。

9. 单击"桌面"图标。

10. 单击"我的文档"图标。

11. 单击"我的电脑"图标。

12. 单击"网上邻居"图标。

13. 单击"后退"按钮五次，返回最初的文件夹（移动过程中，Excel 工作窗口会先后提示"我的电脑"、"我的文档"等）。

14. 单击"取消"按钮。

1.3.4　关闭工作簿

当结束工作表的编辑后，就可以关闭工作簿。关闭工作簿时，系统会保存工作簿中所有未保存过的数据，以免受任何偶然变动而造成数据丢失。关闭工作簿后，系统将关闭当前使用的或者空白的工作簿。

如果关闭未被保存的工作簿，Excel 将会提示当前含有未保存的文件，先保存文件再关闭工作簿，若用户不希望保存，可以直接关闭。

可以通过以下几种方法关闭工作簿：
- 选择"文件"｜"关闭"命令。
- 单击工作窗口右上方的"关闭"按钮⊠。
- 按 Ctrl+W 组合键。

 技巧课堂

如何关闭工作簿。

1. 在任务窗格中，打开刚才编辑过的"养老金"工作簿。
2. 选择"文件"｜"关闭"命令。

   注意刚才打开的"养老金"工作簿被关闭了。
3. 选择 Book3 工作簿。
4. 单击工作窗口右上方的"关闭"按钮⊠。
5. 选择 Book2 工作簿，按 Ctrl+W 组合键。

   现在窗口中只剩下 Book1 工作簿。

 技巧演练

练习如何关闭工作簿。

1. 选择任务窗格中的工作簿超链接，打开"电脑库存明细"工作簿。
2. 单击工作窗口右上方的"关闭"按钮⊠。
3. 关闭其他的工作簿，只保留 Book1 工作簿。

1.3.5　保存工作簿

要想继续使用当前的工作簿，必须在退出 Excel 之前保存当前的工作簿。

Excel 工作簿在打印之前或编辑过程中，最好随时进行保存。这样，即使断电或计算机出现问题也不会丢失数据。

系统保存的只是当前的数据，被修改前的数据不复存在。经常保存数据是个好习惯，但是必须记住，之前修改的记录也会因为最新的保存而无法追溯。

保存时，需要给工作簿命名。Excel 中的命名和 Windows 中的要求一样。每个工作簿的名字需要包括文件完整的路径、硬盘的名称、文件夹的路径以及文件夹的名字。Excel 的名字可以最多包含 255 个字符。

给 Excel 文件命名时，文件名中不能包含以下字符： 左斜线（/）、右斜线（\）、大于号（>）、小于号（<）、星号（*）、问号（?）、引号（"）、竖线（|）、冒号（:）或者分号（;）。

可以通过以下几种方法保存文件：
- 选择"文件"｜"保存"命令。如果是第一次保存文件，将要求用户为其命名。
- 如果是保存文件副本，可以选择"文件"｜"另存为"命令，在打开对话框的"文件名"文本框中，输入文件的新名称，单击"保存"按钮。

可以通过以下方法快速保存文件：
- 选择"文件"｜"保存"命令。

- 单击工具栏中的"保存"按钮 。
- 按 Ctrl + S 组合键。

第一次保存时，总会出现"保存"对话框。然而，在此之后，就可以使用以上方法快速保存工作簿的内容并沿用已经取好的名字。如果想重新保存修改后的工作簿而不覆盖之前已有的工作簿，可以使用"另存为"命令并重新给文件命名。

技巧课堂

如何保存当前或新建的工作簿。

1. 选择 Book1 工作簿。
2. 选择"文件"|"保存"命令，打开"另存为"对话框，如图 1-26 所示。

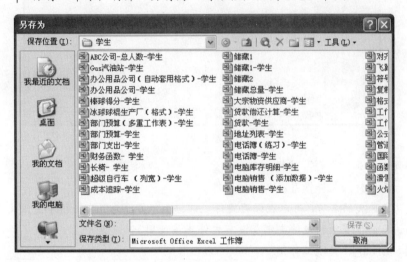

图 1-26

3. 单击"文件名"文本框，然后输入文件的名称为"学生工作簿 1"，并选择文件保存类型。

> 如果需要将该文件保存为其他格式，例如 HTML、Pro、XML 等，可在"保存类型"下拉列表框中选择相应类型。

4. 单击"保存"按钮。

> 确认要保存的文件夹名称。本次练习里，把文件保存在"学生"文件夹中。

注意目前的文件名称为"学生工作簿 1"而不是 Book1。保存位置为"学生"文件夹。

1.3.6 创建、重命名文件夹

如果想将文件保存在一个新的位置，而不是默认位置（例如，通常默认为"我的文档"），可以将其移至不同的地点或创造一个新的文件夹。建议总是将文件保存在"我的文档"里，或者"我的文档"下面的文件夹。这会保证所有的数据和文件是在一个地方，从而为以后在 CD 或 DVD 中做备份提供方便。

技巧课堂

学习如何保存现有或新建的工作簿。

1. 打开"学生工作簿 1"。
2. 选择"文件"|"另存为"命令。

XL03S-5-9

3. 在弹出的"另存为"对话框中，单击"新建文件夹"按
   钮，打开"新文件夹"对话框，如图 1-27 所示。
4. 在"名称"文本框中输入"草稿"，单击"确定"按钮。
   "另存为"对话框中显示"草稿"文件夹。文件将被保
   存在此处，如图 1-28 所示。

图 1-27

图 1-28

5. 文件名称不变，单击"保存"按钮。

   现在有一份一模一样的文件保存在新建的文件夹中。

   如果想要更改文件夹的名称，可以在保存文件之前，在"另存为"对话框中更改文件夹的名称。但
   是，需要确认目前位置上的文件夹中有没有文件正被使用。
6. 单击"关闭"按钮×，关闭工作簿。
7. 在常用工具栏中，单击"打开"按钮。

   Excel 会自动默认在上次打开或保存的位置上打开文件夹。
8. 单击"向上一级"按钮。
9. 选择"草稿"文件夹。
10. 按F2键。
11. 更换当前"草稿"文件夹的名称为"定稿"，然后按Enter键。

    该文件夹被重新命名。
12. 单击"取消"按钮，关闭"打开"对话框。

 教学过程中，学生可以在老师的指导下打开和关闭默认路径下的工作簿。

1.4 在工作簿中输入数据

XL03S-1-1

如果以逻辑方式编辑数据，Excel 工作表就是一个强有力的工具。数据的输入和基本操作均是在单元格
中完成的。

1.4.1 数据类型

输入到工作表单元格中的数据有三个主要类型：

文本　文本是按字母顺序和数字字符的文本项，包括大部分可打印的符号。这种类型的数据通常不能
　　　用于计算。当输入的内容超过了单元格的宽度时，Excel 将自动显示在相邻的空单元格中。系
　　　统默认文本在单元格中左对齐排列。

数值　　数值是指数字、日期或者直接输入到单元格中的时间值。这个类型的数据不仅用于显示信息，也用于计算该表格或其他表格中的数值。系统默认数值在单元格中右对齐排列。

公式　　公式是引用单元格的一种计算方式。在单元格内的数值、单元格参考值、运算符号和特殊功能组成了公式。而公式计算的结果可能位于其他的单元格中或被其他的公式所使用。

1.4.2　输入文字

要输入数据，就必须移动鼠标指针到指定的单元格上单击，然后输入数据。如果出现输入错误，按 Backspace 键删除错误的输入。当数据输入完成，按 Enter 键，系统自动地移至下一个单元格。用鼠标单击另一个单元格，或者按方向键移至下面的新的单元格输入数据。

Excel 在输入数据时需要注意以下两点：

- 通常可在编辑光标出现的活动单元格中直接输入或编辑数据，也可以在公式栏中输入或编辑数据。后者常用于较长的数据输入。在一般情况下，数据在两个位置上均有显示。
- 虽然一个单元格最多可含 32 767 个字符，但在一个单元格中最多只能显示 1 024 个字符。如果文本比单元格的宽度长，在按 Enter 键之后，如果旁边的单元格没有内容，文本中的内容将延伸到相邻单元格中显示。如果相邻单元格没有足够空间，将会导致文本在相邻单元格的边缘处被切断。可见，不是所有的数据内容都会在单元格中显示，只有在单元格有足够空间的情况下才会全部显示。默认情况下，Excel 将文本内容显示在单元格的左侧。用户可以改变文本呈现方位和对准线。

公式最多可以包含 1 024 个字符。

 技巧课堂

学习在空白工作簿中从单元格 A1 开始输入文本。

1. 如果 Excel 工作窗口没有工作簿，创建一个新的空白工作簿。
2. 在单元格 A1 中输入 "ABC 公司–总人数"，然后按 Enter 键。
   注意现在活动单元格为 A2。按 Enter 键，Excel 会默认完成该单元格的数据输入，可以将单元格的编辑光标移至下一个单元格。
3. 在单元格 A2 处，按 Enter 键，移至下一个单元格。
4. 在单元格 A3 中输入 "管理"，然后按 Enter 键。
5. 在单元格 A4 中输入 "销售–内部"，然后按 Enter 键。
   注意此处文字内容超过了单元格的宽度，内容自动延伸到相邻单元格中显示，因为相邻单元格中暂时没有内容。如果相邻单元格含有了内容，延伸的部分就会显示不出来。
6. 在单元格 A5 中输入 "市场营销"，然后按 Enter 键。
7. 在单元格 A6 中输入 "仓库"，然后按 Enter 键。

Excel 中的自动完成功能将会根据上面的单元格来确定是否用户在输入重复的内容。如果是，Excel 将会自动完成剩下的部分，用户只需要在看到正确的输入提示后按 Enter 键即可。Excel 会通过对比前几个输入字符来决定是否该输入和之前一样的输入字符。

8. 在单元格 A7 中输入 "销"。
   Excel 会根据数据输入情况，自动显示上面的文字，如图 1–29 所示。

   7　销售–内部

   图 1–29

9. 按 F2 键后按 End 键，然后再按 Backspace 键，取消文字 "内部"。
10. 输入 "外部"，然后按 Enter 键。
11. 在单元格 A8 中输入 "财务"。
    注意这个时候自动完成功能已经关闭，因为现在输入的字符不符合之前输入的 "管理" 字符。
12. 选择单元格 D3，输入 "预计年收入"，然后按 Enter 键。
    这时候的界面显示如图 1–30 所示。

	A	B	C	D	E	F
1	ABC公司-总人数					
2						
3	管理			预计年收入		
4	销售-内部					
5	市场营销					
6	仓库					
7	销售-外部					
8	财务					
9						
10						

图 1-30

13. 选择"文件"|"保存"命令。

14. 在"文件名"文本框中，输入"ABC 公司-总人数-学生"。

15. 单击"保存"按钮。

1.4.3 输入数字

数字是固定不变的数值（就是说它们是不变动的），如美元值和百分比。这些数字可以作为计算部分，计算结果会出现在工作簿的其他部分。

默认情况下，Excel 将数值型数据排列在单元格的右边。如果输入的数据不是数字型字符，Excel 会视为文本型数据，显示在单元格的左边。Excel 默认显示的数值数据没有格式化，没有逗号也没有额外的零，但可以按照需要进行格式设置。

 技巧课堂

学习如何在 Excel 中处理各种各样的数据。因为需要输入数据，可以选择通过按 Enter 键在单元格中进行移动，也可以单击单元格然后输入数据。

1. 在单元格 B3 中输入 100。

2. 在单元格 B4 中输入 150。

   注意在单元格输入数据后。单元格 A4 的内容从外观上会让人感觉到部分消失。事实上，内容只是看上去消失，实际上仍然在整个单元中保存。在以后的学习中，会学习到如何更改单元格的大小，使其内容完全显示。

3. 在单元格 B5 中输入 50。

4. 在单元格 B6 中输入 250。

5. 在单元格 B7 中输入 75。

6. 在单元格 B8 中输入 12。

7. 在单元格 E3 中输入 2500790。

   Excel 可以非常准确地判断所输入的数值，并将其显示在单元格的右侧。但是，不能被识别的小数点或标点，以及点错位置的小数点都将会使得整个单元格的数据被默认为文本，从而被排列在单元格的左侧。

	A	B	C	D	E
1	ABC公司-总人数				
2					
3	管理	100		预计年收	2500790
4	销售-内部	150			2.90%
5	市场营销	50			2,9%
6	仓库	250			
7	销售-外部	75			
8	财务	12			

图 1-31

8. 在单元格 E4 中输入 2.9%代表今年员工的增长率。

9. 在单元格 E5 中输入 2.9%代表明年的收入增长。

   这时候的工作表显示如图 1-31 所示。

   注意 E5 中显示在左边的数据是因为将小数点误输入为逗号导致的。

10. 移回至 E5 单元格，按 Delete 键删除单元格中的内容。

11. 同名保存工作簿。

 技巧演练

创建含有文本和数字的工作簿。

1. 创建一个新的工作簿。

2. 在单元格 A1 中输入"希望食品捐赠"。

3. 选择单元格 A2，输入"收支报表"。

4. 在其他单元格中输入文本如下：

单元格	文本
A5	私人捐赠
A6	企业捐赠
A7	政府捐赠
A8	总收入
A9	车辆支出
A10	食品和物品
A11	保险
A12	房租
A13	供应品
A14	电费
A15	薪水
A16	总支出
A17	剩余/亏损
B4	十月

现在将一组数值型数据输入到"希望食品捐赠"工作表中。

5. 在单元格 B5 中输入 4666.67。

6. 继续输入以下数据：

单元格	数值
B6	2500
B7	0
B8	
B9	118.67
B10	3876.45
B11	283.33
B12	783.33
B13	298.58
B14	263.17
B15	2000

在单元格 B8（总收入）、B16（总支出）和 B17（剩余/亏损）旁边留出空白的单元格，以便日后输入公式。

输入好的工作表显示如图 1-32 所示。

7. 保存该工作簿为"希望食品捐赠（新建）–学生"，然后关闭。

图 1-32

	A	B	C
1	希望食品捐赠		
2	收支报表		
3			
4		十月	
5	私人捐赠	4666.67	
6	企业捐赠	2500	
7	政府捐赠	0	
8	总收入		
9	车辆支出	118.67	
10	食品和物品	3876.45	
11	保险	283.33	
12	房租	783.33	
13	供应品	298.58	
14	电费	263.17	
15	薪水	2000	
16	总支出		
17	剩余/亏损		
18			

1.4.4 输入日期和时间

Excel 工作表可处理日期和时间型数据。在输入日期时应注意以下几点：

- 如果输入一个包括年月日的完整日期时，默认情况下日期将显示为：年/月/日。
- 日期可以不是完整的年月日。也可以是月日（格式：月/日），或者仅有月和年（格式：年/月）。
- 如果只输入月份，Excel 将把它作为文本型数据。如果输入天或年的数字，Excel 把其当做数值型数据。如果输入的数据 Excel 无法判断是日期，系统就会将其当做一般数字处理。
- 输入日期时，Excel 将尽其所能地进行解释。例如，下面所列是可接受的日期输入：

September 15, 2003（必须在后面包含逗号和一个空格）

Sep 15, 03

15-Sep-03

Sep 2003

Sep 15

- 如果仅输入数值型的日期（如 09/15/03，如上所述），数值的顺序必须与 Windows 操作系统的"控制面板"中的"地方和语言选择"对话框中指定的日期顺序匹配。例如，在美国正常日期顺序是：月，日，年。在加拿大和英国，正常日期顺序是：日，月，年。如果 Excel 不能识别日期，它将作为文本型数据处理（在单元格的左侧显示）。

输入时间时应注意以下几个方面：

- 时间中必须包括时和分，以"时:分"（hh:mm）的格式输入，也可以增加秒和 AM/PM 的显示设置，或是使用 24 小时时钟格式计数。
- 下面所列是可以接受的时间记录：

1:15 PM（在 AM/PM 之前要空格）

13:15

13:15:01

1:15:01 PM

1:15

技巧课堂

如何使用日期。

1. 打开"ABC 公司-总人数-学生"工作表。

2. 在单元格 D6 中输入"日期"，然后按 Tab 键。

3. 输入"6 月 30 日"，然后按 Enter 键。

注意，如果输入的日期型数据 Excel 能识别，该日期将出现在单元格的右侧。如果想要输入不同的年份，在输入月日的同时输入年。

4. 在单元格 E7 中输入"2003 年 6 月 30 日"，按 Enter 键，如图 1-33 所示。

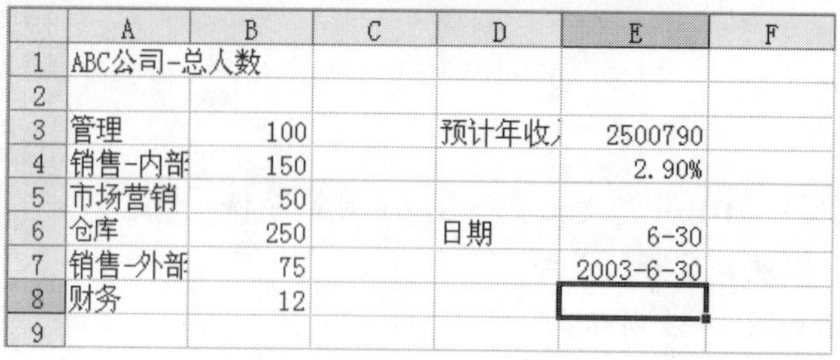

	A	B	C	D	E	F
1	ABC公司-总人数					
2						
3	管理	100		预计年收	2500790	
4	销售-内部	150			2.90%	
5	市场营销	50				
6	仓库	250		日期	6-30	
7	销售-外部	75			2003-6-30	
8	财务	12				
9						

图 1-33

5. 选择单元格 E7。

该单元格出现的日期也同时在公式栏中显示。日期的顺序和 Windows 操作系统"控制面板"中的设置一致。

6. 选择单元格 E6。

用户可能已经注意到，当在单元格中输入月日时，Excel 会自动补充上年份，并且插入的是当前的年份。

7. 保存并关闭工作簿。

 技巧演练

练习使用 Excel 中的日期和时间。

1. 创建一个新的工作簿。

2. 选择单元格 B2，输入"2003 年 9 月 15 日"，然后按 Enter 键。

3. 在单元格 B2 下面的位置上输入以下数据:

如果数据顺序为 m/d/y	如果数据顺序为 d/m/y
Sep 15，03	Sep 15，03
15-Sep-03	15-Sep-03
Sep 2003	Sep 2003
Sep 15	Sep 15

4. 在单元格 D2 中输入 1:15 PM，然后按 Enter 键。

5. 在单元格 D2 下面，依次输入以下数据:

13:15

13:15:01

1:15:01 PM

1:15

Excel 工作表应显示如图 1-34 所示。

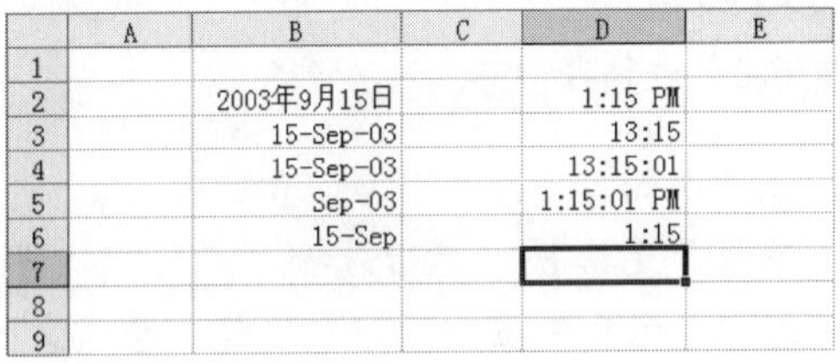

图 1-34

6. 分别单击每一个单元格，查看公式栏中的显示情况。

注意单元格 B6 中的年份默认为当前的年份。

7. 将文件保存为"时间日期-学生"，然后关闭文件。

1.4.5 插入符号和特殊字符

许多情况下需要输入特殊字符。然而，标准键盘只有 96 个字符（包括大小写字母）。Excel 为用户提供快捷键用于插入一些特殊的字符，而且用户还可以根据需要从"字体"下拉列表框中挑选需要的字符。选择"插入"|"符号"命令，打开"符号"对话框，如图 1-35 所示。

字体	从该下拉列表框中可以选择想要插入的符号样式。Excel 提供了数以万计的符号。许多字型或字体被归纳到"符号"中。此外还提供很多特殊的符号，如动物、箭头、分列符、阿拉伯数字、国际通用符和国际货币符等。
子集	如果在"来自"下拉列表框中选择 Unicode，"子集"下拉列表框将被显示。例如，用户可以改变字体为 Times New Roman，子集将会从最基本的拉丁语变成希腊语、希伯来语等。
近期使用过的符号	显示最近使用过的符号。如果想要再次使用某些使用过的符号，可以直接从中选择，而不需要花很长时间重新寻找。
字符代码	有些符号（ASCII 字符）可以通过按 Alt 键和数字键盘中的十进制数字创建。

来自	允许用户在 Unicode 或者 Standard ASCII 中选择。ASCII 可以按十进制或者十六进制显示。

用户也可以直接插入特殊符号，而不是必须在下拉列表框中搜寻包含那个字符的字体。切换到"符号"对话框中的"特殊字符"选项卡，如图 1-36 所示。

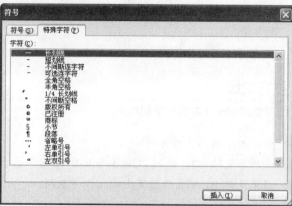

图 1-35   图 1-36

许多字符都可以通过键盘上的快捷键来插入。这让使用 Excel 变得更加方便。

完成插入字符后，Excel 会将插入的字符默认为文字。用户可以将插入的字符格式化。例如，改变颜色、大小、位置等。

技巧课堂

使用符号和特殊字符。

1. 创建新的工作簿。
2. 选择单元格 B2，然后选择"插入"|"符号"命令，打开"符号"对话框。
3. 在"字体"下拉列表框中选择"普通文本"选项，在"子集"下拉列表框中选择"货币符号"。
4. 选择 € 符号，单击"插入"按钮，然后关闭对话框。
5. 输入 10.5，然后按 Enter 键。
6. 选择单元格 B3，然后选择"插入"|"符号"命令，打开"符号"对话框。
7. 在"字体"下拉列表框中选择 Wingdings 选项，如图 1-37 所示。
8. 选择任意三个符号，分别单击"插入"按钮，然后关闭对话框。
9. 在 Excel 工作表中按 Enter 键完成插入。

输入一个数值型数据字符以证实 Excel 会将其默认为在单元格的左侧。

10. 在单元格 B4 中，输入 '123.45（在数值的左边有一个单引号），然后按 Enter 键。

    该数据看上去像是输入了一个文本型数据，实际上是数值型数据，用户会发现在单元格 B4 的左上角有一个绿色的小三角。

11. 选择单元格 B4 上出现的错误检查提示按钮 ◈，单击查看提示。
12. 选择单元格 B5，选择"插入"|"符号"命令，打开"符号"对话框。
13. 在"符号"对话框中选择"特殊字符"选项卡。
14. 选择"左单引号"选项，然后单击"插入"按钮，关闭对话框。
15. 在 Excel 中，输入剩余的数据 123.45，然后按 Enter 键。

    此时显示如图 1-38 所示。

16. 保存该工作簿为"符号-学生"，然后关闭工作簿。

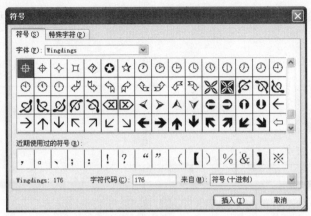

图 1-37　　　　　　　　　　　　　　　　　　　　图 1-38

1.4.6　工作簿中的移动功能

用户可以通过键盘、滚动条或鼠标快捷地浏览工作表，具体可使用的方法如下：

滚动条	单击垂直或水平滚动条上的箭头按钮可在行或列之间移动。用鼠标单击滚动条，拖动滚动条实现快速移动到 Excel 表中的其他位置。滚动滑块的大小表明窗口内可见的区域占整张数据表的比例。而滚动滑块的位置则指示出可见区域在工作表中的相对位置。
←, →, ↑, ↓	通过方向键可以上、下、左、右移动一个单元格。
Home	移动到行首。
Ctrl+Home	移动到工作表的开头 A1 处。
Ctrl+End	移动到工作表的最后一个数据所在单元格处，该单元格位于整个数据列表最右列的最下行。
Ctrl+G / F5	可打开"定位"对话框。通过该对话框可以迅速移动到所需要的单元格的位置。也可以通过设置"定位条件"查找含有某些特定信息的单元格，例如批注、空值等。

1.5　实战演练

技巧应用

通过该练习创建一个含有数据的新工作簿并保存。

1. 创建新的工作簿，并输入图 1-39 所示的信息。

	A	B	C	D	E	F
1	希望食品捐赠					
2	收支报表					
3						
4		十月				
5	私人捐赠	4666.67				
6	企业捐赠	2500				
7	政府捐赠	0				
8	总收入	7166.67				
9						
10	车辆支出	118.67				
11	食品和物品	3876.45				
12	保险	283.33				
13	房租	783.33				
14	供应品	298.58				
15	电费	263.17				
16	薪水	2000				
17	总支出	7623.53				
18						
19	剩余/亏损	-456.86				
20						
21						

图 1-39

2. 将新创建的工作簿保存在文件夹 "希望食品捐赠" 中，并将文件命名为 "希望食品捐赠报表–学生"。

3. 关闭工作簿。

技巧应用

打开已存在的工作簿，输入数据并保存。

1. 打开 "希望食品捐赠报表–学生" 工作簿。

2. 在 C 列至 H 列中输入数据，如图 1–40 所示。

	A	B	C	D	E	F	G	H
1	希望食品捐赠							
2	收支报表							
3								
4		十月	十一月	十二月	一月	二月	三月	总计
5	私人捐赠	4666.67	5336.78	4800.5	5225	6325	6805	33158.95
6	企业捐赠	2500	500	3500	0	750	300	7550
7	政府捐赠	0	0	10000	0	0	10000	20000
8	总收入	7166.67	5836.78	18300.5	5225	7075	17105	60708.95
9								
10	车辆支出	118.67	212.5	250.75	200	252.6	264.89	1299.41
11	食品和物品	3876.45	4675.83	6497.68	7563.73	5835.73	6842.34	35291.76
12	保险	283.33	283.33	283.33	283.33	283.33	283.33	1699.98
13	房租	783.33	783.33	783.33	783.33	783.33	783.33	4699.98
14	供应品	298.58	398.14	305.12	368.45	326.4	299.23	1995.92
15	电费	263.17	235.2	255.14	268.3	246.5	236.94	1505.25
16	薪水	2000	2000	2000	2000	2000	2000	12000
17	总支出	7623.53	8588.33	10375.35	11467.14	9727.89	10710.06	58492.3
18								
19	剩余/亏损	-456.86	-2751.55	7925.15	-6242.14	-2652.89	6394.94	2216.65

图 1–40

3. 在 "希望食品捐赠" 文件夹中保存文件，重新命名为 "希望食品捐赠（所有数据）–学生" 工作簿，之后关闭工作簿。

技巧应用

创建一个含有数据的新工作簿并保存。注意数据的输入位置。

1. 创建新工作簿，然后在指定单元格内输入图 1–41 所示的信息。

	IO	IP	IQ	IR	IS	IT
65516						
65517						
65518						
65519						
65520			Personnel List			
65521						
65522			Employee		Salary	Hire Date
65523			Smith	John	1250	25-Sep-75
65524			Caplan	Karen	1860	15-Apr-85
65525			Tommbs	Loma	1762	1-Dec-92
65526			Upton	Harry	3785	15-Jan-97
65527			Jôlié	Francine	2466	4-Nov-75
65528			Reed	Greg	1980	8-Jun-83
65529			Queen	Ellen	850	10-May-88
65530			Yates	Norman	675	30-Sep-90
65531			Bell	Jeffrey	1125	31-Mar-93

图 1–41

注意其中有需要使用特殊符号的人名。

2. 将工作簿保存为 "员工名单–学生"。

3. 在单元格 A1 中输入 IQ65520。

4. 保存并关闭工作簿。

1.6　小结

在这一课中，对 Microsoft Excel 基本特点和工作窗口有了初步的了解，学习了怎样输入文本和数值的基本概念。作为 Excel 的新用户，您可能感觉自己已经被大量的信息所淹没。但是，不要因为这些困难而失去勇气，寻找答案比记住所有规则更加重要。

完成了这部分的学习后，您应该了解到以下几个方面的内容：

☑ 了解并能描述电子表格的概念

☑ 掌握 Excel 的基本组成

☑ 会使用鼠标和键盘选择命令并做出恰当的选择

☑ 能够在电子表格中输入数据，包括文字、数字、日期、时间和符号

☑ 学会直接创建或从模板中创建电子表格

☑ 保存电子表格

☑ 在 Excel 中创建新的工作簿并为其重命名

☑ 打开或关闭 Excel 工作簿

☑ 在工作簿中移动 Excel 工作表

1.7　习题

1. 怎样理解"Excel 是三个软件的统一"？

2. 在 Excel 中输入数值型数据时，这些数据将呈现在单元格的哪一侧？

3. 一定要通过鼠标选择 Excel 工具栏。

　　A. 正确　　　　　　　　　　　　B. 错误

4. Excel 菜单栏中的短菜单是指什么？

5. 在 Excel 工作表中有多少行 ？

　　A. 256　　　　　　　　　　　　B. 8 192

　　C. 16 384　　　　　　　　　　　D. 65 536

6. 在 Excel 工作表中有多少列？

　　A. 256　　　　　　　　　　　　B. 8 192

　　C. 16 384　　　　　　　　　　　D. 65 536

7. 任务窗格是指：

　　A. 在工作表中选择单元格

　　B. 显示活动单元格中的公式

　　C. 显示菜单命令

　　D. 出现在 Excel 窗口最右边的窗格，可以通过它选择 Excel 提供的操作功能

　　E. 在执行操作之前为用户提供更多选择的信息窗口

8. 当打开 Excel 时：

　　A. 打开前立即为工作簿命名

　　B. 一个新的空白工作簿将自动显现，默认的名字为 Book1

　　C. 不会显示工作簿，必须通过单击按钮创建新的工作簿

　　D. 一个新的空白工作簿将自动显现，默认的名字为 Book#。#代表出现的顺序。该数字序号是在关闭 Excel 工作簿之前顺延的

9. 举例说明 Excel 提供的模板。

10. 可以同时打开几个 Excel 工作簿。

    A. 正确   B. 错误

11. 如果想保存编辑之前做过的修改，可以直接关闭 Excel，不需要做其他任何操作。

    A. 正确   B. 错误

12. 如果对工作簿已做过修改，选择什么命令保存这些修改？

13. 如果想将 Excel 文件保存在指定的文件夹中，可以从 Excel 中直接创建该文件夹。

    A. 正确   B. 错误

14. 输入到 Excel 中的三种主要数据类型是什么？

15. 默认状态下，下列数据出现在单元格的什么位置（左，右，中）：

    A. 文本   B. 数字

    C. 时间日期   D. 符号

16. 键盘上的哪个键可以快速从 Excel 中的任何单元格位置到达 A1 单元格？

2
Lesson

使用工作表

学习目标

本课将介绍有关 Excel 工作表修改和使用的一些基本用法。

学习本课后，应该掌握以下内容：

- ☑ 选择单元格区域
- ☑ 更改单元格中的内容
- ☑ 使用"撤销"和"重复"命令
- ☑ 剪切、复制、粘贴工作表中的数据
- ☑ 使用拖动的方式移动工作表中的数据
- ☑ 通过手动或自动调整功能调整列宽
- ☑ 调整行高
- ☑ 插入和删除行列
- ☑ 插入和删除单元格

2.1 选择单元格

Excel 的一个基本功能是选择单元格区域。在执行任何操作之前，都需要首先选定工作表中的单元格区域，然后再执行操作。

选择的单元格区域可以小至一个单元格或者大至整张工作表。选定单元格后，单元格的颜色会发生改变，直到用户完成修改或者取消了选择。要取消单元格的选择，可以通过再次单击选择区域或者使用方向键移动鼠标来实现。

在 Excel 中，要选定单元格区域可以使用以下几种方法：

- 选择一个单元格，即激活该单元格。
- 选择一个单元格区域，即一个矩形范围，可以包含两个或者更多的单元格。
- 选择不连续的多个单元格。

Excel 通过改变单元格的颜色来提示用户已经选定的区域。在该区域内将有一个单元格仍保持通常单元格的颜色，该单元格为当前激活的单元格。

用鼠标选择单元格：

选择一个单元格	单击该单元格。
扩大选择区域	单击单元格，同时拖动鼠标至理想的区域末端，然后松开鼠标右键。
选择一整行	单击行号。
选择一整列	单击列标。
选择整张工作表	单击工作表左上方的"全部选择"按钮。该按钮处于行号（首行）和列标（首列）的交会处。
选择单元格区域	单击选择区域的第一个单元格，然后按住 Shift 键拖动鼠标，再单击选择区域的末端单元格。
扩展/缩小选择区域	按住 Shift 键，单击之前选择区域内的单元格来缩小选择区域，或者单击之前选择区域外的单元格来扩大选择区域。

其他选择单元格的方法：

选择非临近行/列/单元格	单击行/列/单元格，按 Ctrl 键，移动鼠标至下一个要选择的行/列/单元格，然后进行选择。
选择连续行	单击行号，然后拖动鼠标。
选择连续列	单击列标，然后拖动鼠标。

在某些情况下，可以按 Shift 键选择单元格。特别是在需要同时使用鼠标滚轴选择工作表中远处单元格的情况下，使用键盘选择单元格比较容易控制。但要注意，使用键盘只能选择临近的行、列单元格。

技巧课堂

使用鼠标选择单元格。

1. 创建一个新工作簿。
2. 单击单元格 A9，选择一个单元格。
3. 在单元格 A9 上按住鼠标，然后拖动至单元格 C5，选择单元格区域。
   屏幕显示如图 2-1 所示。
4. 在工作表列标 E 处单击，选择一整列单元格。
5. 在工作表行号 14 处单击，选择一整行单元格。
6. 单击工作表左上方的"全部选择"按钮（处于行号和列标的交会处的灰色按钮），选择整个工作表。

选择非临近的单元格。

7. 选择单元格区域 B4:B7。

8. 按 Ctrl 键，然后选择单元格区域 D11:D18。

9. 一直按住 Ctrl 键，选择单元格区域 F1:F3，之后松开 Ctrl 键。

完成后的工作表显示如图 2-2 所示。

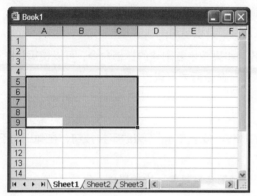
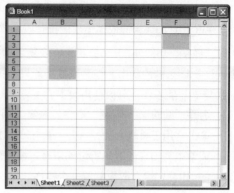

图 2-1　　　　　　　　　　　　　　图 2-2

使用键盘选择单元格区域。

10. 选择单元格 A9。

11. 按 Shift 键，同时按方向键扩展选择范围至单元格 C5，然后松开 Shift 键。

使用键盘上的其他键选择单元格区域。

12. 选择单元格 E10。

13. 按 F8 键激活"扩展"状态。

14. 按方向键将选择区域扩展到 C5。然后再按 F8 键，结束选择区域。

15. 关闭该工作簿，无须保存。

2.2 编辑单元格和撤销命令

在工作表中输入数据后，需要重新整理数据或做适当的修改以适合使用需求。 如果是在纸张上而不是电子工作表中工作时，一旦有任何改动，都需要重做整张工作表。现在使用 Excel 软件，用户只需通过简单的操作就可以修改显示数据，而不需要重新做工作表。

修改 Excel 单元格中的数据，最基本的方法是重新输入数据并按 Enter 键。Excel 默认新输入的数据会取代之前的数据。之所以经常使用该方式，主要因为它不需要使用键盘中的特殊字符键或者 Excel 的编辑模式。

如果在输入数据时出现错误，可以在按 Enter 键之前，通过按 Backspace 键修改错误。也可以将鼠标放在出现错误的位置上，然后输入正确的信息。还可以通过按 Backspace 键和 Delete 键删除信息。一旦输入完成按 Enter 键，Excel 将会用新输入的数据取代之前的数据。

如果单元格的标签比较长并且要做的改动比较小，可以按 F2 键激活 Excel 的编辑模式。编辑模式擅长于做少量的更改。激活编辑模式时，光标会出现在要改动的单元格内，通过按方向、Backspace、Delete、Home 和 End 键修改单元格的内容。注意用户输入的任何信息都会直接插入到原来的文本上。如果想要输入的信息覆盖原来的文本，需要在编辑过程中按 Insert 键。完成输入后，用户可能还要再删除那些没有被覆盖的文字。

 可以通过双击单元格，将其激活，然后进入编辑状态。

Excel 的撤销功能允许撤销之前在工作表中执行的操作，最多可以撤销最近使用过的 16 个命令。

如果关闭了工作簿或者已经保存了工作簿，那么所有的"撤销历史"将丢失，即不能通过该功能撤销之前的操作。所以这是用户要格外注意的一点。

撤销之前的操作，可以使用以下方法：

- 选择"编辑" | "撤销"命令，该命令将取消最近一次的操作。
- 单击常用工具栏上的"撤销"按钮，取消上次的操作。或者单击旁的下拉按钮，在弹出的下拉菜单中将出现最近执行过的所有操作，单击需要撤销的操作。
- 按Ctrl+Z组合键取消上次的操作。每次使用该组合键都会撤销前一次的操作。

除"撤销"功能外，Excel还允许恢复之前撤销的操作。如果想恢复刚才的撤销命令，可以使用"恢复"命令回到撤销之前的状态。但是恢复功能只在执行过"撤销"命令后才可以使用。

恢复之前的操作，可以使用以下方法：

- 选择"编辑" | "恢复"命令，恢复之前的操作。
- 单击常用工具栏上的"恢复"按钮，恢复撤销的操作。或者单击旁的下拉按钮，在弹出的下拉菜单中将出现最近执行过的所有可恢复性操作。
- 按Ctrl+Y组合键恢复前一个操作。每次使用该组合键都会恢复前一次的操作。

 技巧课堂

学习编辑单元格内容，包括文本、数值和其他数据。

1. 单击常用工具栏中的"新建"按钮创建新的工作簿。

2. 创建图 2–3 所示的工作表。

通过重新输入内容更改单元格中的数据。

3. 激活单元格 B3。

4. 输入 car，然后按 Enter 键。

也可以通过编辑功能更改单元格中的文字，在单元格内增加或者删除信息。

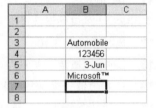

图 2–3

5. 再次激活单元格 B3。

6. 按 F2 键，激活编辑状态。

7. 按 ← 键，将鼠标移至 car 中最后两个字母之间。

8. 输入 n opene，然后按 Enter 键。

通过编辑功能更改单元格中的数据、数字、日期或者符号。

9. 按 F2 键，将单元格 B4 中的内容更改为 124456，然后按 Enter 键。

10. 按 F2 键，将单元格 B5 中的内容更改为 Sep 2009，然后按 Enter 键。

 Excel 默认日期的显示方式为 yy/mm/dd（年/月/日）。

11. 按 F2 键，将单元格 B6 中的内容更改为"Microsoft®"，然后按 Enter 键。

如果想删除单元格或者单元格区域中的内容，则选定单元格并按 Delete 键。

12. 选择单元格 B4，然后按 Delete 键。

如果输入数据或修改数据时出现错误，可以通过"撤销"命令撤销刚才的操作。

13. 单击常用工具栏上的"撤销"按钮。

注意单元格 B4 中被删除的内容又重新显示出来了。通过同样方法撤销倒数第二次的操作。

14. 选择"编辑" | "撤销在 B6 中键入 Microsoft®"命令。

使用"恢复"命令，取消刚才的"撤销"命令，恢复到之前的状态。

15. 单击常用工具栏上的"恢复"按钮。

16. 选择"文件" | "退出"命令，关闭工作表。在弹出的对话框中单击"否"按钮（无须保存）。

技巧演练

编辑单元格中的文字和数据。

1. 单击常用工具栏中的"打开"按钮 ，弹出"打开"对话框。

2. 在对话框中，打开 "人口错误"文件。

3. 将该文件保存为"人口错误-学生"。

首先，重新输入单元格中的内容。

4. 选择单元格 C9，输入 Sacramento，然后按 Enter 键。

5. 选择单元格 C4，输入 Victoria。

使用编辑功能修改单元格中的内容。

6. 选择单元格 C10，然后按 F2 键。

7. 连续按 ← 键三次。

8. 按 Delete 键，然后输入 ss。

9. 连续按 ← 键五次，然后输入 l（L 小写字母）。

10. 然后按 Enter 键。

目前，单元格中的内容显示为 Tallahassee。

11. 选择单元格 A20，然后按 F2 键。

12. 按 ←、→、Delete 和 Backspace 键移动鼠标指针，然后将 Washington 修改正确，完成后按 Enter 键。

下面开始修改数字。

13. 选择单元格 B9，然后按 F2 键。

14. 连续按 ← 键两次，输入 8，然后按 Enter 键。

15. 选择单元格 B5，输入 941，然后按 Enter 键。

现在还需要做以下修改。

16. 按 F2、←、→、Delete、Backspace 和键盘中其他必要键更改以下内容:

单元格	修改为
A5	Nova Scotia
A7	Québec
A11	Georgia
A16	North Dakota
C3	Edmonton
C6	Toronto
C7	Québec City
C13	Springfield
B4	4064
B8	627
B12	1211
B18	12281

17. 通过工作表左上方的"全部选择"按钮（该按钮处于行名称和列名称的交会处，为灰色）选择整个工作表。

按 Ctrl 键选择非临近的单元格区域。

18. 选择单元格区域 B4:B7。

19. 按住 Ctrl 键，然后选择单元格区域 D11:D18。

20. 继续按住 Ctrl 键，然后选择单元格区域 F1:F3，之后松开 Ctrl 键。

使用键盘选择单元格区域。

21. 将鼠标移动到单元格 A9，激活此单元格。

22. 按住 Ctrl 键，通过按 ↑ 和 → 键扩展单元格选择范围
至 C5，然后松开 Shift 键。

按 F8 键选择单元格。

23. 将鼠标移动到单元格 E13，激活此单元格。

24. 按 F8 键启动"扩展"功能。

25. 按 Esc 键，取消 F8 键的"扩展"功能。

26. 将鼠标移动到单元格 D14，激活此单元格。

27. 按 F8 键将"扩展"功能打开。

28. 通过按 ↑ 和 → 键扩展单元格选择范围至 B6，按 F8
键取消"扩展"功能。

屏幕显示如图 2-4 所示。

29. 保存并关闭工作簿。

	A	B	C	D
1				
2	省/州	人口/1000	首府	
3	Alberta	2,997	Edmonton	
4	British Columbia	4,064	Victoria	
5	Nova Scotia	941	Halifax	
6	Ontario	11,669	Toronto	
7	Québec	7,372	Québec City	
8	Alaska	627	Juneau	
9	California	33,872	Sacramento	
10	Florida	15,982	Tallahassee	
11	Georgia	8,186	Atlanta	
12	Hawaii	1,211	Honolulu	
13	Illinois	12,419	Springfield	
14	Indiana	6,080	Indianapolis	
15	New York	18,976	Albany	
16	North Dakota	642	Bismarck	
17	Ohio	11,353	Columbus	
18	Pennsylvania	12,281	Harrisburg	
19	Texas	20,852	Austin	
20	Washington	5,894	Olympia	

图 2-4

2.3 复制并移动数据

2.3.1 数据的剪切、复制和粘贴

Excel 允许复制或移动单元格的内容和格式，这样做可以简化编辑任务，让工作表中的编辑工作能更轻松快捷地完成。复制和移动这两个操作之间有很大的区别。

用户可以将单元格或单元格区域的内容移动至工作表中的不同位置上，或者不同的工作表上。这些单元格的数据将在原始的位置上被清除，然后重新出现在新的位置上，即移动。

此外，也可以将单元格或单元格区域的内容复制到新的位置上。复制方法与上面移动方法不同，主要因为复制并不会影响原始单元格中的内容，原始的数据仍然保存在原处。

剪切　　　　该命令将单元格或单元格区域的内容移动至剪贴板上。

复制　　　　该命令将单元格或单元格区域的内容移动至剪贴板上，原始单元格的内容仍保留。

粘贴　　　　剪切或者复制后，该操作将剪切或复制的内容全部放在新的位置上。如果新位置上的单元
　　　　　　格已经有数据或者格式，粘贴功能会将原有的全部覆盖。

特殊粘贴　　允许带有条件的粘贴（例如，可以选择只粘贴内容或者格式）。一般性的粘贴是非选择性
　　　　　　的，所有的内容和格式都必须与原始内容一致。

选定要剪切或复制的区域时，一个可移动的由虚线构成的长方形将出现在屏幕中，称为移动矩形。移动矩形的出现意味着单元格区域可以被粘贴到工作表的其他位置上，或者粘贴到其他工作表上。通过按 Esc 键可以取消移动矩形，从而取消选定要复制或移动的单元格。 如果在工作表中输入了新数据，Excel 会认为用户改变了计划，不想执行剪切或者复制，而是想要继续编辑数据，因此移动矩形将消失。

- 可以复制或移动任意数据，包括工作表中的文字、日期、公式、图形、图表等。
- 可以多次复制或移动单元格中的内容，多次使用常用工具栏中的"复制"功能，然后使用"粘贴"功能，将内容粘贴到任意单元格内。
- 可以剪切或复制多个单元格区域。每次剪贴板最多可容纳 24 个项目。通过剪贴板粘贴单元格可以重新安排顺序。

可以通过以下几个方法复制单元格：

- 选择"编辑"|"复制"命令。
- 单击常用工具栏上的"复制"按钮。

- 按 Ctrl + C 组合键。
- 在复制的内容上右击，然后在弹出的快捷菜单中选择"复制"命令。

可以通过以下几个方法剪切和移动单元格的内容：

- 选择"编辑" | "剪切"命令。
- 单击常用工具栏上的"剪切"按钮 ✂ 。
- 按 Ctrl + X 组合键。
- 在剪切的内容上右击，然后在弹出的快捷菜单中选择"剪切"命令。

可以通过以下几个方法粘贴单元格的内容：

- 选择"编辑" | "粘贴"命令。
- 单击常用工具栏上的"粘贴"按钮 📋 。
- 按 Ctrl + V 组合键。
- 在指定位置上右击，然后在弹出的快捷菜单中选择"粘贴"命令。

2.3.2 使用剪贴板

传统 Windows 的剪贴板只能存放一个项目，而 Excel 可以存放和检索 24 个项目。Excel 的剪贴板将显示所有存放项目的内容，而且还提供图标提示粘贴内容来自于哪一个软件。

默认情况下，剪贴板不会自动在窗口中出现。除非改变剪贴板中的"选项"设置，否则要显示剪贴板的内容，需要选择"编辑" | "Office 剪贴板"命令，打开"剪贴板"任务窗格，如图 2-5 所示。

全部粘贴　　粘贴当前剪贴板上的所有内容，同时保持当前剪贴板上的粘贴顺序。

全部清空　　清除剪贴板上的所有内容。

选项　　　　单击该按钮，打开图 2-6 所示的下拉菜单。按照需要设置剪贴板的工作方式。

图 2-5

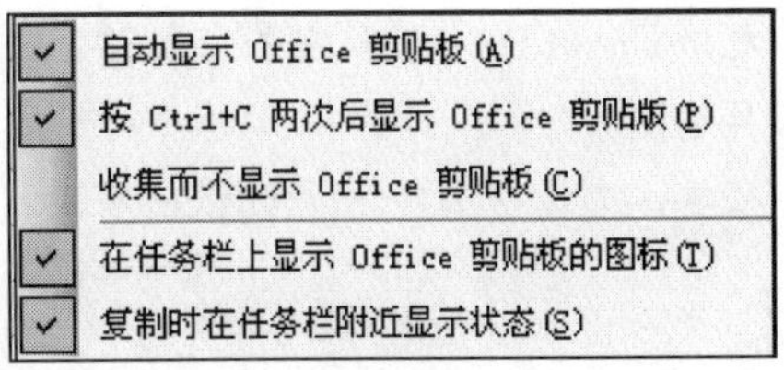

✓	自动显示 Office 剪贴板(A)
✓	按 Ctrl+C 两次后显示 Office 剪贴版(P)
	收集而不显示 Office 剪贴板(C)
✓	在任务栏上显示 Office 剪贴板的图标(T)
✓	复制时在任务栏附近显示状态(S)

图 2-6

在 Windows 的所有应用程序中都可以使用 Windows 的剪贴板。但 Windows 剪贴板每次只允许剪贴或复制一个项目。微软办公系统软件的剪贴板最多可收集 24 个项目。在剪贴板上的项目达到 24 个时，需要删除一个或者几个项目以便能够继续使用剪贴板。

例如，当前正在写一份报告，需要的文字资料记录在 Word 文档中，有一些数据记录在 Excel 工作表里，而另外的一部分则保存在 PowerPoint 文档里。这时，用户可以通过使用剪贴板收集三个不同软件中所有的资料，直到剪贴板中的项目达到 24 个。一旦所收集的项目达到了剪贴板的最大容量，用户需要删除个别项目，或者通过单击"全部清空"按钮删除全部内容，然后再继续使用剪贴板。

如果要在当前位置上粘贴剪贴板上的内容，只需将鼠标放在当前位置，然后单击剪贴板上的内容即可。

将鼠标移动到剪贴板上的某个项目时，单击下拉按钮，会出现下拉菜单显示其他命令，如图 2-7 所示。

想要从剪贴板上删除项目，可以选择该下拉菜单中的"删除"命令。若要将该项目粘贴到当前位置，可以在下拉菜单中选择"粘贴"命令。

图 2-7

技巧课堂

学习如何复制和移动单元格的内容。

1. 打开"部门支出"工作簿，如图 2-8 所示。
2. 将其保存为"部门支出-学生"。
思考如何复制每月都相同的部门支出，而不是在单元格中逐一输入内容。

图 2-8

3. 将鼠标移至单元格 B4，然后拖动鼠标将单元格区域延伸至单元格 B5。
4. 单击常用工具栏上的"复制"按钮。
这时，窗口中的单元格 B4 附近出现了刚才提到的"移动矩形"，提示当前内容将被复制到剪贴板上。
5. 选择单元格 C4，然后单击"粘贴"按钮。

 也可以通过按 Enter 键将内容粘贴到新位置。

注意，即使刚才只选择了一个单元格，Excel 已经将两个单元格的内容都复制到了正确的位置上。Excel 会自动将复制内容直接覆盖在原有内容上。

6. 选择单元格 D4，然后单击"粘贴"按钮。

 或者可以将这两组数据同时粘贴。

7. 选择单元格 B6 和 B7，然后单击"复制"按钮。
8. 选择单元格 C6 和 D6，然后单击"粘贴"按钮。
现在学习使用剪贴板。

9. 如果有必要，选择"编辑"|"Office 剪贴板"命令，打开"剪贴板"任务窗格。

 如果需要"剪贴板"任务窗格每次在复制大量数据时都自动打开，单击任务窗格的"选项"按钮从中进行设置。

10. 如果有必要，单击任务窗格上方的"全部清空"按钮。
11. 选择单元格 B8，然后单击"复制"按钮。
12. 选择单元格 C8，然后单击"剪贴板"任务窗格上的选项 15，如图 2-9 所示。

13. 选择单元格 B9，然后单击"复制"按钮 。

     目前，"剪贴板"任务窗格上有两个项目。

14. 单击单元格 C9。

15. 将鼠标指针移至"剪贴板"任务窗格上的选项 50，然后单击下拉按钮，如图 2-10 所示。

图 2-9

图 2-10

16. 在下拉菜单中选择"粘贴"命令。

17. 选择单元格 D8。

18. 单击"剪贴板"任务窗格上方的"全部粘贴"按钮。

19. 单击"剪贴板"任务窗格上方的"全部清空"按钮，

     然后关闭任务窗格。

     完成的工作表显示如图 2-11 所示。

20. 保存工作簿。

	A	B	C	D	E
1	部门支出				
2					
3		一月	二月	三月	
4	房租	500	500	500	
5	电话	70	70	70	
6	办公室	50	50	50	
7	快递	25	25	25	
8	邮资	15	15	15	
9	书	50	50	50	
10	餐费	25			
11	差旅				
12					

2.3.3 用鼠标复制和移动单元格

图 2-11

除了剪切和粘贴单元格中的内容外，用户还可以通过拖动的方法快速地移动单元格到新的位置上。和剪切方法一样，目标单元格将丢失以前所有的原始数据或格式。

也可通过按 Ctrl 键配合拖动鼠标的方法实现复制单元格或单元格区域中的内容。该操作将不需要使用 Windows 剪贴板或者 Office 剪贴板。

L03S-5-2

技巧课堂

学习将单元格中的内容复制移动到工作表的其他位置。

1. 打开"部门支出-学生"工作簿。

   将一个单元格中的内容移动至空单元格中。

2. 选择单元格 A11，如图 2-12 所示。

3. 将鼠标放到单元格 A11 的边框上。此时，鼠标变为有四个箭头的十字状 。

4. 然后拖动单元格至单元格 C12。在工作表中拖动数据时，一个灰色的边框将出现在单元格的四周。

   现在将该单元格移动至另外一个含有数据的单元格处。

5. 重复第 3 步和第 4 步，拖动单元格 C12 至单元格 A5 处。

   此时会弹出一个对话框，询问"是否替换目标单元格内容？"。如果平时是意外地移动了单元格，可以单击"取消"按钮取消此操作，否则单击"确定"按钮。

6. 在对话框中，单击"确定"按钮。

将一组单元格移至新的位置上。

7. 选择单元格区域 C3:D9。

8. 然后拖动这些单元格，将移动矩形的左上边角拖动到单元格 D8 处，如图 2-13 所示。

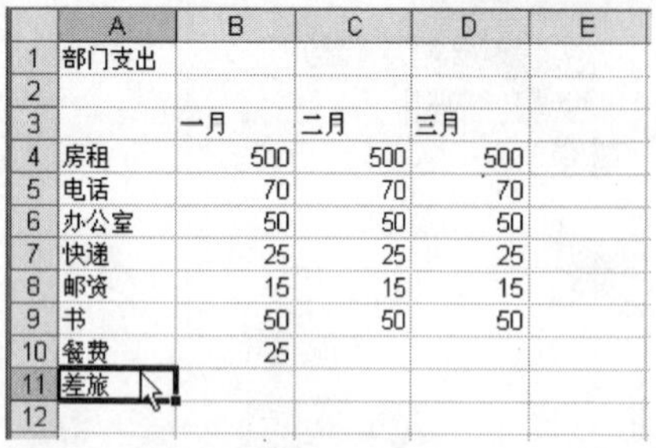

图 2-12

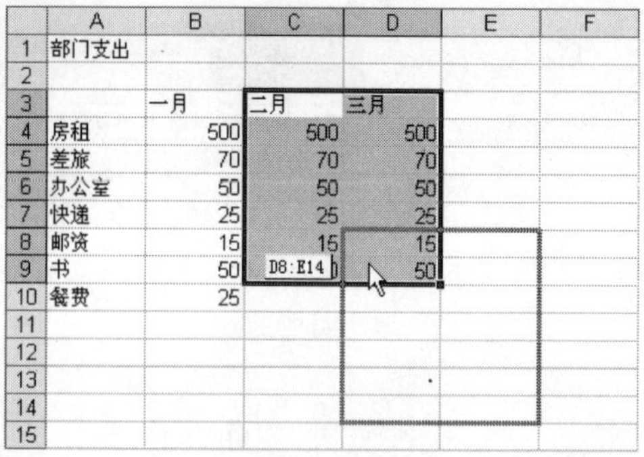

图 2-13

使用拖动方法复制单元格。

9. 选择单元格区域 D8:E14，将鼠标指针放在选定区域的边框上。

10. 按住 Ctrl 键，拖动选定的内容至单元格区域 B6:C12 处。当按 Ctrl 键时，十字箭头会变为"+"。拖动鼠标过程中，可以在任何时候按下或者抬起 Ctrl 键，这个功能可以方便在任何时候放弃或者继续当前的复制。

11. 松开鼠标和 Ctrl 键。

完整的工作表显示如图 2-14 所示。

图 2-14

12. 无须保存，关闭工作簿。

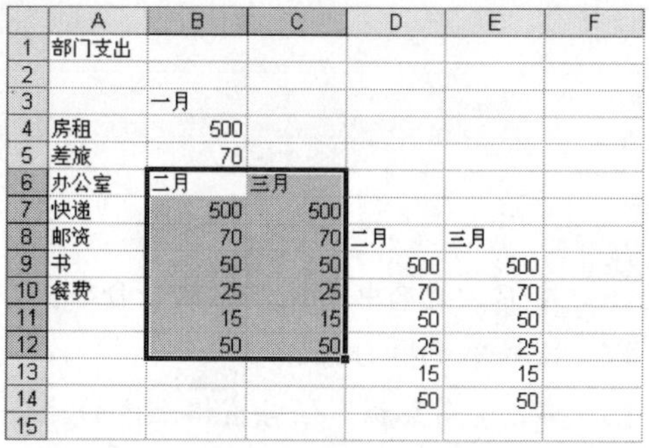

技巧演练

练习将单元格中的内容复制移动到工作表的其他位置。

1. 打开"复制移动"工作簿，如图 2-15 所示。

2. 将其保存为"复制移动-学生"。

选择一个区域中的单元格，然后将其复制到工作表中的两个不同位置上。

3. 选择单元格区域 C3:C7。

4. 单击常用工具栏上的"复制"按钮 📋。

5. 选择单元格 G14。

图 2-15

6. 单击常用工具栏上的"粘贴"按钮 📋。

注意移动矩形将在单元格区域 C3:C7 处出现，不需要再次复制，只要粘贴单元格即可。

7. 选择单元格 C14，然后单击常用工具栏上的"粘贴"按钮 📋。

复制其他单元格。

8. 选择单元格区域 A3:A7，然后单击常用工具栏上的"复制"按钮 📋。

9. 选择单元格 F14，然后单击常用工具栏上的"粘贴"按钮 📋。

10. 选择单元格 A14，然后单击常用工具栏上的"粘贴"按钮 📋。

使用 Office 剪贴板复制数据。

11. 单击"剪贴板"任务窗格上的"全部清空"按钮 🗑全部清空。

12. 选择单元格 C3，然后单击常用工具栏上的"复制"按钮 📋。

13. 选择单元格 E9，然后单击常用工具栏上的"粘贴"按钮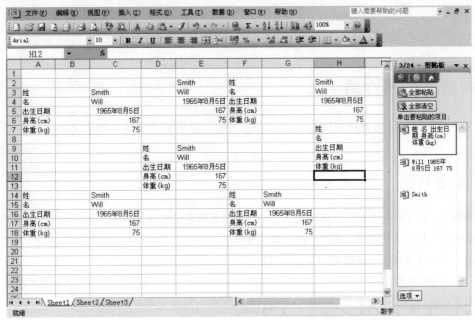。

14. 选择单元格区域 C4:C7，然后单击常用工具栏上的"复制"按钮。

15. 选择单元格 E10。

16. 将鼠标指针放在"剪贴板"任务窗格上端，单击"Will 1965 年 8 月 5 日 165 75"选项。

17. 选择单元格区域 A3:A7，然后单击常用工具栏上的"复制"按钮。

18. 选择单元格 D9，然后单击"剪贴板"任务窗格最上面的选项。

将剪贴板的内容直接粘贴到工作表中。

19. 选择单元格 E2，然后单击"剪贴板"任务窗格最下面的选项。

20. 选择单元格 E3，然后单击"剪贴板"任务窗格中间的选项。

21. 选择单元格 F2，然后单击"剪贴板"任务窗格最上面的选项。

单击"全部粘贴"按钮，剪贴板中的所有内容将依次从下而上地粘贴到活动单元格中。

22. 选择单元格 H2，然后单击"剪贴板"任务窗格上的"全部粘贴"按钮。

此时，工作表显示如图 2-16 所示。

图 2-16

清空并关闭"剪贴板"任务窗格。

23. 单击"剪贴板"任务窗格中的"全部清空"按钮。

24. 单击"关闭"按钮X，关闭"剪贴板"任务窗格。

使用拖动方法移动多个单元格。

25. 选择单元格区域 A14:A18。

26. 将鼠标移动至选定单元格的边框处，然后进行拖动。

27. 拖动该区域至单元格 G8 处，然后松开鼠标。

使用拖动方法复制单元格。

28. 选择单元格区域 E2:F6。

29. 将鼠标指针移动至选定单元格的边框处。

30. 按住 Ctrl 键，然后拖动鼠标至单元格区域 A9:B13 处。

31. 松开鼠标和 Ctrl 键。

完成后的工作表显示如图 2-17 所示。

32. 如果需要更多的练习，可以重复使用上面方法修改此工作表。

33. 保存并关闭工作簿。

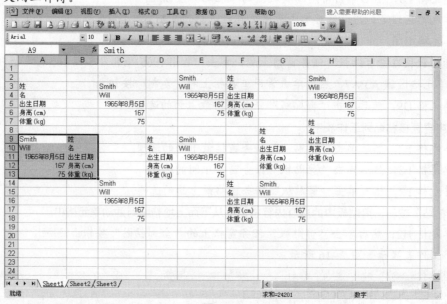

图 2-17

2.4 调整列宽和行高

XL03S-3-2

使用 Excel 的时候，可能需要调整列宽和行高，从而显示更多或更少的字符，并提高工作表的可读性。

2.4.1 改变列宽

在工作表中，标准的列宽有可能还不足以容纳当前单元格中的文本。如果旁边的单元格是空值，该单元格中的文本可以延伸到旁边的单元格处，从而显示整个单元格中的文本。但如果旁边单元格有内容，前面单元格的文本会因为被旁边单元格遮盖而无法全部显示。

Excel 可以调整列宽，调整范围在 0～255 单元格之间。改变列宽时，单元格中的内容不改变，只是改变可以显示多少的内容。必要时可以隐藏一列或几列单元格以及单元格中的内容。

显示数字时，没有足够的空间可能导致数字不能完全显示出来。但是，要记住 Excel 不像遮盖文本内容一样遮盖数据。如果这样会造成误读数据，从而引起很多麻烦。例如，如果没有足够的空间显示数据，应该显示为 1 000 000 的数据将被显示为 1000。为了避免类似情况的发生，Excel 在显示数值时会遵循以下特殊规则：

- 如果输入的数据只是略微大于当前列宽，Excel 会自动地增加列宽，显示当前单元格内的所有数字。
- 如果输入的数字量大于当前列宽很多，Excel 会自动地改变单元格格式为科学记数法。
- 如果用户缩小已含有数据的列宽，Excel 将无法再显示数据。在这种情况下，单元格会出现######标志提示用户。调整列宽使当前列可以容纳这些数字后，数字将被重新显示。
- 检查列宽最快的方法是单击列标之间的垂直线。列宽将在鼠标右侧的提示框中显示出来。

如果要改变列宽，可以通过以下方法：

- 选择"格式"|"列"|"列宽"命令。
- 在列标上右击，然后在弹出的快捷菜单中选择"列宽"命令。
- 将鼠标指针放在列标的左侧，当鼠标指针变为╋时，拖动调整宽度。

技巧课堂

学习调整列宽将内容显现出来。

1. 打开"超级自行车（列宽）"工作簿，如图 2-18 所示。

2. 将其保存为"超级自行车（列宽）-学生"。

3. 选择 A 列中的任意单元格。

4. 选择"格式"|"列"|"列宽"命令，打开"列宽"对话框，如图 2-19 所示。

	A	B	C	D	E	F	G	H
1	超级自行车 Inc.							
2	工作人员名单							
3	日期	1999年12月13日						
4								
5	工作人员	姓	名	职位	受雇日期	受雇年数	RRSP	
6	A0001	Lee	Jonathan	主席	1997年7月15日	1.4	35000	
7	A0002	Wong	Sue	总经理	1997年7月15日	1.4	25000	
8	A0003	Gnadowski	Ken	市场部经	1997年7月15日	1.4	22000	
9	A0004	Young	Susan	运营部经	1997年7月18日	1.4	30000	
10	A0005	Parhar	Jasbir	财务部经	1997年8月19日	1.3	18000	
11	A0006	Erroll-Smith	Jacqueline	库存管理	1997年10月1日	1.2	2000	
12	A0007	Cybulchuk	Lisa Marie	销售员	1997年10月1日	1.2	0	
13	A0008	Davis	Roger	财务员	1997年10月1日	1.2	1500	
14	A0009	Blaine	Earl	财务员	1997年11月3日	1.1	1750	
15	A0010	Winston	Shane	销售员	1997年11月3日	1.1	450	
16	A0011	McClanaghan	Andrea	助理	1997年11月3日	1.1	850	
17	A0012	Kostur	Joe	销售员	1997年11月3日	1.1	700	
18	A0013	Moen	Gerald	库存管理	1997年11月3日	1.1	600	
19	A0014	Schmidt	Wolfgang	销售员	1998年3月4日	0.8	300	
20	A0015	Damberger	Mary	秘书	1998年4月15日	0.7	100	
21								
22	员工数量	15						
23								

图 2-18

图 2-19

5. 在打开的"列宽"对话框的"列宽"文本框中输入 14，然后按 Enter 键。

6. 重复第 3～5 步，调整 B 列和 C 列的宽度。

使用鼠标调整 D 列的宽度。

7. 将鼠标指针指向列标右侧的竖线。例如，D 列和 E 列之间的竖线。

此时，鼠标将显示为双箭头的十字 ✛。

8. 单击竖线，然后向右拖动该竖线使此列变宽（或者向左拖动该竖线使此列变窄）。

注意，当拖动该竖线改变列宽时，会出现小的提示框，告诉用户当前列宽的具体数值。

9. 当列宽可以容纳当前列标时，松开鼠标即可。

 可重复使用第 7～9 步，直到将列宽调整到理想的位置。

10. 可以使用自己熟悉的方法改变 E 列、F 列和 G 列的宽度。

完成后的工作表显示如图 2-20 所示。

	A	B	C	D	E	F	G	H
1	超级自行车 Inc.							
2	工作人员名单							
3	日期	1999年12月13日						
4								
5	工作人员	姓	名	职位	受雇日期	受雇年数	RRSP	
6	A0001	Lee	Jonathan	主席	1997年7月15日	1.4	35000	
7	A0002	Wong	Sue	总经理	1997年7月15日	1.4	25000	
8	A0003	Gnadowski	Ken	市场部经理	1997年7月15日	1.4	22000	
9	A0004	Young	Susan	运营部经理	1997年7月18日	1.4	30000	
10	A0005	Parhar	Jasbir	财务部经理	1997年8月19日	1.3	18000	
11	A0006	Erroll-Smith	Jacqueline	库存管理员	1997年10月1日	1.2	2000	
12	A0007	Cybulchuk	Lisa Marie	销售员	1997年10月1日	1.2	0	
13	A0008	Davis	Roger	财务员	1997年10月1日	1.2	1500	
14	A0009	Blaine	Earl	财务员	1997年11月3日	1.1	1750	
15	A0010	Winston	Shane	销售员	1997年11月3日	1.1	450	
16	A0011	McClanaghan	Andrea	助理	1997年11月3日	1.1	850	
17	A0012	Kostur	Joe	销售员	1997年11月3日	1.1	700	
18	A0013	Moen	Gerald	库存管理员	1997年11月3日	1.1	600	
19	A0014	Schmidt	Wolfgang	销售员	1998年3月4日	0.8	300	
20	A0015	Damberger	Mary	秘书	1998年4月15日	0.7	100	
21								
22	员工数量	15						
23								

图 2-20

11. 保存并关闭工作簿。

2.4.2 自动调整功能

XL03S-3-2

还可以通过 Excel 的自动调整功能调整列宽。通过该功能让每个单元格的全部内容在行列中清楚地展现出来。微软意识到用户会频繁地调整列宽，因此设计了这个功能。在该功能下，Excel 将自动地调整宽度，以便显示所有内容并为用户减少操作中的麻烦。

可以通过以下方法实现自动调整功能：

- 选择"格式"|"列"|"最适合的列宽"命令。
- 双击列标右侧的竖线，自动调整列宽。

行高也可以通过同样的方法进行调整。

技巧课堂

学习使用自动调整功能调整列宽。

1. 打开"甜心糖果制造（列宽）"工作簿，如图 2–21 所示。

	A	B	C	D	E	F	G	H
1	甜心糖果制造 Inc.							
2	生产的具体日程							
3								
4		星期一	星期二	星期三(轮	星期四	星期五	星期六	星期日
5	巧克力豆	190	926	886	203	230	376	51
6	甜心巧克力	186	400	79	52	437	463	91
7	小熊糖	337	428	535	140	977	388	378
8	巧克力曲奇	952	219	165	28	792	416	32
9	奶酪糖	843	686	614	134	379	384	70
10	彩色糖豆	114	648	788	478	246	45	57
11	糖球	224	442	495	744	445	333	262
12	棒棒糖	243	921	569	598	365	127	283
13	奶油曲奇	514	422	47	621	499	208	139
14	布丁	830	455	871	645	492	156	393
15	石头糖	393	300	585	228	172	190	280
16	怪味糖	615	678	182	38	847	100	137
17	奶油朱古力	34	75	230	811	78	435	227
18	玉米花	728	173	91	815	624	453	377
19	奶油糖	149	37	418	611	52	199	142
20	薯片	700	44	559	814	35	393	385
21	爆米花	599	455	161	18	885	367	33
22								

图 2–21

2. 将其另存为"甜心糖果制造（列宽）–学生"工作簿。

使用自动调整功能调整 D 列的宽度，D 列中单元格 D4 的内容不能完全显示出来（见图 2–21），可以通过调整宽度将其全部显示。

3. 选择单元格 D4。

4. 选择"格式"|"列"|"最适合的列宽"命令。

可以使用鼠标调整列宽。该方法比通过菜单栏的命令调整宽度更快捷方便，通过此方法会使整列的宽度自动适应该列中最宽的单元格大小。

5. 将鼠标移至 C 列列标右侧的竖线位置上。鼠标指针变为双箭头。

6. 在此处双击。

7. 重复使用该功能调整 B 列的宽度，将鼠标指针移动至 B 列列标右侧的竖线位置上，然后进行双击。

使用自动调整功能调整 A 列的宽度。

8. 选择单元格 A2。

9. 选择"格式"|"列"|"最适合的列宽"命令。

注意单元格 A1 内容的宽度要比 A5:A22 内容的宽度大，单元格区域 A5:A22 的内容无法完全显示。

使用自动调整功能调整其他列宽。

10. 选择单元格区域 A5:A21。

11. 选择"格式"|"列"|"最适合的列宽"命令。

12. 选择单元格区域 E4:H21。

13. 选择"格式"|"列"|"最适合的列宽"命令。

完成后的工作表显示如图 2-22 所示。

	A	B	C	D	E	F	G	H	I
1	甜心糖果制造 Inc.								
2	生产的具体日程								
3									
4		星期一	星期二	星期三 (轮换日)	星期四	星期五	星期六	星期日	
5	巧克力豆	190	926	886	203	230	376	51	
6	甜心巧克力	186	400	79	52	437	463	91	
7	小熊糖	337	428	535	140	977	388	378	
8	巧克力曲奇	952	219	165	28	792	416	32	
9	奶酪糖	843	686	614	134	379	384	70	
10	彩色糖豆	114	648	788	478	246	45	57	
11	糖球	224	442	495	744	445	333	262	
12	棒棒糖	243	921	569	598	365	127	283	
13	奶油曲奇	514	422	47	621	499	208	139	
14	布丁	830	455	871	645	492	156	393	
15	石头糖	393	300	585	228	172	190	280	
16	怪味糖	615	678	182	38	847	100	137	
17	奶油朱古力	34	75	230	811	78	435	227	
18	玉米花	728	173	91	815	624	453	377	
19	奶油糖	149	37	418	611	52	199	142	
20	薯片	700	44	559	814	35	393	385	
21	爆米花	599	455	161	18	885	367	33	
22									

图 2-22

14. 保存并关闭工作簿。

技巧演练

练习调整列宽。

1. 创建一个新的工作簿。

2. 输入下列数据:

单元格	输入内容
B3	Left hand mitt
B4	123456789.1234
B5	December 15，1999
C3	Right hand mitt
C4	987654321.987
C5	January 24，1999

3. 选择 B 列中的任意单元格。

4. 选择"格式"|"列"|"列宽"命令,打开"列宽"对话框。

5. 在对话框的"列宽"文本框中输入 11,然后单击"确定"按钮。

6. 重复第 3~5 步,调整 C 列宽为 13。

现在将两列的宽度同时加大。

7. 同时选择 B 列和 C 列。

8. 选择"格式"|"列"|"列宽"命令,在打开的"列宽"对话框的"列宽"文本框中输入 20,然后单击"确定"按钮。

现在将两列的宽度同时减小。

9. 选择"格式"|"列"|"列宽"命令。在打开的"列宽"对话框的"列宽"文本框中输入 7.5，然后单击"确定"按钮。

使用自动调整功能调整 B 列和 C 列的宽度。

10. 在 B 列列标右侧的竖线位置上双击。

11. 在 C 列列标右侧的竖线位置上双击。

12. 选择单元格 C4，将工作表上显示的数字与之前的输入内容（公式栏中显示的数字）做对比。

使用鼠标调整 B 列和 C 列的宽度。

13. 拖动 B 列列标右侧的竖线直到显示的宽度为 20.00（145 像素）。

14. 拖动 C 列列标右侧的竖线直到显示的宽度为 20.00（145 像素）。

完成后的工作表显示如图 2-23 所示。

	A	B	C	D
1				
2				
3		Left hand mitt	Right hand mitt	
4		123456789.1	987654322	
5		15-Dec-99	24-Jan-99	
6				

图 2-23

15. 无须保存，关闭工作簿。

2.4.3　调整行高

和列宽一样，行高可以通过手工或自动功能调整。要改变行高的主要原因有两个：一是为了容纳更大的字体；二是让很长的文本变为多行，显示在一个单元格里而不是扩展到右边的单元格里。

可以通过以下几种方法调整行高：

• 选择"格式"|"行"|"行高"命令，打开"行高"对话框。
• 将鼠标指针放在行号的下方，当鼠标指针变为 ✛ 时，拖动鼠标调整高度。

还可以通过 Excel 的自动调整功能实现调整行高，让每行都自动适应单元格的内容。

可以通过以下方法实现该功能：

• 选择"格式"|"行"|"最适合的行高"命令。
• 双击行号底部边缘处调整行高。

 技巧课堂

学习调整行高。

1. 打开"超级自行车（列宽）-学生"文件。

2. 将鼠标指针移至单元格 A21。

3. 选择"格式"|"行"|"行高"命令，打开"行高"对话框，如图 2-24 所示。

4. 在"行高"对话框的"行高"文本框中输入 6，然后按 Enter 键。

使用鼠标调整行高。

图 2-24

5. 将鼠标指针指向第 5 行行号底部的边缘处，此时鼠标指针将显示为带有双箭头的十字指针。

6. 将其向下拖动直到提示高度显示为 21.75（29 像素）。

7. 拖动第 4 行行号的底部边缘，然后将第 4 行的高度调整为 7.50。

完成后的工作簿将显示如图 2-25 所示。

8. 保存并关闭工作簿。

	A	B	C	D	E	F	G
1	超级自行车 Inc.						
2	工作人员名单						
3	日期	1999年12月13日					
4							
5	工作人员	姓	名	职位	受雇日期	受雇年数	RRSP
6	A0001	Lee	Jonathan	主席	1997年7月15日	1.4	35000
7	A0002	Wong	Sue	总经理	1997年7月15日	1.4	25000
8	A0003	Gnadowski	Ken	市场部经理	1997年7月15日	1.4	22000
9	A0004	Young	Susan	运营部经理	1997年7月18日	1.4	30000
10	A0005	Parhar	Jasbir	财务部经理	1997年8月19日	1.3	18000
11	A0006	Erroll-Smith	Jacqueline	库存管理员	1997年10月1日	1.2	2000
12	A0007	Cybulchuk	Lisa Marie	销售员	1997年10月1日	1.2	0
13	A0008	Davis	Roger	财务员	1997年10月1日	1.2	1500
14	A0009	Blaine	Earl	财务员	1997年11月3日	1.1	1750
15	A0010	Winston	Shane	销售员	1997年11月3日	1.1	450
16	A0011	McClanaghan	Andrea	助理	1997年11月3日	1.1	850
17	A0012	Kostur	Joe	销售员	1997年11月3日	1.1	700
18	A0013	Moen	Gerald	库存管理员	1997年11月3日	1.1	600
19	A0014	Schmidt	Wolfgang	销售员	1998年3月4日	0.8	300
20	A0015	Damberger	Mary	秘书	1998年4月15日	0.7	100
21							
22	员工数量	15					
23							

图 2-25

 可以使用自动调整功能调整行高。要使用该功能时，在行号的底部边缘处进行行双击即可。

2.5 插入或删除行或列

2.5.1 插入行或列

在使用 Excel 的过程中，可以在工作表中直接插入新的列和行，或者在已有数据之间插入行或列。列标用字母表示，从 A 列至 IV 列。行号用数字表示，从第 1 行至第 65 536 行。这样的设置方便用户在已有的工作表中插入任意多的信息，或者帮助用户辨认在已有信息中插入空白行或列的位置。

用户也可以在当前单元格附近添加任意行或列。行将被插入在选定单元格的上边。而列将被插入在选定单元格的左边。用户可以同时插入任意多数量的行或列。

可以使用以下方法插入行或列：

- 选择"插入"|"行"或"列"命令。
- 在行号或列标要插入的位置上按 Ctrl + + 组合键。
- 在要插入行或列的任意位置上右击，在弹出的快捷菜单中选择"插入"命令，在打开的"插入"对话框中选中"整行"或者"整列"单选按钮，如图 2-26 所示。

执行"插入"命令时要格外小心，因为这些操作可能直接影响到整张工作表的结构，或者用户在屏幕上观察不到的区域的结构。

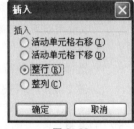

图 2-26

技巧课堂

学习在工作表已有的数据中插入新的行列，以达到更好的视觉效果。

1. 打开"部门支出-学生"工作表，如图 2-27 所示。

在数据中插入行。

2. 选择第 4 行中的任意单元格。

3. 选择"插入"|"行"命令。

在数据中间插入两行。

4. 选中第 7、8 行行号的位置，注意此时行号的位置上出现➡，表示该行已被选中。

5. 选择"插入"|"行"命令。

在数据左侧插入一列。

6. 单击 B 列列标的位置，注意此列标的位置处出现↓，表示该列已被选中。

7. 选择"插入"|"列"命令。

8. 输入以下数据：

单元格	输入数据
A7	长途话费
A8	互联网
C7	25
C8	50

9. 输入或者复制单元格 C7、C8 的内容到单元格区域 D7:E8。

完成的工作表显示如图 2-28 所示。

	A	B	C	D	E
1	部门支出				
2					
3			一月	二月	三月
4	房租		500	500	500
5	电话		70	70	70
6	办公室		50	50	50
7	快递		25	25	25
8	邮资		15	15	15
9	书		50	50	50
10	餐费		25		
11	差旅				
12					
13					

图 2-27

	A	B	C	D	E	F
1	部门支出					
2						
3			一月	二月	三月	
4						
5	房租		500	500	500	
6	电话		70	70	70	
7	长途话费		25	25	25	
8	互联网		50	50	50	
9	办公室		50	50	50	
10	快递		25	25	25	
11	邮资		15	15	15	
12	书		50	50	50	
13	餐费		25			
14	差旅					
15						

图 2-28

10. 保存工作表。

2.5.2 删除行或列

XL03S-3-3

Excel 支持添加新的行或列，同样也支持删除多余的行或列。

删除行或列时可能会意外地删除了同一行列中有用的数据，这可能是因为被删除的有用的数据当时没有出现在屏幕上。因此，在执行"删除"时，要格外小心，最好移动滚动条，确定没有有用的数据被包括在选择区域内，再执行操作。

可以使用以下方法删除行或列：

- 选择"编辑"|"删除"命令。
- 选择要删除的行或列，然后按 Ctrl + − 组合键，打开"删除"对话框（见图 2-29）进行设置。

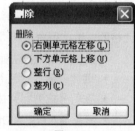

图 2-29

技巧课堂

学习如何移动行列和单元格。

1. 打开"部门支出-学生"工作簿。

2. 单击第 7 行行号处的灰色方格。

3. 选择"编辑"|"删除"命令。

现在第 7 行整行都被选中，Excel 在没有询问用户的情况下删除了一整行。可以用同样的方法删除一整列。

4. 单击 B 列列标处的灰色方格。

5. 选择"编辑"|"删除"命令。

完成的工作表显示如图 2-30 所示。

	A	B	C	D	E
1	部门支出				
2					
3		一月	二月	三月	
4					
5	房租	500	500	500	
6	电话	70	70	70	
7	互联网	50	50	50	
8	办公室	50	50	50	
9	快递	25	25	25	
10	邮资	15	15	15	
11	书	50	50	50	
12	餐费	25			
13	差旅				
14					

图 2-30

6. 保存此工作簿。

2.5.3 插入或删除单元格

可以选择在 Excel 工作表中插入或删除一个或几个单元格。执行此操作时，Excel 会将单元格按序列移动，为新插入的单元格留出空间；或者将单元格中的内容删除，但保留当前单元格的位置。

按 Delete 键可以清空一个或几个单元格中的内容。注意 Delete 键只清空单元格中的内容，而不会将其他单元格移动顶替当前位置，因此使用这种方法不会改变当前工作表的布局。

技巧课堂

学习插入或移动独立的单元格。

1. 激活屏幕上的"部门支出-学生"工作簿。
2. 选择单元格 C7。
3. 按 Delete 键。

   注意，Excel 清空该单元格的内容后，工作表结构仍然看上去完好无损，除了该单元的内容消失以外，其他的结构框架并没有被破坏。现在尝试删除单元格。

4. 单击"撤销"按钮 ⤺ ，取消之前的操作。
5. 选择"编辑" | "删除"命令。

   因为只选中一个单元格，Excel 并不确定用户是想删除这个单元格还是删除该单元格所在的行或者列。如果只是删除该单元格，Excel 还需要知道如何处理这个空位，是否要将下面的单元格上移或者旁边的单元格左移。

6. 在打开的"删除"对话框中，选择"下方单元格上移"单选按钮，然后单击"确定"按钮。

   现在工作表应该显示如图 2-31 所示。

可以通过插入单元格将旁边的单元格移至一侧，为新单元格留出位置。

7. 选择"插入" | "单元格"命令，打开"插入"对话框，如图 2-32 所示。

	部门支出			
1	部门支出			
2				
3		一月	二月	三月
4				
5	房租	500	500	500
6	电话	70	70	70
7	互联网	50	50	50
8	办公室	50	25	50
9	快递	25	15	25
10	邮资	15	50	15
11	书	50		50
12	餐费	25		
13	差旅			
14				

图 2-31

图 2-32

8. 选中"整列"单选按钮。
9. 单击"确定"按钮。
10. 关闭工作簿，无须保存。

技巧演练

练习增加删除工作表中的行列，使用行号列标选择整行或整列。

1. 打开"员工名单（插入删除）"工作簿，如图 2-33 所示。
2. 将其保存为"员工名单（插入删除）-学生"工作簿。

在工作表中增加一列，用来输入"职位"。

3. 单击 C 列列标的灰色方格。

   该列现在以高亮显示。

4. 选择"插入" | "列"命令。

5. 选择单元格 C3,然后输入"职位"。

6. 输入以下内容:

单元格	输入内容
C4	销售经理
C5	销售代表
C6	职员
C7	销售代表
C8	执行员
C9	销售代表
C10	主席
C11	经理
C12	职员

为新来的员工增添一行。

7. 选择第 6~8 行行号的灰色方格。

8. 选择"插入" | "行"命令。

9. 在新行内输入以下信息:

Gerluk	Tracy	职员	900	2001 年 6 月 5 日
Havisbeck	Joe	执行员	1250	2001 年 6 月 18 日
Moonin	Ho Singh	销售代表	1750	2001 年 6 月 20 日

完成后工作表显示如图 2-34 所示。

	A	B	C	D	E
1	员工名单				
2					
3	员工		薪水	雇用日期	
4	Bell	Jeffrey	1125	1993年3月31日	
5	Caplin	Karen	1860	1985年4月15日	
6	Queen	Ellen	850	1988年5月10日	
7	Reed	Greg	1980	1983年6月8日	
8	Smith	John	1250	1975年9月25日	
9	Tommbs	Lorna	1762	1992年12月1日	
10	Upton	Harry	3785	1997年1月15日	
11	Ward	Frank	2466	1975年11月4日	
12	Yates	Norman	675	1990年9月30日	
13					

图 2-33

	A	B	C	D	E	F
1	员工名单					
2						
3	员工		职位	薪水	雇用日期	
4	Bell	Jeffrey	销售经理	1125	1993年3月31日	
5	Caplin	Karen	销售代表	1860	1985年4月15日	
6	Gerluk	Tracy	职员	900	2001年6月5日	
7	Havisbeck	Joe	执行员	1250	2001年6月18日	
8	Moonin	Ho Singh	销售代表	1750	2001年6月20日	
9	Queen	Ellen	职员	850	1988年5月10日	
10	Reed	Greg	销售代表	1980	1983年6月8日	
11	Smith	John	执行员	1250	1975年9月25日	
12	Tommbs	Lorna	销售代表	1762	1992年12月1日	
13	Upton	Harry	主席	3785	1997年1月15日	
14	Ward	Frank	经理	2466	1975年11月4日	
15	Yates	Norman	职员	675	1990年9月30日	
16						

图 2-34

现在观察该工作表的下半部。

10. 按 PgDn 键,注意空白列中的数据。

 使用中不要把不属于同组的数据放在一张表格里,应该放在另外的表格中。这样在添加或者删除行列时,不会意外影响表格格局。

11. 选择单元格 E7,然后按 Delete 键。

现在要删除单元格 E7,使单元格相应地发生移动。

12. 选择单元格 E7,然后选择"编辑" | "删除"命令。

13. 在打开的"删除"对话框中选中"右侧单元格左移"单选按钮,然后单击"确定"按钮。

注意 F7 单元格向左移动了一个单元格。

14. 选择第 6 行行号的灰色方格,然后选择"编辑" | "删除"命令。

工作表显示如图 2-35 所示。

	A	B	C	D	E	F
1	员工名单					
2						
3	员工		职位	薪水	雇用日期	
4	Bell	Jeffrey	销售经理	1125	1993年3月31日	
5	Caplin	Karen	销售代表	1860	1985年4月15日	
6	Havisbeck	Joe	执行员	1250		
7	Moonin	Ho Singh	销售代表	1750	2001年6月20日	
8	Queen	Ellen	职员	850	1988年5月10日	
9	Reed	Greg	销售代表	1980	1983年6月8日	
10	Smith	John	执行员	1250	1975年9月25日	
11	Tommbs	Lorna	销售代表	1762	1992年12月1日	
12	Upton	Harry	主席	3785	1997年1月15日	
13	Ward	Frank	经理	2466	1975年11月4日	
14	Yates	Norman	职员	675	1990年9月30日	
15						

图 2-35

修改单元格中的其他数据。

15. 在单元格 E6 中输入"2001 年 6 月 18 日"。

16. 按 PgDn 键。

17. 选择单元格区域 C29:C35，然后选择"编辑"|"删除"命令。

18. 在打开的"删除"对话框中选中"右侧单元格左移"单选按钮，然后单击"确定"按钮。

19. 保存并关闭工作簿。

2.6 实战演练

技巧应用

练习移动单元格、编辑数据和插入行。

1. 打开"电脑库存明细"工作簿，如图 2-36 所示。

	A	B	C	D	E	F	G	H	I	J
1	电脑库存明细									
2										
3	员工	部门	系统编号	节编号	处理器	内存	CD-ROM	操作系统	打印机	
4	George	董事长	101	10122	Intel P4	256 MB	10X DVD	Windows 2	Lexmark Optra	
5	Peter	销售	102	10130	AMD Duro	64 MB	32X	Windows 9	Epson Inkjet	
6	Hans	销售	103	10138	Intel P3	32 MB	40X	Windows I	Epson Inkjet	
7	Karen	销售	104	10146	Intel P3	32 MB	40X	Windows I	Epson Inkjet	
8	Nygul	销售	105	10154	Intel P3	32 MB	40X	Windows I	Epson Inkjet	
9	Karim	销售	106	10162	Intel P3	32 MB	40X	Windows I	Epson Inkjet	
10	Po Chu	财务	107	10170	AMD Athlc	64 MB	32X	Windows 9	HP LaserJet III	
11	Susan	财务	108	10178	AMD Athlc	64 MB	32X	Windows 9	Shared	
12	Wave	购买	109	10186	Intel P3	32 MB	8x8x4 CD	Windows 9	HP LaserJet IV	
13	Brendan	购买	110	10194	Intel P3	32 MB	40X	Windows 9	Shared	
14	Kerry	库房	111	10202	AMD Duro	16 MB		Windows 9	Shared	
15	Michael	库房	112	10210	AMD Duro	16 MB		Windows 9	Shared	
16	Maureen	管理员	113	10218	AMD Duro	16 MB	32X	Windows 9	HP LaserJet IV	
17	Lisa	管理员	114	10226	AMD Duro	16 MB	32X	Windows 9	Shared	
18	Chris	管理员	115	10234	AMD Duro	16 MB	32X	Windows 9	Shared	

图 2-36

2. 调整列宽，让所有数据都能显示出来。

3. 目前公司决定给销售、财务、管理部门的员工更换电脑设备（除打印机）。更换完毕后，员工将使
用以下系统：

员工	系统编号
Hans	113
Karen	114
Nygul	107
Karim	108

Po Chu	103
Susan	104
Maureen	105
Lisa	106

 将和以上数据相关的 C 列至 H 列的数据复制到剪贴板上，然后删除工作表上的数据。最后将剪贴板上的数据再粘贴到工作表的新位置上。

4. 更新以下资料:

当前	更新为
董事长	Windows XP
销售	Intel P4, 128 MB, Windows XP
管理员	Windows 2000
购买	Windows Me
库房	Windows Me
HP Laserjet III	Lexmark Optra S

5. 在不同的部门之间分别插入一个空白行。

完成后的工作表显示如图 2-37 所示。

	A	B	C	D	E	F	G	H	I
1	电脑库存明细								
2									
3	员工	部门	系统编号	节编号	处理器	内存	CD-ROM	操作系统	打印机
4	George	董事长	101	10122	Intel P4	256 MB	10X DVD	Windows XP	Lexmark Optra
5									
6	Peter	销售	102	10130	Inter P4	128 MB	32X	Windows XP	Epson Inkjet
7	Hans	销售	113	10138	Inter P4	128 MB	40X	Windows XP	Epson Inkjet
8	Karen	销售	114	10146	Inter P4	128 MB	40X	Windows XP	Epson Inkjet
9	Nygul	销售	107	10154	Inter P4	128 MB	40X	Windows XP	Epson Inkjet
10	Karim	销售	108	10162	Inter P4	128 MB	40X	Windows XP	Epson Inkjet
11									
12	Po Chu	财务	103	10170	AMD Athlon	64 MB	32X	Windows 98	Lexmark Optra S
13	Susan	财务	104	10178	AMD Athlon	64 MB	32X	Windows 98	Shared
14									
15	Wave	购买	109	10186	Intel P3	32 MB	8x8x4 CD	Windows Me	HP LaserJet IV
16	Brendan	购买	110	10194	Intel P3	32 MB	40X	Windows Me	Shared
17									
18	Kerry	库房	111	10202	AMD Duron	16 MB		Windows Me	Shared
19	Michael	库房	112	10210	AMD Duron	16 MB		Windows Me	Shared
20									
21	Maureen	管理员	105	10218	AMD Duron	16 MB	32X	Windows 2000	HP Laserjet IV
22	Lisa	管理员	106	10226	AMD Duron	16 MB	32X	Windows 2000	Shared
23	Chris	管理员	115	10234	AMD Duron	16 MB	32X	Windows 2000	Shared
24									

图 2-37

6. 将其保存为"电脑库存明细-学生"，关闭工作簿。

 技巧应用

练习插入/删除行或列。

1. 打开"Gus 汽油站"工作簿。

2. 在不同的年份中分别插入两行，将数据分隔。然后再复制行标题，分别粘贴在新插入的行内以便识别。

3. 更改列顺序为柴油、优级、常规、中级、丙烷和天然气。

4. 调整列宽让内容完全显示出来。

完成的工作表显示如图 2-38 所示。

	A	B	C	D	E	F	G
1	Gus汽油站						
2	销售（升）						
3							
4		柴油	优级	常规	中级	丙烷	天然气
5	2001年1月1日	27	248.7	1825.9	640.8	37.9	37.4
6	2001年2月1日	430.6	286.3	1146.2	748	30.1	57.9
7	2001年3月1日	289.4	435.6	739.1	356.4	57.3	36.9
8	2001年4月1日	394.8	336.9	1187.9	153.1	72.3	62
9	2001年5月1日	410.8	416.4	1318.9	760.4	27.1	4.7
10	2001年6月1日	131.4	446.6	570.5	840.3	69.1	49.9
11	2001年7月1日	120.2	269.5	745.6	547	68.7	10.1
12	2001年8月1日	438	179.8	946.7	193.3	62.1	70.6
13	2001年9月1日	13.2	434.9	1627.7	139.4	69.8	72.9
14	2001年10月1日	466.8	268.8	534.3	725.5	35.9	66.7
15	2001年11月1日	498.3	430	348.4	987.6	96.6	87.9
16	2001年12月1日	313.6	292.6	1697.5	602.5	90.9	85.4
17							
18		柴油	优级	常规	中级	丙烷	天然气
19	2002年1月1日	311.1	420.9	1880.2	844.9	92.3	28.9
20	2002年2月1日	316.2	225.1	1009.2	82.3	82.9	94.4
21	2002年3月1日	8.1	29.8	1576	153.1	74	68.9
22	2002年4月1日	281.4	332	1127.4	154.1	56.6	32.5
23	2002年5月1日	25	99.5	259.6	139.3	21.1	28.1
24	2002年6月1日	384.4	211.4	1985.9	977.7	52.9	74.2
25	2002年7月1日	424	210.6	228.7	381.6	23.3	44.8
26	2002年8月1日	204.5	322.9	1051.2	356.3	92.4	41.5
27	2002年9月1日	92.5	257.5	793.3	630	58.4	73.5
28	2002年10月1日	83.6	197	1931.4	484.8	76.2	78.4
29	2002年11月1日	392	455.3	1271.6	421.6	71.1	8.8
30	2002年12月1日	488.9	341.7	640.8	639.6	42	27.8
31							
32		柴油	优级	常规	中级	丙烷	天然气
33	2003年1月1日	312.2	440.8	1346	626.3	2.1	68.5
34	2003年2月1日	476.2	315	569.5	740	10.6	25.6
35	2003年3月1日	331	416.7	353	397.3	57.6	70
36	2003年4月1日	409.3	87.2	1264.7	543.5	47.7	78.8
37	2003年5月1日	431.5	486.7	584	819.3	90.5	85.6
38	2003年6月1日	463.3	248.2	1246.5	255.2	45	4.7
39	2003年7月1日	332	168.5	1725.3	172.2	97	66.4
40	2003年8月1日	331	98.4	1612	103.8	6.2	4.6
41	2003年9月1日	304.3	204.4	1996.3	38.8	24	85.1
42	2003年10月1日	161.1	11.9	78.5	513.6	3.5	60.8
43	2003年11月1日	251.8	183.6	993.4	243.8	37	39.9
44	2003年12月1日	357.8	88.8	1623.9	385.9	33	17.7

图 2-38

5. 将其保存为 "Gus 汽油站-学生"。

 技巧应用

练习复制移动单元格，改变列宽。该工作表基于 12 生肖创建，12 年为一个循环，每年有一个吉祥动物。

1. 打开"中国十二生肖"工作簿。

2. 将生肖年份由 2000 延长至 2039，每 10 年为一列，动物每 12 年为一个循环。

3. 调整列宽让内容完全显示出来。

完成的工作表显示如图 2-39 所示。

	A	B	C	D	E	F	G	H	I	J	K
1	中国十二生肖										
2											
3	2000	龙		2010	虎		2020	鼠		2030	狗
4	2001	蛇		2011	兔		2021	牛		2031	猪
5	2002	马		2012	龙		2022	虎		2032	鼠
6	2003	羊		2013	蛇		2023	兔		2033	牛
7	2004	猴		2014	马		2024	龙		2034	虎
8	2005	鸡		2015	羊		2025	蛇		2035	兔
9	2006	狗		2016	猴		2026	马		2036	龙
10	2007	猪		2017	鸡		2027	羊		2037	蛇
11	2008	鼠		2018	狗		2028	猴		2038	马
12	2009	牛		2019	猪		2029	鸡		2039	羊
13											

图 2-39

4. 将其保存为"中国十二生肖-学生"，关闭工作簿。

2.7 小结

通过对本课的学习，读者已经掌握了一些编辑修改 Excel 中数据的基本概念和技能。具体包括：

☑ 选择单元格区域

☑ 更改单元格中的内容

☑ 使用 "撤销" 和 "重复" 命令

☑ 剪切、复制、粘贴工作表中的数据

☑ 使用拖动的方式移动工作表中的数据

☑ 通过手动或自动调整功能调整列宽

☑ 调整行高

☑ 插入和删除行列

☑ 插入和删除单元格

2.8 习题

1. 要选择单元格区域，可以选择需要的数量，但是所有的单元格必须是以连续矩形出现的。

    A. 正确

    B. 错误

2. 使用鼠标时，按哪一个键可以选择不同区域内的单元格？

    A. Shift

    B. Ctrl

    C. Alt

    D. Shift + Ctrl

3. 按哪一个功能键可以激活 Excel 的编辑模式？

4. 哪一个步骤可以将数据由一个位置转移到另一个位置？

    A. 选择单元格，然后复制、粘贴

    B. 选择单元格，然后删除，选择特定单元格，输入数据

    C. 选择单元格，然后剪切，再选择特定单元格并粘贴

    D. 无法完成

5. 在拖动单元格区域到新位置的过程中，Ctrl 键起什么作用？

6. 判断对错：

    A. 可以将单元格复制移动到工作表的其他位置

    B. 可以将单元格复制移动到其他的工作表上

    C. 可以将单元格复制移动到同一工作簿的其他工作表上

    D. 可以将单元格复制到多个地点，多次进行粘贴

    E. 可以复制移动任何数据，包括文字、数字、日期、公式和图形

7. 在哪一个菜单中可以调整列宽？

    A. 文件

    B. 编辑

    C. 格式

    D. 以上都没有

8. 什么是自动调整功能？

9. 什么是移动矩形，通常在什么时候出现？

10. 可以同时调整单元格的宽度和高度。

    A. 正确

    B. 错误

11. 显示一行符号（####）表示 Excel 当前的列宽不能显示目前的所有数据。

    A. 正确

    B. 错误

12. 可以同时插入多个行列。

    A. 正确   B. 错误

13. 如何删除单元格中的内容？与删除单元格有什么不同？

14. Excel 中的"撤销"命令可以恢复任意多次数的操作。

    A. 正确   B. 错误

3

Lesson

公式和基本功能

学习目标

　　本课将介绍一些实用性很强的公式以及Excel的基本功能。用户将通过逐步的学习熟悉这些功能的使用。

学习本课后，应该掌握以下内容：

- ☑ 设计和构建简单的公式
- ☑ 通过使用同一工作表中其他单元格的数据，实现单元格的引用
- ☑ 通过简单的公式创建工作表
- ☑ 使用 Excel 的最基本功能
- ☑ 了解相对引用和绝对引用
- ☑ 重命名工作表
- ☑ 插入和删除工作表
- ☑ 复制和移动工作表

3.1 创建和编辑简单的公式

XL03S-2-3

工作表如此流行的主要原因是在它的每一个单元格内都可以使用独立的公式。公式是利用该单元格中的数字（或者其他类型的数据）或者其他单元格中的数字进行的一种简单的计算。通常将这个功能称为单元格的引用。这貌似是一个简单的概念，但对工作表而言却是一项十分强大的功能，有了这项功能使得以下成为可能：

- 可以快速准确地自动计算出行或列的总和。
- 可以同时运行多个公式或者重新计算大量数据，通过无数次的循环运行基数实现 what-if 分析，从而节省用户大量的体力工作并减少错误。
- 可以通过创建工作簿模板为以后工作中输入新数据提供方便。用户只须删除原有的数据，在原始的结构和公式间输入计算即可。

Excel 工作表含有从其他工作表的单元格中引用的公式。当被引用单元格的数值或数量发生改变时，工作表会自动追踪这些变化并作出相应的调整。

在单元格中输入公式时，首先需要让 Excel 识别到将要执行公式操作，所以要首先输入=，作为输入公式的先行信号。

简单的公式只引用一个单元格，而复杂的公式需要引用很多单元格和其他工作表中的函数。举个简单公式的例子，在活动的单元格 C8 中输入了公式=B6，单元格 C8 将显示和单元格 B6 同样的内容。如果改变了单元格 B6 的内容，单元格 C8 的内容也将会同时发生改变。

如果不使用任何公式，在单元格 C8 中手工输入数据，那么当单元格 B6 发生变化时，为了让两个单元格内的内容相同，就必须手动更改单元格 C8 中的内容。

要实现刚才所描述的单元格的引用功能，可以通过以下两种方法：

- 直接输入所引用的单元格所在的位置。
- 使用鼠标单击引用的单元格。

输入到单元格中的公式并不会直接显示在工作表中，单元格只显示公式计算出来的结果。因此，要查看公式，需要单击单元格，然后在公式栏中查看需要的公式和被引用的单元格。如果引用了其他工作表中的单元格，公式栏也会显示被引用的工作表的名称，为获取数据提供更多的参考信息。

也可以将公式复制到其他的单元格里。Excel 会依据公式的相关格式和被引用的单元格位置，对被复制的公式在内容和方位上作出恰当的调整。初听起来，这样并不符合逻辑，但事实上，这是工作表中一个非常有用的功能，因为被复制过来的公式会引用到不同的数值，这样可以避免很多重复的工作和二次调整。

公式通常用于日常计算。Excel 依据自然顺序进行计算，也就是说计算会遵循以下顺序：

1. 幂
2. 乘除
3. 加减

Excel 默认的计算顺序可以通过公式中的括号来改变。公式中使用括号的部分将被优先计算。因此，必要时可以使用括号控制计算中的顺序。

以下是 Excel 中使用的数学计算符号：

*　乘

/　　除

+　　加

–　　减

Excel 提供了一个很有用的功能，当用户输入的公式有错误或者不一致时，Excel 会自动弹出一个对话框，提醒用户修改公式中的错误，该对话框如图 3-1 所示。

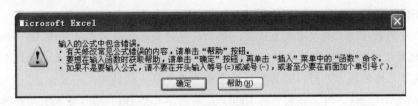

图 3-1

如果工作表中的某个公式有别于当前 Excel 识别的规律或趋势，Excel 会标出┳符号来帮助用户识别工作表中可能出现的差异或者错误。

 技巧课堂

通过简单的练习学习 Excel 中公式的功能。

1. 打开"部门预算"工作簿，如图 3-2 所示。
2. 将其保存为"部门预算-学生"。
3. 选择单元格 B7，输入=B5+1000（但是暂时不要按 Enter 键）。

   Excel 将把选定的单元格作为公式中的一部分。用户可以在构建公式时，利用图 3-3 中的数字框作为视觉工具查看被引用的单元格。

	A	B	C	D	E	F	G
1	部门预算						
2							
3		一月	二月	三月	四月	五月	六月
4	收入						
5	销售收入	3000	5500	5000	6000	7500	6000
6	特许权使用费	1000	700	500	600	500	500
7	总计						
8							
9	支出						
10	房租	500	500	500	500	500	500
11	电话	70	70	70	70	70	70
12	长途电话	25	25	25	25	25	25
13	互联网	50	50	50	50	50	50
14	办公	50	50	50	50	50	50
15	快递	25	25	25	25	25	25
16	邮资	15	15	15	15	15	15
17	书	50	100		100	50	50
18	餐费	25	50	50	50	25	25
19	差旅			500		300	
20	总计						

图 3-2

	A	B
1	部门预算	
2		
3		一月
4	收入	
5	销售收入	3000
6	特许权使用费	1000
7	总计	=B5+1000

图 3-3

4. 按 Enter 键完成公式输入。
5. 再次选择单元格 B7。

   Excel 将显示单元格 B7 中的计算结果 4000。

   注意公式将显示在公式栏中，如图 3-4 所示。

B7	▼	f_x	=B5+1000	──── 显示在公式栏中的公式

	A	B	C	D
1	部门预算			
2				
3		一月	二月	三月
4	收入			
5	销售收入	3000	5500	5000
6	特许权使用费	1000	700	500
7	总计	4000		

图 3-4

6. 在单元格 B5 中输入 3500，然后按 Enter 键。

   单元格 B5 中的数据将自动被 Excel 重新计算。该功能是工作表的一个很大优势，Excel 引用单元格位置而不是单元格内容作为计算的参考。

7. 在单元格 B6 中输入 750，然后按 Enter 键。

单元格 B7 中的数值这次并没有发生改变。最初设置的公式只引用了单元格 B5，而没有引用单元格 B6，因此更改单元格 B6 中的数值不会引起计算结果的变化。公式的好处在于只显示单元格的位置，而不是单元格的内容，所以计算的结果会随着单元格内容的变化而变化。

8. 在单元格 B7 中按 F2 键，删除公式中的 1000，然后用单元格 B6 代替（输入引用的单元格名称后按 Enter 键）。

现在 Excel 将更新公式的计算结果。一旦 Excel 中有了输入的公式，该公式就可以被复制到其他的位置上连续使用。例如，想求另外五个月两项收入的总和，其算法和上面的算法一致，只是数据不同，因此可以复制上面的公式，而不需要连续五次输入同一个公式。

9. 激活单元格式 B7，然后单击常用工具栏中的"复制"按钮 📋。

10. 选择单元格区域 C7:G7，单击常用工具栏中的"粘贴"按钮 📋，如图 3-5 所示。

	A	B	C	D	E	F	G	H
1	部门预算							
2								
3		一月	二月	三月	四月	五月	六月	
4	收入							
5	销售收入	3500	5500	5000	6000	7500	6000	
6	特许权使用费	750	700	500	600	500	500	
7	总计	4250	6200	5500	6600	8000	6500	
8								
9	支出							
10	房租	500	500	500	500	500	500	
11	电话	70	70	70	70	70	70	
12	长途电话	25	25	25	25	25	25	
13	互联网	50	50	50	50	50	50	
14	办公	50	50	50	50	50	50	
15	快递	25	25	25	25	25	25	
16	邮资	15	15	15	15	15	15	
17	书	50	100		100	50	50	
18	餐费	25	50	25	50	25	25	
19	差旅			500		300		
20	总计							

图 3-5

注意公式是如何被复制到指定位置上并且自动调整了被引用单元格的位置，Excel 中的这个应用就是相对引用。

11. 保存该工作簿。

技巧演练

练习单元格的引用并执行简单运算。

1. 打开"公式录"工作簿，如图 3-6 所示。

首先用单元格引用的方式输入公式。

2. 将工作簿保存为"公式录-学生"。

3. 选择单元格 B4，输入 =B1，然后按 Enter 键。

4. 选择单元格 C4，输入 =B2，然后按 Enter 键。

5. 选择单元格区域 B5:C7，重复第 4、5 步。保证使用的公式与步骤 4、5 中用到的一样。不要使用复制公式功能。

改变单元格中的数值，看看有什么变化。

6. 选择单元格 B1，输入 50，然后按 Enter 键。

注意使用了单元格引用的单元格会自动改变其数值。接下来输入含有运算符号的公式。

7. 在以下单元格内输入下列公式：

D4   =B4+C4

D5   =B5-C5

	A	B	C
1	数字 1	45	
2	数字 2	9	
3			
4	加		
5	减		
6	乘		
7	除		
8	括号	50	9

图 3-6

D6　　　=B6*C6

D7　　　=B7/C7

D8　　　=(B8-C8)*C8

	A	B	C	D
1	数字 1	50		
2	数字 2	5		
3				
4	加	50	5	55
5	减	50	5	45
6	乘	50	5	250
7	除	50	5	10
8	括号	50	9	369

图 3-7

8. 选择单元格 B2，输入 5，然后按 Enter 键。

以上内容介绍了如何使用单元格引用而实现 what-if 分析。

完成后的工作表显示如图 3-7 所示。

9. 保存并关闭工作簿。

3.2　单元格区域的基本功能

通过输入单元格所在的位置和加号可以将少数的单元格加到一起。但如果单元格在 50 个以上，再从公式栏逐一输入将会变得非常困难（并且很容易超出 Excel 公式栏设置的最多可输入的数目）。因此，在每个单元格中都输入=B1+B2+B3+B4+…+B50 这种长公式是非常没有效率的。

Excel 提供了很多功能可以对类似的公式和数据操作进行简化。这里主要学习 Excel 最基本的一些功能。

这些简单的功能可以通过处理数字、数值、单元格引用和使用括号来实现运算。Excel 的运行遵循以下公式设置模式：

=功能名称（数值或单元格引用）

接下来将学习以下功能：

=SUM　　　求指定单元格区域的和

=AVERAGE　求指定单元格的平均数（总和除以总个数）

=MIN　　　求指定单元格的最小数值

=MAX　　　求指定单元格的最大数值

=COUNT　　计算指定单元格非空白单元格的个数

用户只需输入要使用的功能名称并在括号中输入指定的单元格序列即可。指定的单元格序列要遵循以下输入格式：

<第一个单元格的名称>:<最后一个单元格的名称>

例如：

A10:B15

D25:B5

C5:C25

可以通过使用键盘输入单元格的名称或者使用鼠标选择单元格。使用鼠标时，需要首先用鼠标单击单元格，然后拖动选中需要的单元格区域即可。这个方法可以帮助用户直观地辨别被选定的单元格，避免出错。

例如，计算单元格 C6:C18 的总和，用户可以输入以下四个公式中的一个：

=C6+C7+C8+C9+C10+C11+C12+C13+C14+C15+C16+C17+C18

=SUM(C6:C18)

=SUM(C6,C7,C8,C18,C17,C15,C16,C9,C10,C11,C12,C13,C14)

=SUM(C6:C8,C9,C10,C11,C12:C17,C18)

自动求和功能的快捷方式可以通过单击常用工具栏中的"自动求和"按钮 Σ 实现。由于求和操作经常被使用到，Excel 提供了该功能的快捷按钮。通过该按钮，Excel 还会立即选择单元格区域上面和左面的单元格。

在上面的例子中，用户还可以通过输入=SUM(C6:C14) 来指出需要计算单元格（C6:C14）的总和。如要计算几个单元格区域的总和，可以使用逗号隔开单元格区域，例如输入=SUM(C6:C14, D6:D11, H6:H18)。

单击"自动求和"按钮 Σ 时，要确保选择了正确的单元格。Excel 会显示用户输入的单元格区域，一个或一个以上的空白单元格将作为单元格区域起始或结束的标志。

注意"自动求和"按钮 Σ · 旁边有一个下拉按钮，单击下拉按钮会显示其他供选择的常用公式。

技巧课堂

学习如何计算行列数据的总和。

1. 打开"部门预算-学生"工作簿。

2. 选择单元格 B20。

3. 单击常用工具栏中的"自动求和"按钮 Σ，单元格会显示为 =SUM(B10:B19)，并且单元格 B10:B19 将改变颜色。移动矩形会出现在单元格区域的周围。Excel 还会提示用户将要输入的公式以及具体内容，如图 3-8 所示。

4. 按 Enter 键确定当前公式。

5. 选择单元格 B20，然后复制到单元格区域 C20:G20。

6. 选择单元格 H5，单击常用工具栏中的"自动求和"按钮 Σ，确认选定的单元格区域后按 Enter 键。

7. 将单元格 H5 复制到单元格区域 H6:H7 和单元格区域 H10:H20 中。

8. 在单元格 H3 中输入"总计"。

	A	B	C	D	
1	部门预算				
2					
3		一月	二月	三月	四
4	收入				
5	销售收入	3500	5500	5000	
6	特许权使用费	750	700	500	
7	总计	4250	6200	5500	
8					
9	支出				
10	房租	500	500	500	
11	电话	70	70	70	
12	长途电话	25	25	25	
13	互联网	50	50	50	
14	办公	50	50	50	
15	快递	25	25	25	
16	邮资	15	15	15	
17	书	50	100		
18	餐费	25	50	50	
19	差旅			500	
20	总计	=sum(B10:B19)			
21		SUM(**number1**, [number2], ...)			
22					

图 3-8

完成后的工作表显示如图 3-9 所示。

	A	B	C	D	E	F	G	H	I
1	部门预算								
2									
3		一月	二月	三月	四月	五月	六月	总计	
4	收入								
5	销售收入	3500	5500	5000	6000	7500	6000	33500	
6	特许权使用费	750	700	500	600	500	500	3550	
7	总计	4250	6200	5500	6600	8000	6500	37050	
8									
9	支出								
10	房租	500	500	500	500	500	500	3000	
11	电话	70	70	70	70	70	70	420	
12	长途电话	25	25	25	25	25	25	150	
13	互联网	50	50	50	50	50	50	300	
14	办公	50	50	50	50	50	50	300	
15	快递	25	25	25	25	25	25	150	
16	邮资	15	15	15	15	15	15	90	
17	书	50	100		100			350	
18	餐费	25	50	50	50	25	25	225	
19	差旅			500		300		800	
20	总计	810	885	1285	885	1110	810	5785	
21									

图 3-9

9. 保存并关闭工作簿。

不要担心工作表的外观，重要的是确定数据的正确性，外观的调整可以在之后慢慢完成。我们会在接下来的部分中介绍相关的格式。

技巧演练

练习使用 Excel 的基本功能。

1. 打开"降雨量"工作簿，如图 3-10 所示。

	A	B	C	D	E	F	G
1	降雨量-气象站						
2							
3		气象站 1	气象站 2	气象站 3	气象站 4	气象站 5	总计
4	周一	9.2	3.5	2.6	9.1	1.0	
5	周二	8.5	7.0	4.2	10.0	5.0	
6	周三	8.1	1.4	9.6	9.3	3.9	
7	周四	9.6	7.2	2.0	7.0	0.5	
8	周五	7.4	9.4	9.0		8.9	
9	周六	7.2	1.1	5.4	6.9	8.5	
10	周日		1.3	3.0	4.4	5.9	
11	本周降雨量总计						
12							
13	平均降雨量						
14	最低降雨量						
15	最高降雨量						
16	降雨天数						

图 3-10

2. 将其保存为"降雨量-学生"。

在单元格 B11 中手动输入公式，计算 B 列中每个单元格的降雨量总和。注意单元格 B10 暂时没有数据，但也需要包含在公式中。这样，以后有数据输入单元格 B10 时，该公式仍可正确运行。

3. 在单元格 B11 中，输入=B4+B5+B6+B7+B8+B9+B10，然后按 Enter 键。

在单元格 C11 中输入公式，计算 C 列单元格的数值总和。这次要通过使用鼠标的方法选择被引用的单元格。

4. 在单元格 C11 中，输入=（但不要按 Enter 键）。

注意单元格 C11 将显示为=C4。现在可以继续添加被引用的单元格。

6. 输入+（但不要按 Enter 键）。

单元格 C11 将显示为=C4+。

7. 单击单元格 C5。

8. 重复第 6 和 7 步，分别单击单元格 C6 至 C10 将显示为=C4+C5+C6+C7+C8+C9+C10。

9. 按 Enter 键。

把公式复制到其他列中。

10. 选择单元格 C11，单击常用工具栏中的"复制"按钮 🗐。

11. 选择单元格区域 D11:F11，单击常用工具栏中的"粘贴"按钮 🗐。

手动输入求和公式，计算每天的总降雨量。

12. 选择单元格 G4，输入=SUM(B4:F4)，然后按 Enter 键。

第 12 步中可以不输入右括号")"。因为按 Enter 键时，Excel 会自动添加缺少的括号。

使用常用工具栏中的"自动求和"按钮实现求和功能。

13. 选择单元格 G5。

14. 单击常用工具栏中的"自动求和"按钮 Σ。

15. 确认选定的单元格区域 B5:F5，然后按 Enter 键。

手动选择单元格区域并使用"自动求和"功能。

16. 在单元格 G6 中输入=SUM(，但不要按 Enter 键。

17. 使用鼠标选择单元格区域 B6:F6，然后按 Enter 键。

复制"自动求和"功能至其他单元格。

18. 选择单元格 G6，然后单击常用工具栏中的"复制"按钮 🗐。

19. 选择单元格区域 G7:G11，然后单击"粘贴"按钮 🗐。

使用其他功能。

20. 选择单元格 B13。

21. 单击公式栏左面的"插入函数"按钮 f_x，打开"插入函数"对话框，如图 3-11 所示。
在打开的对话框中将显示用户最近使用过的公式。

22. 在"选择函数"列表框中选择 AVERAGE（求平均值）选项。如果该选项没有显示在列表框内，可以在"选择类别"下拉列表框中选择"统计"类别，然后选择 AVERAGE 选项，单击"确定"按钮，打开"函数参数"对话框，如图 3-12 所示。

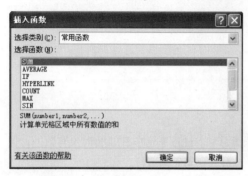

图 3-11

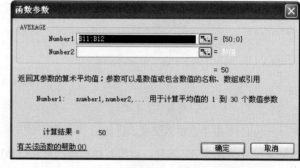

图 3-12

在打开对话框的 Number1 和 Number2 文本框中需要包括所有求平均值的单元格。因为可以为多区域单元格求得平均值，所以 Excel 呈现了两个 Number 对话栏。本例中，只需使用第一个 Number1 对话栏。用户可以选择通过键盘输入单元格区域或通过鼠标选择。单击文本框右侧的 ⊞ 按钮，然后该对话框就会暂时消失一部分，让用户在工作表上选择单元格。

23. 单击 Number1 文本框右侧中的 ⊞ 按钮。

24. 在工作表上选定单元格区域 B4:B10，然后按 Enter 键。也可以将对话框移开，然后选择单元格。此时，"函数参数"对话框再次全部出现在屏幕上。

25. 单击"确定"按钮，完成求平均值的操作。

使用插入函数中的其他功能。

26. 重复第 20～25 步，计算最大值（MAX）、最小值（MIN）和每周下雨的天数（COUNT）。
注意平均值、最大值、最小值和计数功能都将忽略空白的单元格。这种设置可能有利有弊，完全取决于计算的目的。现在将这些功能复制到其他气象站数据公式栏里。

27. 复制单元格区域 B13:B16 到单元格区域 C13:F16。
完成后的工作表显示如图 3-13 所示。

	A	B	C	D	E	F	G
1	降雨量-气象站						
2							
3		气象站 1	气象站 2	气象站 3	气象站 4	气象站 5	总计
4	周一	9.2	3.5	2.6	9.1	1.0	25.4
5	周二	8.5	7.0	4.2	10.0	5.0	34.7
6	周三	8.1	1.4	9.6	9.3	3.9	32.3
7	周四	9.6	7.2	2.0	7.0	0.5	26.3
8	周五	7.4	9.4	9.0		8.9	34.7
9	周六	7.2	1.1	5.4	6.9	8.5	29.1
10	周日		1.3	3.0	4.4	5.9	14.6
11	本周降雨量总计	50.0	30.9	35.8	46.7	33.7	197.1
12							
13	平均降雨量	8.3	4.4	5.1	7.8	4.8	
14	最低降雨量	7.2	1.1	2.0	4.4	0.5	
15	最高奖雨量	9.6	9.4	9.6	10.0	8.9	
16	降雨天数	6	7	7	6	7	

图 3-13

28. 保存工作簿。

3.3 单元格的绝对引用和相对引用

XL03S-2-3

输入到 Excel 中的大部分公式或者函数属于相对引用。如果将公式复制到单元格的相对位置上，Excel 将会自动调整其位置并计算。例如，要分别将一列中的三个单元格相加，用户可以复制求和公式至不同列的指定单元格，使被调整后的每列中相应的三个单元格相加，得出不同的数值。那么这个被复制的公式是相对于每一列的相对引用。

自动调整功能将为用户使用 Excel 带来极大的方便。例如，在创建预算表时，需要重复使用同一个公式，有了这个功能会节省很多时间。但是，有时也会出现不希望使用该功能的情况。

值得庆幸的是，Excel 给用户提供可以选择使用相对引用或绝对引用的机会。绝对引用单元格是指所引用的单元格位置在工作表中一直保持不变。

要将公式中相对引用单元格的位置替换为绝对引用单元格的位置，需要在行位置或者列位置前输入$符号（例如 $E$5）。使用后，被复制的单元格的绝对位置将不会再发生相应的改变。

另一种使用绝对引用单元格的方法是在输入单元格名称后按 F4 键。用户可以回到之前输入的公式中，将鼠标指针放在要修改的单元格之上，然后按 F4 键将其设定为绝对引用单元格。

按 F4 键的次数将决定所设定的绝对引用方式。

- 按一下：单元格所在的行列都将变为绝对引用。
- 按两下：单元格所在的行将变为绝对引用。
- 按三下：单元格所在的列将变为绝对引用。
- 按四下：取消单元格所在行列的绝对引用。

单元格所在的行列不需要同时处于绝对引用状态。可以混合使用单元格的绝对引用和相对引用。例如，单元格所在的列可以被绝对引用，而单元格所在的行可以同时被相对引用（例如$E5）。这种情况下，如果公式中涉及的单元格将被复制到新的位置上，只有单元格所在的列保持不变（$E），单元格所在的行将会到新位置后发生自动调整。

相反，如果公式中涉及的单元格所在行被绝对引用而列被相对引用（例如 E$5），复制之后，只有单元格所在的列到了新位置后会被自动调整。这些功能为 Excel 的使用增加了很多灵活性，将在以后复杂的使用中显示出更大的优势。

技巧课堂

学习使用绝对引用和相对引用。

假设用户是电脑加工制造方面的采购员，主要职责是跟踪每个零件的成本。为了计算成本，需要为每个零件计算相应的零件税。而零件税又会随着经济情况上下波动。为了更好地计算出零件税波动对电脑零件价格方面的影响，用户需要创建一个 Excel 工作簿。

1. 打开"成本追踪"工作簿，如图 3–14 所示。

2. 将其保存为"成本追踪–学生"。

创建公式将 B 列中的数值与税率（单元格 B2）相乘。

3. 选择单元格 C5，然后输入=B5*B2。

将公式复制至 C 列中的其他单元格里。

4. 选择单元格 C5，然后单击常用工具栏中的"复制"按钮 📋 。

5. 选择单元格区域 C6:C12，然后单击常用工具栏中的"粘贴"按钮 📋 。

表面上看公式已经被复制到 C 列中的单元格里，但是实际数据显示如图 3–15 所示。

	A	B	C
1	成本追踪 - 制造材料		
2	税率	7%	
3			
4	**项目**	**成本**	**税**
5	主板	215	
6	显示卡	98	
7	机箱	75	
8	模板	124	
9	储存卡	136	
10	处理器	145	
11	硬盘	265	
12	磁盘	50	

图 3-14

	A	B	C
1	成本追踪 - 制造材料		
2	税率	7%	
3			
4	**项目**	**成本**	**税**
5	主板	215	15.05
6	显示卡	98	0
7	机箱	75	#VALUE!
8	模板	124	26660
9	储存卡	136	13328
10	处理器	145	10875
11	硬盘	265	32860
12	磁盘	50	6800
13			

图 3-15

很明显，通过复制公式而得出的计算结果是错误的：C6 为 0，C7 为#VALUE!的错误信息。检查复制到 C 列的公式。

C6	包含	=B6*B3	值为 0
C7	包含	=B7*B4	B4 含有#VALUE! 的错误信息提示
C8	包含	=B8*B5	B5 含有主板的价格成本
C9	包含	=B9*B6	B6 含有显示卡的价格成本
C10	包含	=B10*B7	B7 含有机箱的价格成本
C11	包含	=B11*B8	B8 含有模板的价格成本
C12	包含	=B12*B9	B9 含有储存卡的价格成本

我们从中可以发现，在复制公式过程中 Excel 自动调整了引用单元格各自的位置。自动调整功能在创建和复制一些公式时是有用的，但是在上面的情况中却引起了很多麻烦。要解决这些问题，可以回到单元格 C5 的公式里重新做编辑。单元格 C5 中的公式应该显示为=B5*$B$2。

6. 选择单元格 C5 ，然后按 F2 键激活编辑模式。

7. 按 F4 键，为单元格 B2 插入绝对引用符号。

8. 按 Enter 键确认更改后的公式。

注意单元格 C5 中的数值此时没有发生改变。

9. 将单元格 C5 中的公式复制到单元格区域 C6:C12 中。

完成后的工作表显示如图 3-16 所示。

检查 C 列中的公式。

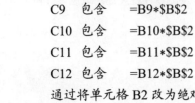

	A	B	C
1	成本追踪 - 制造材料		
2	税率	7%	
3			
4	**项目**	**成本**	**税**
5	主板	215	15.05
6	显示卡	98	6.86
7	机箱	75	5.25
8	模板	124	8.68
9	储存卡	136	9.52
10	处理器	145	10.15
11	硬盘	265	18.55
12	磁盘	50	3.5
13			

图 3-16

C6	包含	=B6*$B$2
C7	包含	=B7*$B$2
C8	包含	=B8*$B$2
C9	包含	=B9*$B$2
C10	包含	=B10*$B$2
C11	包含	=B11*$B$2
C12	包含	=B12*$B$2

通过将单元格 B2 改为绝对引用后，已经成功为每一个零件计算含税成本。

10. 保存并关闭工作簿。

技巧演练

练习使用绝对地址和相对地址。

1. 打开"降雨量-学生"工作簿。

输入绝对单元格地址。

2. 选择单元格 H3，输入"总量的%"。

3. 选择单元格 H4，输入=G4/G$11，按 F4 键，然后按 Enter 键。

4. 选择单元格 H4，然后单击常用工具栏中的"复制"按钮 🖼。

5. 选择单元格区域 H5:H10，然后单击常用工具栏中的"粘贴"按钮 🖼。
输入相对单元格地址。

6. 选择单元格 A17，输入"平均降雨量的%"。

7. 选择单元格 B17，输入=B13/B11，然后按 Enter 键。

8. 选择单元格 B17，然后单击常用工具栏中的"复制"按钮 🖼。

9. 选择单元格区域 C17:F17，然后单击常用工具栏中的"粘贴"按钮 🖼。

完成后的工作表将显示如图 3-17 所示。

	A	B	C	D	E	F	G	H
1	降雨量-气象站							
2								
3		气象站 1	气象站 2	气象站 3	气象站 4	气象站 5	总计	总量的%
4	周一	9.2	3.5	2.6	9.1	1.0	25.4	0.128869
5	周二	8.5	7.0	4.2	10.0	5.0	34.7	0.176053
6	周三	8.1	1.4	9.6	9.3	3.9	32.3	0.163876
7	周四	9.6	7.2	2.0	7.0	0.5	26.3	0.133435
8	周五	7.4	9.4	9.0		8.9	34.7	0.176053
9	周六	7.2	1.1	5.4	6.9	8.5	29.1	0.147641
10	周日		1.3	3.0	4.4	5.9	14.6	0.074074
11	本周降雨量总计	50.0	30.9	35.8	46.7	33.7	197.1	
12								
13	平均降雨量	8.3	4.4	5.1	7.8	4.8		
14	最低降雨量	7.2	1.1	2.0	4.4	0.5		
15	最高奖雨量	9.6	9.4	9.6	10.0	8.9		
16	降雨天数	6	7	7	6	7		
17	平均降雨量的 %	0.166667	0.142857	0.142857	0.166667	0.142857		

图 3-17

10. 保存并关闭工作簿。

3.4 管理工作表

XL03S-5-4

Excel 工作簿是一系列工作表的集合。每个工作表是一个单独的表格，但是表格之间可以相互关联。例如，第一个工作表是关于公司支出的项目，第二个工作表是关于产品销售收入的项目，第三个工作表是支出和收入的总结。表格中使用的公式可以引用任意工作表中的任意单元格，以便于将数据放在一起计算。

用户要避免将所有的信息全部放在一个或者几个工作簿里，因为这会导致打开、保存和运行表格的时间过长。应该将不相关联的信息分别放在不同的工作簿里，例如以前用过的员工名单可以单独列表。

Excel 可以更改工作表的名称，也可以添加、删除、复制或者移动工作表。

3.4.1 重命名工作表

Excel 用 Sheet1、Sheet2、Sheet3 的方式来命名第一次打开的工作表，这样可以有效地帮助用户区别工作表。但是，在输入一些信息以后，这样的名称就显得缺乏描述力。

用户可以重命名工作表的标签，使其更具有描述性。在一个工作簿中有很多张工作表的情况下，重命名使用户更容易找出要使用的工作表。

重命名后，Excel 会自动调整标签的宽度以适应输入名称的长度。但 Excel 的工作表标签最多允许 31 个字符，所以名字应该尽可能简洁。如果很多工作表都使用了较长的名字，屏幕就不会同时显示所有的工作表，这样查看未显示的工作表就会比较麻烦。

可以使用以下几种方法重新命名工作表：
- 选择"格式"｜"工作表"｜"重命名"命令。
- 双击工作表标签，重新输入名称。
- 右击工作表标签，在弹出的快捷菜单中选择"重命名"命令。

技巧课堂

为工作表命名。

1. 打开"部门预算（多重工作表）"工作簿。

2. 将其保存为"部门预算（多重工作表）-学生"。

3. 选择"格式"｜"工作表"｜"重命名"命令。

   此时，工作表的名称标签以高亮显示。

4. 在标签处输入"2003预算"，然后按 Enter 键。

5. 单击标签 Sheet2。

6. 选择"格式"｜"工作表"｜"重命名"命令。

7. 在标签中输入"支出分析"，然后按 Enter 键。

8. 单击标签 Sheet3。

9. 选择"格式"｜"工作表"｜"重命名"命令。

10. 在标签中输入"公司"，然后按 Enter 键。

11. 单击工作表标签"2003预算"。

    完成后的工作表显示如图3-18所示。

	A	B	C	D	E	F	G	H
1	部门预算							
2								
3		一月	二月	三月	四月	五月	六月	总计
4	收入							
5	销售收入	3000	5500	5000	6000	7500	6000	33000
6	特许权使用费	1000	700	500	600	500	500	3800
7	总计	4000	6500	6000	7000	8500	7000	39000
8								
9	支出							
10	房租	500	500	500	500	500	500	3000
11	电话	70	70	70	70	70	70	420
12	长途电话	25	25	25	25	25	25	150
13	互联网	50	50	50	50	50	50	300
14	办公	50	50	50	50	50	50	300
15	快递	25	25	25	25	25	25	150
16	邮资	15	15	15	15	15	15	90
17	书	50	100		100	50	50	350
18	餐费	25	50	50		25	25	225
19	差旅			500		300		800
20	总计	810	885	1285	885	1110	810	5785
21								

2003 预算／支出分析／公司

图 3-18

12. 保存工作簿。

3.4.2 添加或删除工作表

XL03S-5-4

新建工作簿后，Excel会默认显示三个工作表。可以更改显示的数量。例如，通过手动的方式在当前激活的工作表之前添加新的工作表。

如果工作簿中有很多张工作表以至于屏幕不能完全显示，可以通过拖动滚动条来调整屏幕当前位置，显示需要的工作表。

如果不再需要某张工作表时，可以将其删除。用户需要在删除其他工作表前保存现有的内容，因为被删除的工作表里可能会含有正在使用的公式或者函数，删除后将影响其他工作表的数值和工作。

可以通过以下几种方法在当前工作簿中插入新的工作表：

- 选择"插入"｜"工作表"命令。
- 在插入的位置上右击工作表标签，在弹出的快捷菜单中选择"插入"命令。在打开的"插入"对话框内选择"工作表"图标。

通过以下几种方法删除工作表：

- 选择"编辑"|"删除工作表"命令。
- 右击要删除的工作表标签，然后在弹出的快捷菜单中选择"删除"命令。

技巧课堂
在工作簿中增添工作表。

1. 打开"部门预算（多重工作表）-学生"工作簿。
2. 选择"插入"｜"工作表"命令，增添新的工作表。
   注意新的工作表将被添加在当前激活的工作表之前。
   工作簿显示如图 3-19 所示。
3. 单击工作表标签"2003 预算"。
4. 单击新工作表，然后在单元格 A1 中输入你的名字。
5. 选择"编辑"|"删除工作表"命令，此时弹出警告对话框，如图 3-20 所示。

图 3-19

图 3-20

如果新建的工作表中没有输入任何数据，Excel 会自动删除工作表。上面弹出的警告对话框提示用户要删除的工作表中存在数据，删除该工作表可能会影响工作簿中的数据和运行。

6. 在警告对话框中单击"删除"按钮。
   此时，该工作表被删除。
7. 重复第 5 和 6 步，删除工作表"支出分析"和"公司"。
   完成后的工作簿显示如图 3-21 所示。

	A	B	C	D	E	F	G	H
1	部门预算							
2								
3		一月	二月	三月	四月	五月	六月	总计
4	收入							
5	销售收入	3000	5500	5000	6000	7500	6000	33000
6	特许权使用费	1000	700	500	600	500	500	3800
7	总计	4000	6500	6000	7000	8500	7000	39000
8								
9	支出							
10	房租	500	500	500	500	500	500	3000
11	电话	70	70	70	70	70	70	420
12	长途电话	25	25	25	25	25	25	150
13	互联网	50	50	50	50	50	50	300
14	办公	50	50	50	50	50	50	300
15	快递	25	25	25	25	25	25	150
16	邮资	15	15	15	15	15	15	90
17	书	50	100		100	50	50	350
18	餐费	25	50	50	50	25	25	225
19	差旅			500		300		800
20	总计	810	885	1285	885	1110	810	5785
21								

图 3-21

8. 保存工作簿。

3.4.3 移动或复制工作表

XL03S-5-4

通过移动功能改变工作簿中工作表排列的顺序，有助于组织整理多重工作表，尤其是八个以上的工作表。例如，将相关联的工作表放在一起，这样就可以不再需要拖动滚动条来获取另外一边工作表中的数据，减少操作中的麻烦和时间。

Excel 还提供了快速复制工作表的方法，该功能在针对不同情况的 what-if 分析中经常被使用。

可以使用以下几个方法在同一个工作簿中移动或复制工作表：

- 选择"编辑"|"移动或复制工作表"命令。
- 右击要移动或复制的工作表标签，然后在弹出的快捷菜单中选择"移动或复制工作表"命令。
- 快速移动工作表，可以单击要移动的工作表标签，然后拖动至新位置即可。
- 快速复制工作表，可以单击要复制的工作表标签，然后按 Ctrl 键并拖动至新位置即可。

 **技巧课堂**

学习复制和移动工作簿中的工作表。

1. 打开"部门预算（多重工作表）–学生"工作簿。

   如果近期没有使用过"移动或复制工作表"命令，该命令可能不会直接出现在"编辑"菜单上。单击"编辑"菜单上的"更多菜单内容"按钮 可以获得菜单中的全部内容。

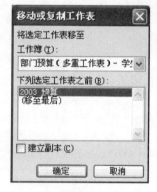

图 3-22

2. 选择"编辑"|"移动或复制工作表"命令，打开"移动或复制工作表"对话框，如图 3-22 所示。Excel 的默认设置会将当前激活的工作表移动到新位置。选中"建立副本"复选框时，目前激活的工作表就被复制到新的位置上。

3. 选择"建立副本"复选框。

4. 在"下列选定工作表之前"列表框中选择"（移至最后）"选项，然后单击"确定"按钮。

   Excel 将复制当前工作表，包括工作表的名字。工作簿不能有重名的工作表，因此会自动在被复制的工作表的名字末尾增加一个数字用于区别。

5. 双击工作表标签"2003 预算（2）"，将其名称改为"2004 预算"。

6. 激活工作表"2004 预算"，选择"编辑"|"移动或复制工作表"命令，打开对话框。

7. 在"下列选定工作表之前"列表框中选择"（移至最后）"选项，选中"建立副本"复选框，然后单击"确定"按钮。

8. 将此工作表标签改为"2005 预算"。

尝试其他方法复制工作表，然后移至不同地点。

9. 单击工作表标签"2003 预算"。

10. 选择"编辑"|"移动或复制工作表"命令，打开对话框。

11. 选中"建立副本"复选框，然后单击"确定"按钮。

12. 双击新工作表的标签，然后输入"公司预算"，按 Enter 键。

13. 单击标签，然后将其拖动至"2005 预算"的右侧，但不要松开鼠标左键，如图 3-23 所示。

    注意出现的图标和箭头表示用户正移动工作表至新位置。

14. 拖动到新位置后，松开鼠标左键。

    现在工作表应该出现在最后的位置上。

    移动或者复制的工作表都会出现在滚动条的左侧。用户可以通过单击导航栏的滚动按钮（见图 3-24）查阅被隐藏的工作表标签，或者可以通过调整水平滚动条的长短来显示更多的工作表标签。

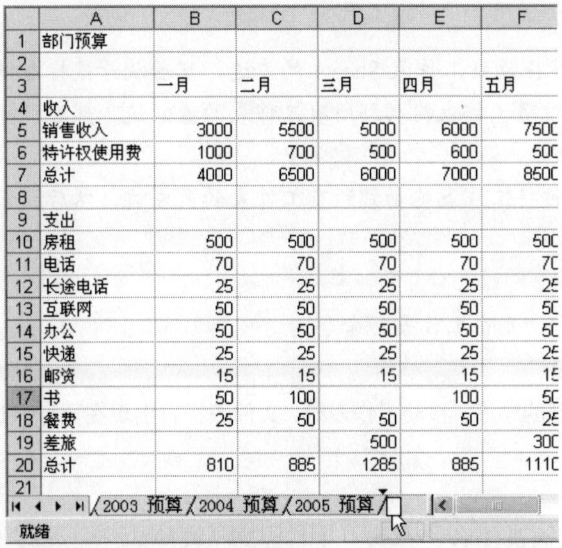

	A	B	C	D	E	F
1	部门预算					
2						
3		一月	二月	三月	四月	五月
4	收入					
5	销售收入	3000	5500	5000	6000	7500
6	特许权使用费	1000	700	500	600	500
7	总计	4000	6500	6000	7000	8500
8						
9	支出					
10	房租	500	500	500	500	500
11	电话	70	70	70	70	70
12	长途电话	25	25	25	25	25
13	互联网	50	50	50	50	50
14	办公	50	50	50	50	50
15	快递	25	25	25	25	25
16	邮资	15	15	15	15	15
17	书	50	100		100	50
18	餐费	25	50	50	50	25
19	差旅			500		300
20	总计	810	885	1285	885	1110
21						

就绪　　　 ◄ ► ►│／2003 预算／2004 预算／2005 预算▼

图 3-23

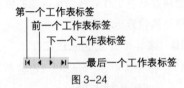

第一个工作表标签
前一个工作表标签
下一个工作表标签
│◄ ◄ ► ►│——最后一个工作表标签

图 3-24

15. 单击 │◄ 按钮显示第一个工作表标签。

16. 将鼠标放到水平滚动条的左边框处，鼠标将显示为双重箭头 ‖►。向右拖动可使水平滚动条变短，从而使屏幕显示所有的工作表。

完成后的工作簿显示如图 3-25 所示。

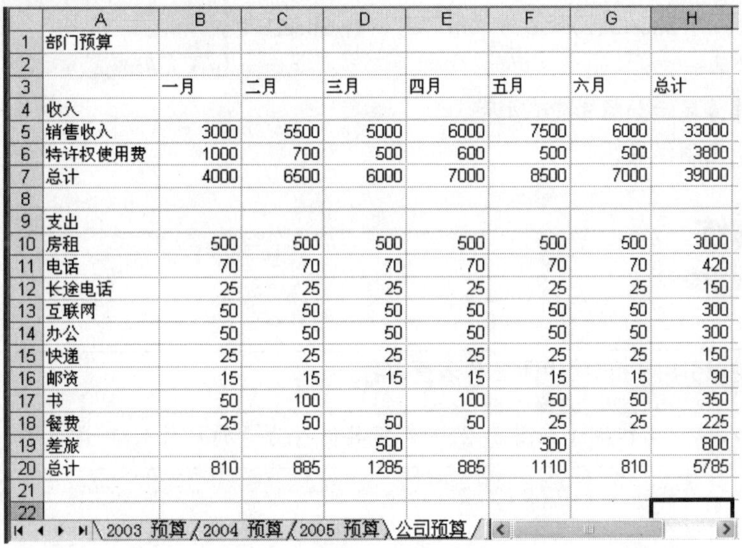

	A	B	C	D	E	F	G	H
1	部门预算							
2								
3		一月	二月	三月	四月	五月	六月	总计
4	收入							
5	销售收入	3000	5500	5000	6000	7500	6000	33000
6	特许权使用费	1000	700	500	600	500	500	3800
7	总计	4000	6500	6000	7000	8500	7000	39000
8								
9	支出							
10	房租	500	500	500	500	500	500	3000
11	电话	70	70	70	70	70	70	420
12	长途电话	25	25	25	25	25	25	150
13	互联网	50	50	50	50	50	50	300
14	办公	50	50	50	50	50	50	300
15	快递	25	25	25	25	25	25	150
16	邮资	15	15	15	15	15	15	90
17	书	50	100		100	50	50	350
18	餐费	25	50	50	50	25	25	225
19	差旅			500		300		800
20	总计	810	885	1285	885	1110	810	5785
21								
22								

│◄ ◄ ► ►│＼2003 预算／2004 预算／2005 预算＼公司预算／

图 3-25

17. 保存并关闭工作簿。

技巧演练

练习移动和复制工作表。

1. 创建一个新的工作簿。

将一个工作表移动到不同的位置上。

2. 选择工作表标签 Sheet3。

3. 选择"编辑"|"移动或复制工作表"命令，打开对话框。

4. 在"下列选定工作表之前"列表框中选择 Sheet1 选项，选中"建立副本"复选框，然后单击"确定"按钮。

使用拖动方法复制工作表。

5. 选择工作表 Sheet2，按 Ctrl 键的同时将其拖动到工作表 Sheet1 的左边，然后放开鼠标左键和 Ctrl 键。

6. 选择工作表 Sheet3，然后按 Ctrl 键的同时将工作表拖动到所有工作表的最右边，然后放开鼠标左键和 Ctrl 键。

7. 选择工作表 Sheet1，然后按 Ctrl 键的同时将工作表拖动到所有工作表的最左边，然后放开鼠标左键和 Ctrl 键。

删除最初的三个工作表。

8. 选择工作表 Sheet1，然后选择"编辑"|"删除工作表"命令。

9. 重复第 8 步删除工作表 Sheet2 和 Sheet3。

使用鼠标将工作表拖动至理想的位置建立合理的顺序。移动工作表时，文件图标将出现在鼠标旁边，指出要移至的位置。

10. 选择工作表 Sheet3 (2)。

11. 拖动工作表 Sheet3 (2)至所有工作表的最左边，然后松开鼠标左键。

12. 重复第 10 和 11 步，使工作表的排列顺序为 Sheet3 (2)、Sheet2 (2)、Sheet1 (2)。

13. 选择工作表 Sheet3 (2)，双击工作表标签，然后将其重命名为"第三"。

14. 重复第 13 步，将 Sheet2 (2)命名为"第二"，将 Sheet1 (2) 命名为"第一"。

完成后的工作簿显示如图 3-26 所示。

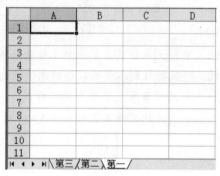

图 3-26

15. 关闭工作簿，无须保存。

3.5 实战演练

技巧应用

练习使用公式、绝对引用、相对引用和工作表重命名。

1. 打开"加拿大人口"工作簿（见图 3-27），将其保存为"加拿大人口-学生"。

	A	B	C	D	E	F
1	加拿大人口(单位:千)					
2		1999	2000	2001	2002	2003
3	纽芬兰	533.4	528	522	519.3	519.6
4	爱德华王子岛	136.3	136.5	136.7	137	137.8
5	挪瓦思高舍	933.8	933.9	932.4	934.4	936
6	新布里斯维克	750.6	750.5	749.9	750.2	750.6
7	魁北克	7323.3	7357	7397	7443.5	7487.2
8	安大略	11506.4	11685.4	11897.6	12096.6	12238.3
9	曼尼拖吧	1142.5	1147.4	1151.3	1155.5	1162.8
10	赛喀楚汶	1014.7	1007.8	1000.1	995.5	994.8
11	阿尔伯特	2953.3	3004.9	3056.7	3114.4	3153.7
12	哥伦比亚	4011.3	4039.2	4078.4	4115	4146.6
13	犹可	30.8	30.4	30.1	30.1	31.1
14	西南部	40.7	40.5	40.8	41.4	41.9
15	奴那瓦特	26.8	27.5	28.1	28.7	29.4
16	加拿大人口(单位:千)					
17						
18						

图 3-27

2. 使用公式计算加拿大人口总数，以及 1999～2003 年人口增长比率。负增长将显示为负数。

3. 输入计算人口增长公式:

$$增长\% = \frac{2003 \text{ 年人口数} - 1999 \text{ 年人口数}}{1999 \text{ 年人口数}}$$

 输入公式时, 为需要优先计算的部分加上括号。

4. 使用公式计算2003年加拿大各省人口在全国人口中的比例。使用绝对引用简化计算方法。

完成后的工作簿显示如图3-28所示。

	A	B	C	D	E	F	G	H	I
1	加拿大人口(单位:千)								
2		1999	2000	2001	2002	2003	增长量	增长率	占总人口%
3	纽芬兰	533.4	528	522	519.3	519.6	-13.8	-0.02587	0.016428
4	爱德华王子岛	136.3	136.5	136.7	137	137.8	1.5	0.011005	0.004357
5	挪瓦思高舍	933.8	933.9	932.4	934.4	936	2.2	0.002356	0.029592
6	新布里斯维克	750.6	750.5	749.9	750.2	750.6	0	0	0.023731
7	魁北克	7323.3	7357	7397	7443.5	7487.2	163.9	0.022381	0.236713
8	安大略	11506.4	11685.4	11897.6	12096.6	12238.3	731.9	0.063608	0.386923
9	曼尼拖吧	1142.5	1147.4	1151.3	1155.5	1162.8	20.3	0.017768	0.036763
10	赛喀楚汶	1014.7	1007.8	1000.1	995.5	994.8	-19.9	-0.01961	0.031451
11	阿尔伯特	2953.3	3004.9	3056.7	3114.4	3153.7	200.4	0.067856	0.099707
12	哥伦比亚	4011.3	4039.2	4078.4	4115	4146.6	135.3	0.03373	0.131098
13	犹可	30.8	30.4	30.1	30.1	31.1	0.3	0.00974	0.000983
14	西南部	40.7	40.5	40.8	41.4	41.9	1.2	0.029484	0.001325
15	奴那瓦特	26.8	27.5	28.1	28.7	29.4	2.6	0.097015	0.00093
16	加拿大人口(单位:千)	30403.9	30689	31021.1	31361.6	31629.8	1225.9		
17									
18									

图 3-28

5. 切换到工作表Sheet2。在工作表中执行操作, 使新工作表含有同工作表Sheet1单元格区域A2:F16相同的数值。

6. 输入公式, 计算每年各省人口在全国人口中所占的比例, 一列为一年。利用绝对引用和相对引用功能, 这样只需要输入一次数据, 使用复制功能后, 可以快速计算所有的数值。

7. 将工作表Sheet1命名为"人口增长"。将工作表Sheet2命名为"加拿大人口增长比例"。

完成后的工作表将显示如图3-29所示。

	A	B	C	D	E	F	G	H	I	J	K
1							加拿大人口增长比例				
2		1999	2000	2001	2002	2003	1999	2000	2001	2002	2003
3	纽芬兰	533.4	528	522	519.3	519.6	0.017544	0.017205	0.016827	0.016558	0.016428
4	爱德华王子	136.3	136.5	136.7	137	137.8	0.004483	0.004448	0.004407	0.004368	0.004357
5	挪瓦思高舍	933.8	933.9	932.4	934.4	936	0.030713	0.030431	0.030057	0.029794	0.029592
6	新布里斯维	750.6	750.5	749.9	750.2	750.6	0.024688	0.024455	0.024174	0.023921	0.023731
7	魁北克	7323.3	7357	7397	7443.5	7487.2	0.240867	0.239728	0.238451	0.237344	0.236713
8	安大略	11506.4	11685.4	11897.6	12096.6	12238.3	0.378451	0.380768	0.383532	0.385714	0.386923
9	曼尼拖吧	1142.5	1147.4	1151.3	1155.5	1162.8	0.037577	0.037388	0.037113	0.036844	0.036763
10	赛喀楚汶	1014.7	1007.8	1000.1	995.5	994.8	0.033374	0.032839	0.032239	0.031743	0.031451
11	阿尔伯特	2953.3	3004.9	3056.7	3114.4	3153.7	0.097136	0.097915	0.098536	0.099306	0.099707
12	哥伦比亚	4011.3	4039.2	4078.4	4115	4146.6	0.131934	0.131617	0.131472	0.131211	0.131098
13	犹可	30.8	30.4	30.1	30.1	31.1	0.001013	0.000991	0.00097	0.00096	0.000983
14	西南部	40.7	40.5	40.8	41.4	41.9	0.001339	0.00132	0.001315	0.00132	0.001325
15	奴那瓦特	26.8	27.5	28.1	28.7	29.4	0.000881	0.000896	0.000906	0.000915	0.00093
16	加拿大人口	30403.9	30689	31021.1	31361.6	31629.8					

图 3-29

8. 保存并关闭工作簿。

 技巧应用

练习使用单元格引用、插入、删除、剪切、粘贴行和列。

1. 打开"火焰热滑雪(公式)"工作簿(见图3-30), 然后将其保存为"火焰热滑雪(公式)-学生"。

	A	B	C	D	E	F	G	H	I	J	K	L	M	N
1						火焰热滑雪 Inc.								
2						全球销售 - 截止至今								
3														
4			下坡滑雪		总数		自由式		总数	滑雪板		总数	总数	%
5	地区	铜牌	银牌	金牌	下坡滑雪	娱乐	爱斯基摩	挪威	自由式	初级	高级	滑雪板		全球
6	加拿大	10,000	15,000	30,000		800	200	2,000		2,000	3,000			
7	美国西部	105,000	150,000	245,000		54,000	63,000	125,000		30,000	25,000			
8	美国东部	215,000	305,000	475,000		75,000	85,000	195,000		45,000	50,000			
9	美国中部	3,000	4,500	5,000		2,000	2,500	1,500		0	0			
10	美国南部	10,000	12,000	7,500		3,500	2,500	5,500		0	0			
11	欧洲	45,000	60,000	80,000		10,000	12,000	18,000		10,000	15,000			
12	日本	5,000	7,500	10,000		3,000	8,000	7,500		5,000	7,500			
13	中国香港	50,000	70,000	70,000		20,000	22,000	30,000		25,000	30,000			
14	东南亚	25,000	30,000	30,000		8,000	12,000	15,000		0	0			
15	全球													
16	全球%													
17														
18	平均													
19	最大值													
20	最小值													
21														

图 3-30

2. 使用下面的公式计算各类产品的销售总数：

总销售	决定因子
E 列	B~D 列的总和
I 列	F~H 列的总和
L 列	J~K 列的总和
M 列	E、I、L 列的总和
15 行	6~14 行的总和

3. 运用公式计算每个销售区在全球市场上所占的销售份额（第 6~14 行）。并计算每一列销售总数在总销售中所占的比例。

4. 使用相关公式计算每个区域销售的平均值、最大值和最小值。

完成后的工作表显示如图 3-31 所示。

	A	B	C	D	E	F	G	H	I	J	K	L	M	N
1						火焰热滑雪 Inc.								
2						全球销售 - 截止至今								
3														
4			下坡滑雪		总数		自由式		总数	滑雪板		总数	总数	%
5	地区	铜牌	银牌	金牌	下坡滑雪	娱乐	爱斯基摩	挪威	自由式	初级	高级	滑雪板		全球
6	加拿大	10,000	15,000	30,000	55,000	800	200	2,000	3,000	2,000	3,000	5,000	63,000	2%
7	美国西部	105,000	150,000	245,000	500,000	54,000	63,000	125,000	242,000	30,000	25,000	55,000	797,000	26%
8	美国东部	215,000	305,000	475,000	995,000	75,000	85,000	195,000	355,000	45,000	50,000	95,000	1,445,000	47%
9	美国中部	3,000	4,500	5,000	12,500	2,000	2,500	1,500	6,000	0	0	0	18,500	1%
10	美国南部	10,000	12,000	7,500	29,500	3,500	2,500	5,500	11,500	0	0	0	41,000	1%
11	欧洲	45,000	60,000	80,000	185,000	10,000	12,000	18,000	40,000	10,000	15,000	25,000	250,000	8%
12	日本	5,000	7,500	10,000	22,500	3,000	8,000	7,500	18,500	5,000	7,500	12,500	53,500	2%
13	中国香港	50,000	70,000	70,000	190,000	20,000	22,000	30,000	72,000	25,000	30,000	55,000	317,000	10%
14	东南亚	25,000	30,000	30,000	85,000	8,000	12,000	15,000	35,000	0	0	0	120,000	4%
15	全球	468,000	654,000	952,500	2,074,500	176,300	207,200	399,500	783,000	117,000	130,500	247,500	3,105,000	
16	全球%	15%	21%	31%	67%	6%	7%	13%	25%	4%	4%	8%		
17														
18	平均	345,000												
19	最大值	1,445,000												
20	最小值	18,500												
21														

图 3-31

5. 保存并关闭工作簿。

技巧应用

练习输入基本公式、修改公式、改变工作表名称和移动工作表。

1. 打开“月工资”工作簿，此工作簿包括多个工作表，如图 3-32 和图 3-33 所示。然后将其保存为“月工资-学生”。

	A	B	C
1	月工资报表 - 管理		
2			
3	职工	月工资	
4			
5	史密斯	1250	总数
6	查彬林	1860	
7	汤姆	1762	最大值
8	尤腾	3785	最小值
9	沃德	2466	平均值
10	瑞迪	1980	
11	昆	850	
12	耶特	675	
13	贝利	1125	

图 3-32

	A	B	C
1	月工资报表 - 运营		
2			
3	职工	月工资	
4			
5	依云	1350	总数
6	奇瑞	3240	
7	吴	2730	最大值
8	杨飒古斯	1830	最小值
9	禅纳	2740	平均值
10	瓦特	2385	
11	嫚子	1980	
12	帕贝利	2290	
13	格曼	2490	
14	其万	3190	
15	苏	2750	

图 3-33

2. 使用恰当的公式计算两个工作表中每月工资的总数、平均值、最大值和最小值。

3. 将工作表 Sheet1 命名为 "管理"，工作表 Sheet2 命名为 "运营"。

4. 将工作表 Sheet3 命名为 "总结"，然后将其移至 "管理" 工作表之前。

5. 将以下内容输入到 "总结" 工作表中：

单元格　　内容

A1　　　月工资报表–所有部门

A3　　　部门

A4　　　管理

A5　　　运营

A6　　　总计

6. 在单元格 B4 和 B5 中输入公式求各自工作表中工资的总和，然后在单元格 B6 中求它们两个的总和。

7. 必要的时候，调整单元格的宽度使内容完全显现出来（除了首行的单元格）。

8. 在 "管理" 工作表中加入新职工的名字为 "多克，E"，月工资为 2500，然后重新调整月工资的总数、平均值、最大值和最小值。

完成后的工作表显示如图 3-34～图 3-36 所示。

	A	B	C	D
1	月工资报表–所有部门			
2				
3	部门			
4	管理	18253		
5	运营	26975		
6	总计	45228		
7				

图 3-34

	A	B	C	D
1	月工资报表 - 管理			
2				
3	职工	月工资		
4				
5	史密斯	1250	总数	18253
6	查彬林	1860		
7	汤姆	1762	最大值	3785
8	尤腾	3785	最小值	675
9	沃德	2466	平均值	1825.3
10	瑞迪	1980		
11	昆	850		
12	耶特	675		
13	贝利	1125		
14	多克	2500		

图 3-35

	A	B	C	D
1	月工资报表 - 运营			
2				
3	职工	月工资		
4				
5	依云	1350	总数	26975
6	奇瑞	3240		
7	吴	2730	最大值	3240
8	杨飒古斯	1830	最小值	1350
9	禅纳	2740	平均值	2452.273
10	瓦特	2385		
11	嫚子	1980		
12	帕贝利	2290		
13	格曼	2490		
14	其万	3190		
15	苏	2750		

图 3-36

9. 保存并关闭工作簿。

3.6 小结

在本课中，学习了如何使用 Excel 中功能强大的公式和基本功能。具体包括：

☑ 设计和构建简单的公式　　　　　　　☑ 了解相对引用和绝对引用

☑ 通过使用同一工作表中其他单元格的数　☑ 重命名工作表
　据，实现单元格的引用

☑ 通过简单的公式创建工作表　　　　　　☑ 插入和删除工作表

☑ 使用 Excel 中的最基本功能　　　　　　☑ 复制和移动工作表

3.7 习题

1. 什么是公式？它的重要性是什么？

2. 公式的基本要素是什么？

3. "功能"是指什么？

4. 单元格引用有哪两种类型？

　　A. 交叉和相关　　　　　　　　　　B. 绝对和相关

　　C. 独立和非独立　　　　　　　　　D. 绝对和相对

5. 写出可以计算下列功能的公式：

　　A. 最大值　　　　　　　　　　　　B. 计数

　　C. 求和　　　　　　　　　　　　　D. 平均值

6. 实现统计单元格区域 G2:G10 中非空白单元格数目，写出完成此功能需要的公式。

7. 为什么要非常小心地使用工作表中的公式？

8. 工作表标签的名字最多有多长？

9. 一个 Excel 工作簿只能包括一个工作表。

　　A. 正确　　　　　　　　　　　　　B. 错误

10. 在插入工作表时，工作表标签将出现在：

　　A. 当前激活的工作表标签的左边　　B. 所有工作表标签的左边

　　C. 所有工作表标签的最右边　　　　D. 任意位置，取决于日期

　　E. 当前激活的工作表标签的右边

11. 工作簿中的工作表可以按任意顺序排列。

　　A. 正确　　　　　　　　　　　　　B. 错误

4
Lesson

为工作簿设置格式

学习目标

　　在本课中，将学习使用 Excel 的格式设置功能。经过格式设置的单元格无论数字和文本都将变得规整漂亮，工作表的外观也会有很大改观。用户可以选择为单元格设置格式，也可以选择为单元格区域或整张工作表设置格式。

学习本课后，应该掌握以下内容：

☑　为数字和日期预设格式
☑　为单元格中的内容设置对齐方式，包括左对齐、右对齐和居中对齐
☑　改变工作表中的字体
☑　通过设置边框和线条改善工作表的外观
☑　为单元格设置背景和图案
☑　清除单元格中的内容和格式
☑　使用自动套用格式功能
☑　为工作表标签增添颜色
☑　改变工作表背景

4.1　单元格的格式化

让工作表中的内容有条理地展现出来称为对工作表进行格式化，这是工作表中一项很重要的任务，可以说同整理数据一样重要。格式化后的工作表将改变数据的外观，使之更加整齐美观。Excel 提供了众多功能，可以将工作表中重要的部分突出以吸引读者的注意，也可以将数字格式设置成更容易让人阅读的方式。当然，使用这些功能并不会改变工作表中的数值。

格式化时要注意以下几点：

- 可以在输入数据之前或者之后的任意时候对单元格或单元格区域进行格式化。
- 即使清空了单元格中的内容，单元格的格式仍然存在，除非特意清除了单元格的格式，或者将其重新格式化。通常情况下，在输入新数据时，Excel 仍然会显示原有的格式。
- 复制或者填充单元格时，将同时复制和填充单元格的格式和内容。此项功能将比在复制前先格式化更节省时间。

Excel 提供了一些改变文字外观的工具，例如加粗、倾斜、字体、字号、单元格的边框和图案等。这些常用功能都显示在格式工具栏里。

4.1.1　数字和小数的格式化

为数字设置格式无疑是工作表中最主要的功能。为了满足需求，Excel 提供了丰富的选择。在下面所引用的例子中，单元格的原始数字为 123.4。由于选择了不同的数字格式选项，"示例"文本框中的数字将显示为不同的格式。

要将单元格格式化，首先要选择单元格，然后使用以下几种方法：

- 选择"格式" | "单元格"命令。
- 单击格式工具栏中的相应按钮。
- 按 Ctrl + 1 组合键。
- 在所选定的单元格上右击，然后在弹出的快捷菜单中选择"设置单元格格式"命令。

常规

"常规"格式是在没有任何格式设置下默认的单元格格式，如图 4-1 所示。在该格式下，Excel 会完全按照用户的输入格式显示数据，唯一的例外是如果小数点后面使用没有实际意义的 0 补位，Excel 将不会显示这些 0。"常规"格式存在一个问题：单元格中数字的格式缺乏一致性（例如，有的数字显示小数点后三位，有的则显示小数点后五位），让用户难以阅读。此外，有的时候数字的长度会比单元格的宽度大，这种情况下单元格会自动将显示格式改为科学记数法。

图 4-1

数值

在"数值"格式中，可以使用逗号将数字以千位隔开（每三位数字），称为千位分隔符，例如 1,000 或者 1,000,000。"数值"格式下也可以设定小数点后的数位，一般默认设置为两位小数数位，如果不足两位，将用 0 补位，如图 4-2 所示。负数的显示格式可以设置为使用红色、负号（-）或者括号。

图 4-2

货币

除了货币符号之外（例如￥），"货币"格式和"数字"格式的显示和设置方式基本相同。可以每三位数字使用逗号隔开，也可以设置负数表达方式和小数数位，如图4-3所示。

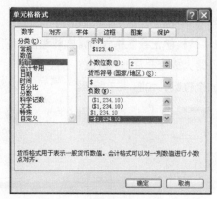

图4-3

会计专用

该格式和"货币"格式相似，其主要区别是"会计专用"格式将使用负号（-）表示负数，该表示法不可更改。货币符号将显示在单元格的最左边，如图4-4所示。

图4-4

百分比

当输入数值为0.1234时，使用"百分比"格式将显示为12.34%，如图4-5所示。百分比显示数值的100倍，数值后面有%符号。"百分比"格式同样需要设定小数位数，默认小数位数为两位。

图4-5

分数

当输入数值为123.4时，使用"分数"格式将把小数点后面的数字转化为用户选择的分数形式，如图4-6所示。

图4-6

科学记数

"科学记数"格式通常在科学应用领域使用，主要针对非常大或者非常小的数值。一般情况下，只显示小数点左面的个位数，如图 4-7 所示。

图 4-7

图 4-8

特殊

"特殊"格式主要应用于邮政编码、电话号码或者中文数字的显示，如图 4-8 所示。

如果在"分类"列表框中找不到要使用的格式，可以依照自身需求创建自定义格式，具体做法为选择"分类"列表框中的"自定义"选项。

技巧课堂

学习使用 Excel 提供的数字格式功能。

1. 打开"办公用品公司"工作簿，如图 4-9 所示。

	A	B	C	D	E	F	G
1	办公用品公司						
2	发票明细单						
3						发票日期	二〇〇三年三月十一日
4							
5				单位	总计		净
6	项目号	项目描述	数量	价格	价格	折扣	价格
7	P100	纸张,500 张,箱	30	62.95	1888.5	226.62	1661.88
8	P235	笔,12/包	25	9	225	27	198
9	F242	文件夹,个,100/包	32	18.5	592	71.04	520.96
10	L421	标签,页,750/包	14	14.92	208.88	25.0656	183.8144
11	T095	打印墨盒,个	12	190.32	2283.84	274.0608	2009.7792
12							
13		总量	113			发票总计:	4574.4336
14							
15	客户 折扣率		0.12				

图 4-9

2. 将其保存为"办公用品公司-学生"。

为以下含数字的单元格设置格式。

3. 选择单元格区域 D8:G11。

4. 选择"格式"|"单元格"命令，打开"单元格格式"对话框。

默认情况下，Excel 将选择单元格中的"常规"选项。在图 4-2 中是选择"数值"选项时数字的显示格式。由于本例工作表中的单元格中含有数值，所以选择"分类"列表框中的"数值"选项。

5. 单击"分类"列表框中的"数值"选项。

注意，在默认情况下，数值的小数点后只显示两位，不使用千位分隔符，而且使用负数符号显示负值，这些选项都可以依据具体使用需求进行调整。

6. 选中"使用千位分隔符"复选框。

7. 单击"确认"按钮应用该格式。

Excel 会将此格式应用于所有的数值，显示小数点后两位并使用千位分隔符。对于小数点两位以后的数字，将采用四舍五入法处理。

> 用户也可以单击格式工具栏中的"千位分隔样式"按钮 , 快速设置千位分隔符。单击该按钮时，Excel 还将同时将格式设置为显示小数点后两位和使用括号显示负值。在使用括号显示负值的格式中，正数将出现在单元格偏左的位置上。

使用格式工具栏中的按钮。

8. 选择单元格区域 D7:G7。

9. 单击格式工具栏中的"货币样式"按钮 $ ，效果如图 4-10 所示。

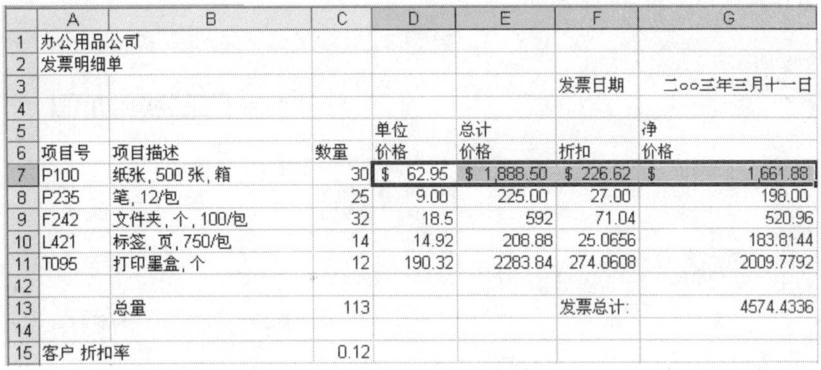

	A	B	C	D	E	F	G
1	办公用品公司						
2	发票明细单						
3						发票日期	二〇〇三年三月十一日
4							
5				单位	总计		净
6	项目号	项目描述	数量	价格	价格	折扣	价格
7	P100	纸张, 500 张, 箱	30	$ 62.95	$ 1,888.50	$ 226.62	$ 1,661.88
8	P235	笔, 12/包	25	9.00	225.00	27.00	198.00
9	F242	文件夹, 个, 100/包	32	18.5	592	71.04	520.96
10	L421	标签, 页, 750/包	14	14.92	208.88	25.0656	183.8144
11	T095	打印墨盒, 个	12	190.32	2283.84	274.0608	2009.7792
12							
13		总量	113			发票总计	4574.4336
14							
15	客户 折扣率		0.12				

图 4-10

注意被选中的单元格区域的数字微向左发生偏移，这是因为刚才用户单击了工具栏中的"货币"按钮。如果单击该按钮，其他格式也将被应用在单元格内，负值将以带括号的红色字体显示，而不再使用负号。如果用户对此设置不满意，可以在格式设置中更改。

10. 选择单元格区域 D7:G7，选择"格式"|"单元格"命令，打开"单元格格式"对话框。

11. 选择"分类"列表框中的"货币"选项。

12. 选择"负数"列表框中带负值符号（-$1,234.10）的选项，如图 4-11 所示。

13. 单击"确定"按钮应用此格式。

图 4-11

将单元格设置为"货币"格式。

14. 选择单元格 G13，然后选择"格式"|"单元格"命令，打开"单元格格式"对话框。

15. 选择"分类"列表框中的"货币"选项，然后单击"确定"按钮应用此格式。

该工作表中的一些数值是整数而不是小数，因此没有必要对这些整数数值进行格式调整，只要这些数值不需要使用千位分隔符，使用"常用"格式已经足够。

16. 选择单元格区域 C7:C13，然后选择"格式"|"单元格"命令，打开"单元格格式"对话框。

17. 在"单元格格式"对话框中选择以下内容:

分类　　　　　　数值

小数位数　　　　0

使用千位分隔符(,)　是

18. 单击"确定"按钮应用此格式。

使用格式工具栏中的相应按钮将单元格中的内容显示为百分比形式。

19. 选择单元格 C15。

20. 单击格式工具栏中的"百分比样式"按钮 %。

默认情况下,百分比样式不使用小数点。如果需要可以更改该设置增加小数位数。该功能可以应用于任何含有数值的单元格。

21. 单击"增加小数位数"按钮,显示百分比小数点后的分位数字。

为含有日期的单元格设置格式。

22. 选择单元格 G3,然后选择"格式"|"单元格"命令,打开"单元格格式"对话框。

23. 在打开的对话框中选择以下内容,然后单击"确定"按钮。

分类　　日期

类型　　2001 年 3 月 14 日

完成后的工作表显示如图 4-12 所示。

	A	B	C	D	E	F	G	H
1	办公用品公司							
2	发票明细单							
3						发票日期	2003年3月11日	
4								
5				单位	总计		净	
6	项目号	项目描述	数量	价格	价格	折扣	价格	
7	P100	纸张, 500 张, 箱	30	$62.95	$1,888.50	$226.62	$1,661.88	
8	P235	笔, 12/包	25	9.00	225.00	27.00	198.00	
9	F242	文件夹,个, 100/包	32	18.50	592.00	71.04	520.96	
10	L421	标签, 页, 750/包	14	14.92	208.88	25.07	183.81	
11	T095	打印墨盒,个	12	190.32	2,283.84	274.06	2,009.78	
12								
13		总量	113			发票总计:	$4,574.43	
14								
15	客户 折扣率		12.0%					
16								

图 4-12

24. 保存工作簿。

4.1.2 改变单元格的对齐方式

对齐方式是指单元格中数据的显示位置。在 Excel 中,可以将单元格按横排对齐或者按竖排对齐。到目前为止,横排对齐是最常用的。输入新数值后,Excel 会将数值依照默认的常规方式对齐,即数值或者日期会自动右对齐,而文本会自动左对齐。

如果工作表中的标题需要在工作表的正中显示时,可以将几列单元格合并,然后使标题居中,这时候可以使用跨列居中功能。

和设置数字格式一样,大部分常用的对齐格式都在格式工具栏中有相对应的按钮。

要改变单元格内容的对齐方式,选定单元格后可以采用以下几种方法:

- 选择"格式"|"单元格"命令,在打开的对话框中选择"对齐"选项卡。
- 按 Ctrl+1 组合键,在打开的对话框中选择"对齐"选项卡。
- 在选定的单元格上右击,在弹出的快捷菜单中选择"单元格格式"命令,然后在打开的对话框中选择"对齐"选项卡。
- 单击常用工具栏中相应的对齐按钮。

技巧课堂

学习使用最常用的对齐方式。

1. 激活屏幕上的"办公用品公司-学生"工作簿。

首先将单元格中的标题居中。

2. 选择单元格区域 A5:G6。

3. 单击格式工具栏中的"居中"按钮▤。

工作表最上方的两行文字需要设置在工作表的最中央处。使用"合并及居中"功能完成此设置。

4. 选择单元格区域 A1:G1 ，然后单击格式工具栏中的"合并及居中"按钮▦。

注意 Excel 是如何将两个单元格合并到一起，然后将单元格内的标题设置为居中的。

 如果要取消"合并及居中"的设置，用户可以再次单击"合并及居中"按钮▦，被合并的单元格将恢复为原来的独立单元格。

"合并及居中"功能每次只能合成一个单元格，如果需要将几行中的内容各自合并居中，用户需要在每行中单独操作。

5. 选择单元格区域 A2:G2，然后单击格式工具栏中的"合并及居中"按钮▦。

注意在完成"合并及居中"操作后，数据将出现在所有被合并单元格的中部。但是，如果要修改单元格中的内容，用户需要回到数据被输入时的原始单元格内修改。例如，修改标题应回到单元格 A1。

将含有文字的单元格右对齐。

6. 选择单元格 F3，单击格式工具栏中的"右对齐"按钮▤。

7. 选择单元格 F13，单击格式工具栏中的"右对齐"按钮▤。

8. 选择单元格 B13，单击格式工具栏中的"右对齐"按钮▤。

完成后的工作表显示如图 4-13 所示。

	A	B	C	D	E	F	G
1				办公用品公司			
2				发票明细单			
3						发票日期	2003年3月11日
4							
5				单位	总计		净
6	项目号	项目描述	数量	价格	价格	折扣	价格
7	P100	纸张, 500 张, 箱	30	$62.95	$1,888.50	$226.62	$1,661.88
8	P235	笔, 12/包	25	9.00	225.00	27.00	198.00
9	F242	文件夹, 个, 100/包	32	18.50	592.00	71.04	520.96
10	L421	标签, 页, 750/包	14	14.92	208.88	25.07	183.81
11	T095	打印墨盒, 个	12	190.32	2,283.84	274.06	2,009.78
12							
13		总量	113			发票总计:	$4,574.43
14							
15	客户 折扣率		12.0%				

图 4-13

9. 再次保存工作簿。

4.1.3　字体和字号

字体是指文字的样式。改变字体将改变文本和数据在工作簿中的样式。在一个工作表中，不要使用三种以上的字体，因为太多的字体会分散读者的注意力，通常建议采用一种或者两种字体。字体可以应用于工作表中的任意内容，例如数字、文字或者日期等。

通常情况下，字体或者字号的改变将适用于整个被选定的单元格区域。若只想改变某个单元格内的字体或字号，需要单独选择该单元格内的文本或数字。

除了字体，Excel 还可以改变数据的字形（例如，加粗、倾斜、下画线或者颜色）。

XL03S-3-1

以上提及的功能都可以在"单元格格式"对话框的"字体"选项卡内设置，如图4-14所示。

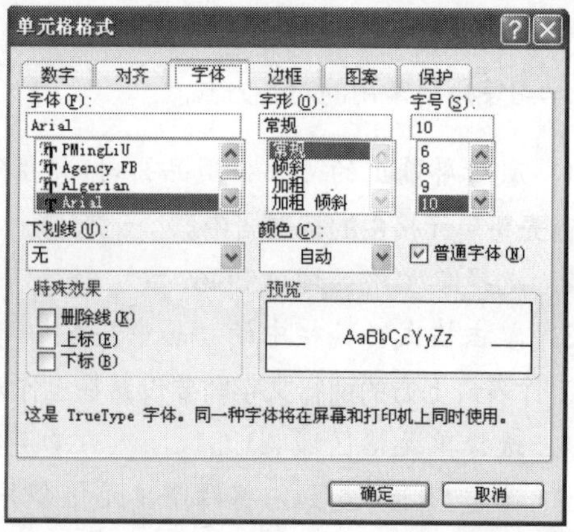

字体　　　字体是指文字在 Excel 中显示出来的字样，相同的字样是一种字体。Microsoft Office 提供了很多供选择的字体。

字形　　　设置加粗、倾斜或者两者同时应用。

字号　　　字号是指文字或者数字的高度和宽度。绝大部分的字体是可以调整字号的，并且有很多种大小。1 point 等于 1/72 in，即通常使用的 12 point 就是 1/6 in。

下画线　　　可以选择很多种下画线方式。例如，单下画线、双下画线、会计用单下画线、会计用双下画线等。和"边框"选项卡中的下框线不同，"边框"选项卡中的下框线出现在整个单元格的下边框上，而这里的下画线出现在单元格内数字的下方。

颜色　　　可以选择并改变颜色。

特殊效果　　　可以应用特殊效果，如删除线、^{上标} 和$_{下标}$。注意，同一对象如果使用上标则不可以使用下标，两者互不兼容，只能选择使用其中一个。

选择完对话框中的某些选项后，旁边的预览框中将显示被应用的格式样例。

最常用的格式选项（如字体、字号、加粗、倾斜、下画线和字体颜色）都可以在格式工具栏中找到。

图 4-14

技巧课堂

改变文字样式。

1. 激活屏幕上的"办公用品公司-学生"工作簿。

改变标题的字体、字号和字形。

2. 选择单元格区域 A1:A2。若要选择单元格 A1，用户可以选择 A1:G1 中的任意单元格，因为这些单元格已经被合并为一个单元格。

3. 选择"格式"|"单元格"命令，在打开的对话框中切换到"字体"选项卡。

4. 选择"字体"列表框中的 Times New Roman 选项，设置字形为"加粗"、字号为 16。

5. 单击"确定"按钮。

用户拖动"字体"列表框中的滑块时，会发现列表框中有很多种字体可供选择。

将单元格用的文字设置为加粗。

6. 选择单元格 F3，然后单击格式工具栏中的"加粗"按钮 **B**。

7. 选择单元格区域 A5:G6 和单元格 A15，重复第 6 步操作。

8. 选择单元格 F13，单击格式工具栏中的"加粗"按钮 **B** 和"倾斜"按钮 *I*。

9. 选择单元格 C15，重复第 8 步操作。

将单元格使用的文字设置为下画线、加粗和倾斜。

10. 选择单元格 G13，选择"格式"|"单元格"命令，打开"单元格格式"对话框。

11. 在"字体"选项卡中，选择以下选项：

字形　　　加粗 倾斜

下画线　　　会计用双下画线

12. 单击"确定"按钮，关闭对话框。

完成后的工作表显示如图 4-15 所示。

13. 保存工作簿。

	A	B	C	D	E	F	G
1				办公用品公司			
2				发票明细单			
3						发票日期	2003年3月11日
4							
5				单位价格	总计价格		净价格
6	项目号	项目描述	数量			折扣	
7	P100	纸张, 500 张, 箱	30	$62.95	$1,888.50	$226.62	$1,661.88
8	P235	笔, 12/包	25	9.00	225.00	27.00	198.00
9	F242	文件夹, 个, 100/包	32	18.50	592.00	71.04	520.96
10	L421	标签, 页, 750/包	14	14.92	208.88	25.07	183.81
11	T095	打印墨盒, 个	12	190.32	2,283.84	274.06	2,009.78
12							
13		总量	113			发票总计:	$4,574.43
14							
15	客户 折扣率		12.0%				

图 4-15

技巧演练

练习为工作表中的相关内容设置不同的格式。

1. 打开"格式设置"工作簿。

2. 将其保存为"格式设置-学生"。

第一行不做任何设置, 设置第一行以下的各行。

3. 选择单元格区域 B4:C4。

4. 选择"格式" | "单元格"命令。在打开对话框中切换到"数字"选项卡。

5. 在"分类"列表框中选择"数值"选项, 选中"使用千位分隔符"复选框。

6. 单击"确定"按钮。

7. 选择单元格区域 B5:C5。

8. 选择"格式" | "单元格"命令, 在打开的对话框中切换到"数字"选项卡, 选择"分类"列表框中的"货币"选项。

9. 在"负数"列表框中选择($1,234.10)选项, 单击"确定"按钮。

    注意单元格 B5 中的数字将微向左移, 右边将出现一个小空间。该空间是为单元格负数的右括号留出的位置。

10. 将下列单元格依照要求设置格式。选择"格式" | "单元格"命令, 在打开的对话框中执行操作。

    单元格区域　　　格式

    B6:C6　　　　"会计专用"格式, 小数点保留两位, 使用$货币符号。

    B7:C7　　　　"科学记数"格式, 小数点保留两位。

    B8:C8　　　　"特殊"格式, 区域设置为"英语(美国)"类型中的 Social Security Number 类型。

11. 选择单元格区域 B3:C8, 然后观察公式栏中的数值, 注意即使数值的表现形式发生了变化, 但是它们最初输入的数值并没有改变。

使用格式工具栏中的按钮。

12. 选择单元格区域 B9:C9。

13. 单击格式工具栏中的"千位分隔样式"按钮 ，。

14. 单击两次格式工具栏中的"增加缩进量"按钮 。

15. 选择单元格区域 B10:C10。

16. 单击格式工具栏中的"货币样式"按钮 $ 。

17. 单击两次格式工具栏中的"减少小数位数"按钮 。

18. 选择单元格区域 B13:C13。

19. 单击格式工具栏中的"百分比样式"按钮 % 。

20. 单击六次格式工具栏中的"增加缩进量"按钮 。

应用日期格式选项。

21. 选择单元格 E3，选择"格式"|"单元格"命令，打开"单元格格式"对话框。

22. 选择"分类"列表框中的"日期"选项。

23. 在"类型"列表框中选择"3/14/2001"选项，然后单击"确定"按钮。

24. 在含有日期的单元格中重复第 21～23 步，每次都选择"类型"列表框中一个不同的日期表示方式，不要重复。

为文字和数字设置字体，观察其显示的变化。

25. 选择"格式"|"单元格"命令，在打开对话框中切换到"字体"选项卡，为下列单元格做相应设置：

单元格	选项	结果
G2	字体：Times New Roman 字形：加粗 字号：20	名称
G3	字体：Arial 字形：黑体 字号：12	标题 1
G4	字体：Arial 字形：加粗倾斜 字号：10	*标题 2*
G5	字体：Wingdings	☞◆■■☑ ◆ɱ☒◆

26. 设置格式工具栏中的"字体"下拉列表框，使单元格区域 H2:H5 的格式和单元格区域 G2:G5 的格式一致。

27. 选择"格式"|"单元格"命令，在打开的对话框中切换到"字体"选项卡，为下面的单元格做相应设置：

单元格	选项	结果
G6, H6	下标	Subscript, 123.45
G7, H7	上标	Superscript, 123.45
G8, H8	颜色 – 红	Colorful 123.45
G9, H9	下画线 – 单下画线	Underline 123.45

完成后的工作表显示如图 4-16 所示。

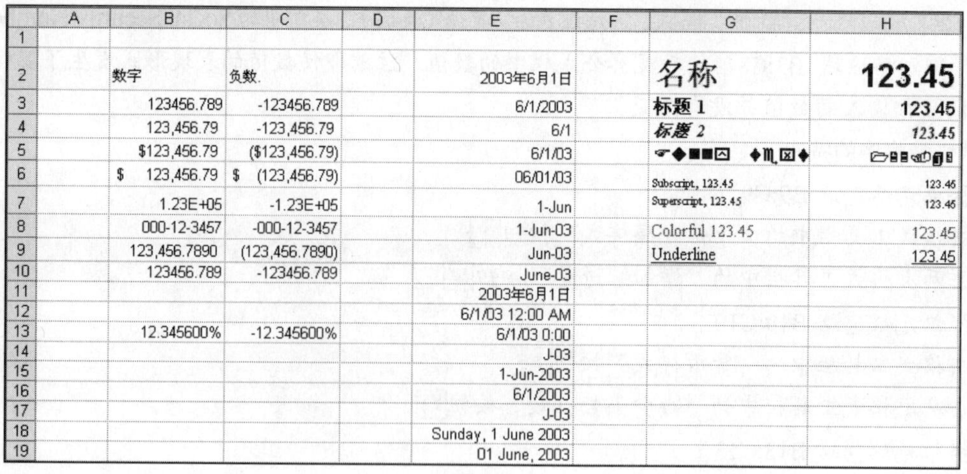

图 4-16

28. 保存并关闭工作簿。

4.1.4 单元格的边框

设置边框可以将工作表中不同组的数据相互分隔开以提高可读性，尤其是当工作表中存在大量的数据时。

边框功能允许用户在单元格或者单元格区域四周的任意部位增添框线。在图 4-17 所示的对话框中可以选择预设边框，设置线条的粗细、颜色、样式以及边框应用的区域。

为单元格设置边框，先选定单元格，然后选择"格式"｜"单元格"命令，在打开的对话框中切换到"边框"选项卡。

预置：为选定的单元格设定边框。

边框：通过单击相应按钮选择框线出现的位置。

线条：选择线条的样式或者颜色。如果想为特定位置的框线设定样式和颜色，首先要选择样式和颜色，然后单击相应按钮选择边框出现的位置。

格式工具栏中的"边框"按钮 也提供了很多选项，单击其按钮旁的下拉按钮，会弹出下拉菜单（见图 4-18），刚才对话框中看到的关于框线位置的选项都出现在其中。此外，下拉菜单下方的"绘图边框"选项，允许用户绘制框线，该功能为需要特别制作的单元格或者设置不相邻的单元格边框提供了很多方便。

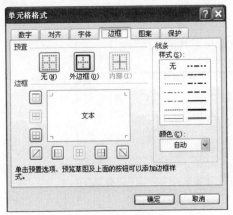

图 4-17

图 4-18

技巧课堂

使用边框选项。

1. 激活屏幕上的"办公用品公司-学生"工作簿。

为标题设置蓝色粗边框。

2. 选择单元格区域 A1:A2。

3. 选择"格式"｜"单元格"命令，在打开的对话框中切换到"边框"选项卡，如图 4-19 所示。

选择边框线条的样式和颜色。

4. 在"线条"选项区域的"样式"列表框中选择粗线条样式（右栏第五个）。

5. 单击"颜色"下拉列表框的下拉按钮，然后选择深蓝色。

6. 单击"预置"选项区域中的"外边框"按钮。

注意，完成单击预置中的按钮后，选定的边框线条颜色和样式都会在预览草图中显示。该样式将和实际应用中的样式非常接近。

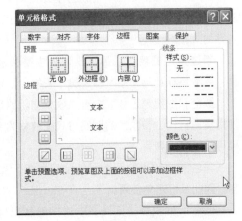

图 4-19

7. 单击"确定"按钮。

8. 选择工作表中的其他单元格，然后查看效果。

为每列数据的标题栏设置边框，使用默认的样式和颜色。

9. 选择单元格区域 A5:G6。

10. 选择"格式"|"单元格"命令，打开"单元格格式"对话框。

11. 切换到"边框"选项卡，单击"预置"选项区域中的"外边框"按钮。

在每列标题中插入竖线。

12. 单击"边框"选项区域底部的"内部竖框线"按钮。

13. 单击"确定"按钮。

注意，"外边框"按钮将为单元格区域增添该区域外部的边框，而不是为每个单元格设置单独的边框。因此，还需要选择内部竖框线将每列的标题分隔开来。

为数据增添边框。

14. 选择单元格区域 A7:G11，然后重复第 10～13 步。

也可以通过格式工具栏中的"边框"按钮进行设置。

15. 选择单元格区域 B13:G13。

16. 单击常用工具栏中的"边框"下拉按钮，然后选择下拉菜单中的"外侧框线"选项。

完成后的工作表显示如图 4-20 所示。

	A	B	C	D	E	F	G	H
1		办公用品公司						
2		发票明细单						
3						发票日期	2003年3月11日	
4								
5				单位	总计		净	
6	项目号	项目描述	数量	价格	价格	折扣	价格	
7	P100	纸张, 500 张, 箱	30	$62.95	$1,888.50	$226.62	$1,661.88	
8	P235	笔, 12/包	25	9.00	225.00	27.00	198.00	
9	F242	文件夹, 个, 100/包	32	18.50	592.00	71.04	520.96	
10	L421	标签, 页, 750/包	14	14.92	208.88	25.07	183.81	
11	T095	打印墨盒, 个	12	190.32	2,283.84	274.06	2,009.78	
12								
13		总量	113			发票总计:	$4,574.43	
14								
15	客户 折扣率		12.0%					

图 4-20

17. 保存工作簿。

4.1.5 颜色和图案

通过"图案"选项卡可以为单元格或者单元格区域设置背景颜色和图案。颜色和图案会有效地将读者的注意力吸引到特定的位置，或者在视觉上起到划分信息内容的效果。

通过使用颜色可以强调工作表中有关总数的统计数据，或者将标题与其他内容区别开来。

颜色和图案是工作表中有关效果显示的功能。如果只使用黑白打印，带颜色的图案将只能转化为灰色显示，结果可能不令人满意。

深色和比较重的图案可能会遮盖单元格中已有的内容，因此最好避免使用。

也可以使用格式工具栏中的按钮改变单元格背景颜色。但是如果要设置图案，只能通过设置"单元格格式"对话框中的"图案"选项卡完成，如图 4-21 所示。

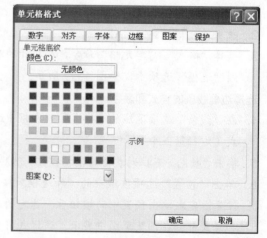

图 4-21

技巧课堂

为单元格添加颜色和图案。

1. 激活屏幕上的"办公用品公司-学生"工作簿。

为列标题加上灰格图案。

2. 选择单元格区域 A5:G6。

3. 选择"格式"|"单元格"命令，在打开的对话框中切换到"图案"选项卡。

4. 单击"图案"下拉按钮，如图 4-22 所示。

5. 选择"12.5% 灰色"选项（第一行第五个），然后单击"确定"按钮。

若要为背景添加颜色，可以直接在常用工具栏中单击相关按钮实现操作。

6. 选择单元格区域 A1:A2。

7. 单击常用工具栏中的"填充颜色"按钮 ，然后选择需要的颜色。

完成后的工作表显示如图 4-23 所示。

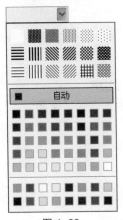

图 4-22

	A	B	C	D	E	F	G	H
1				办公用品公司				
2				发票明细单				
3						发票日期	2003年3月11日	
4								
5	项目号	项目描述	数量	单位 价格	总计 价格	折扣	净 价格	
6								
7	P100	纸张, 500 张, 箱	30	$62.95	$1,888.50	$226.62	$1,661.88	
8	P235	笔, 12/包	25	9.00	225.00	27.00	198.00	
9	F242	文件夹, 个, 100/包	32	18.50	592.00	71.04	520.96	
10	L421	标签, 页, 750/包	14	14.92	208.88	25.07	183.81	
11	T095	打印墨盒, 个	12	190.32	2,283.84	274.06	2,009.78	
12								
13			总量	113		发票总计:	$4,574.43	
14								
15	客户 折扣率		12.0%					
16								

图 4-23

8. 保存并关闭工作簿。

技巧演练

练习为数字和小数设置格式。

1. 打开"油箱分销商"工作簿，如图 4-24 所示。

	A	B	C	D	E	F	G	H	I	J	K
1	油箱分销商 ("商业用油箱")										
2	全球销量										
3											
4	地区	汽车				货车			海运	总计	总计百分比
5		C100	C200	C300	汽车总数	T100	T200	货车总数	M100		
6	北美洲										
7	加拿大	10000	15000	30000	55000	800	200	1000	2000	58000	0.0225243
8	美国西部	105000	150000	245000	500000	54000	63000	117000	30000	647000	0.2512621
9	美国东部	215000	305000	475000	995000	75000	85000	160000	45000	1200000	0.4660194
10	南美洲										
11	中美洲地区	3000	4500	5000	12500	2000	2500	4500	0	17000	0.0066019
12	南美洲地区	10000	12000	7500	29500	3500	2500	6000	0	35500	0.0137864
13	欧洲	45000	60000	80000	185000	10000	12000	22000	10000	217000	0.0842718
14	亚洲										
15	日本	5000	7500	10000	22500	3000	8000	11000	5000	38500	0.0149515
16	中国香港	50000	70000	70000	190000	20000	22000	42000	25000	257000	0.0998058
17	东南亚	25000	30000	30000	85000	8000	12000	20000	0	105000	0.0407767
18	全球	468000	654000	952500	2074500	176300	207200	383500	117000	2575000	
19											

图 4-24

2. 将其保存为"油箱分销商-学生"。

将单元格中的所有数字设置为千位分隔符。

3. 选择 B 列～J 列，然后单击常用工具栏中的"千位分隔样式"按钮 。

4. 单击两次常用工具栏中的"减少小数位数"按钮 。

将行设置为货币样式。

5. 选择单元格区域 B7:J7。按住 Ctrl 键，选择单元格区域 B18:J18，然后松开 Ctrl 键。

6. 单击常用工具栏中的"货币样式"按钮 $ 。

7. 单击两次常用工具栏中的"减少小数位数"按钮 。

将列设置为百分比格式。

8. 选择 K 列，然后单击常用工具栏中的"百分比样式"按钮 % 。

9. 单击常用工具栏中的"增加小数位数"按钮 。

调整单元格中的数字，将多余的位置移到单元格的右侧。

10. 选择单元格区域 B8:J17。选择"格式"|"单元格"命令，在打开的对话框中切换到"数字"选项卡中做如下设置：

分类　　　　　　数值
小数位数　　　　0
使用千位分隔符　是

11. 单击"确定"按钮。

对行中的货币格式做同样的调整。

12. 选择单元格区域 B7:J7。按住 Ctrl 键，然后选择单元格区域 B18:J18，松开 Ctrl 键。

13. 选择"格式"|"单元格"命令，在打开的对话框中切换到"数字"选项卡中做如下设置：

分类　　　　　　货币
小数位数　　　　0
货币符号　　　　$

14. 单击"确定"按钮。

现在数字所占的位置比以前小了很多，也减少了列宽。

15. 选择 B 列~I 列。选择"格式"|"列"|"列宽"命令。在打开的对话框中，将"列宽"设置为 10，然后单击"确定"按钮。

16. 拖动 J 列标题单元格的边框，调整列宽至 12。

完成后的工作表显示如图 4-25 所示。

	A	B	C	D	E	F	G	H	I	J	K
1	油箱分销商 ("商业用油箱")										
2	全球销量										
3											
4	地区	汽车				货车			海运	总计	总计百分比
5		C100	C200	C300	汽车总数	T100	T200	货车总数	M100		
6	北美洲										
7	加拿大	$10,000	$15,000	$30,000	$55,000	$800	$200	$1,000	$2,000	$58,000	2.3%
8	美国西部	105,000	150,000	245,000	500,000	54,000	63,000	117,000	30,000	647,000	25.1%
9	美国东部	215,000	305,000	475,000	995,000	75,000	85,000	160,000	45,000	1,200,000	46.6%
10	南美洲										
11	中美洲地区	3,000	4,500	5,000	12,500	2,000	2,500	4,500	0	17,000	0.7%
12	南美洲地区	10,000	12,000	7,500	29,500	3,500	2,500	6,000	0	35,500	1.4%
13	欧洲	45,000	60,000	80,000	185,000	10,000	12,000	22,000	10,000	217,000	8.4%
14	亚洲										
15	日本	5,000	7,500	10,000	22,500	3,000	8,000	11,000	5,000	38,500	1.5%
16	中国香港	50,000	70,000	70,000	190,000	20,000	22,000	42,000	25,000	257,000	10.0%
17	东南亚	25,000	30,000	30,000	85,000	8,000	12,000	20,000	0	105,000	4.1%
18	全球	$468,000	$654,000	$952,500	$2,074,500	$176,300	$207,200	$383,500	$117,000	$2,575,000	
19											

图 4-25

将列标题设置为居中。

17. 选择单元格区域 A4:K5，单击常用工具栏中的"居中"按钮 。

将工作表中的标题合并居中。

18. 选择单元格区域 A1:K1，单击常用工具栏中的"合并及居中"按钮 。

19. 选择单元格区域 A2:K2，单击常用工具栏中的"合并及居中"按钮 。

将"汽车"和"货车"组中的标题居中排列。

20. 选择单元格区域 B4:E4，单击常用工具栏中的"合并及居中"按钮📧。

21. 选择单元格区域 F4:H4，单击常用工具栏中的"合并及居中"按钮📧。

为数据增添粗线条边框。

22. 选择单元格区域 A4:K18。

23. 选择"格式"｜"单元格"命令，在打开的对话框中切换到"边框"选项卡。

24. 在"样式"列表框中选择粗的黑色单线条，单击"预置"选项区域中的"外边框"按钮，然后单击"确定"按钮。

为行中的单元格增添细线条边框。

25. 选择单元格区域 A5:K5。

26. 单击常用工具栏中的"边框"下拉按钮⊞▾，然后单击"下框线"按钮⊞。

27. 选择单元格区域 A17:K17，单击常用工具栏中的"边框"按钮⊞▾（直接单击"边框"按钮即可，无须单击旁边的下拉按钮）。

为列中的单元格增添右框线。

28. 选择单元格区域 A4:A18。

29. 单击常用工具栏中的"边框"下拉按钮⊞▾，然后在打开的下拉菜单中单击"右框线"按钮⊞。

30. 选择单元格区域 I4:I18，单击常用工具栏中的"边框"按钮⊞▾（无须单击下拉按钮）。

31. 对单元格区域 E4:E18 和 H4:H18 重复执行第 30 步操作。

32. 选择单元格区域 B4:I4，单击常用工具栏中的"边框"下拉按钮⊞▾，然后单击"下框线"按钮⊞。完成后的工作表显示如图 4-26 所示。

	A	B	C	D	E	F	G	H	I	J	K
1					油箱分销商 ("商业用油箱")						
2					全球销量						
3											
4	地区		汽车				货车		海运	总计	总计百分比
5		C100	C200	C300	汽车总数	T100	T200	货车总数	M100		
6	北美洲										
7	加拿大	$10,000	$15,000	$30,000	$55,000	$800	$200	$1,000	$2,000	$58,000	2.3%
8	美国西部	105,000	150,000	245,000	500,000	54,000	63,000	117,000	30,000	647,000	25.1%
9	美国东部	215,000	305,000	475,000	995,000	75,000	85,000	160,000	45,000	1,200,000	46.6%
10	南美洲										
11	中美洲地区	3,000	4,500	5,000	12,500	2,000	2,500	4,500	0	17,000	0.7%
12	南美洲地区	10,000	12,000	7,500	29,500	3,500	2,500	6,000	0	35,500	1.4%
13	欧洲	45,000	60,000	80,000	185,000	10,000	12,000	22,000	10,000	217,000	8.4%
14	亚洲										
15	日本	5,000	7,500	10,000	22,500	3,000	8,000	11,000	5,000	38,500	1.5%
16	中国香港	50,000	70,000	70,000	190,000	20,000	22,000	42,000	25,000	257,000	10.0%
17	东南亚	25,000	30,000	30,000	85,000	8,000	12,000	20,000		105,000	4.1%
18	全球	$468,000	$654,000	$952,500	$2,074,500	$176,300	$207,200	$383,500	$117,000	$2,575,000	
19											

图 4-26

为行标题设置缩进量以增加可读性。

33. 选择单元格区域 A7:A9。

34. 单击两次常用工具栏中的"增加缩进量"按钮🔲。

35. 对单元格区域 A11:A12 和 A15:A17 重复第 33 和 34 步操作。

36. 选择单元格区域 A4:I5。单击常用工具栏中的"加粗"按钮 **B**。

37. 选择单元格区域 A18:J18。单击常用工具栏中的"加粗"按钮 **B** 和"倾斜"按钮 *I*。

38. 选择单元格区域 J4:K17。单击常用工具栏中的"加粗"按钮 **B**，然后单击"倾斜"按钮 *I*。

将以下格式应用到工作表的某些特定区域中。

39. 选择单元格区域 A1:A2 中的标题。

40. 单击常用工具栏中的"加粗"按钮 **B**。

41. 单击常用工具栏中的"字号"下拉按钮，设置字号为 14。

42. 选择单元格区域 A4:K5。

43. 选择"格式"|"单元格"命令，在打开的对话框中切换到"图案"选项卡。

44. 单击"图案"下拉按钮，选择"12.5% 灰色"选项（第一行第五个）。

45. 单击"确定"按钮。

每隔一行设置相同的背景颜色，以增强可读性。

46. 选择单元格区域 A7:K7。然后按住 Ctrl 键，选择单元格区域 A9:K9、A11:K11、A13:K13、A15:K15 和 A17:K17，松开 Ctrl 键。

47. 选择"格式"|"单元格"命令，打开"单元格格式"对话框。

48. 在"图案"选项卡中选择一种喜欢的颜色（本例中使用浅蓝色，第四行第六个），然后单击"确定"按钮。

完成后的工作表显示如图 4-27 所示。

	A	B	C	D	E	F	G	H	I	J	K
1	油箱分销商 ("商业用油箱")										
2	全球销量										
3											
4	地区	汽车				货车			海运	总计	总计百分比
5		C100	C200	C300	汽车总数	T100	T200	货车总数	M100		
6	北美洲										
7	加拿大	$10,000	$15,000	$30,000	$55,000	$800	$200	$1,000	$2,000	$58,000	2.3%
8	美国西部	105,000	150,000	245,000	500,000	54,000	63,000	117,000	30,000	647,000	25.1%
9	美国东部	215,000	305,000	475,000	995,000	75,000	85,000	160,000	45,000	1,200,000	46.6%
10	南美洲										
11	中美洲地区	3,000	4,500	5,000	12,500	2,000	2,500	4,500	0	17,000	0.7%
12	南美洲地区	10,000	12,000	7,500	29,500	3,500	2,500	6,000	0	35,500	1.4%
13	欧洲	45,000	60,000	80,000	185,000	10,000	12,000	22,000	10,000	217,000	8.4%
14	亚洲										
15	日本	5,000	7,500	10,000	22,500	3,000	8,000	11,000	5,000	38,500	1.5%
16	中国香港	50,000	70,000	70,000	190,000	20,000	22,000	42,000	25,000	257,000	10.0%
17	东南亚	25,000	30,000	30,000	85,000	8,000	12,000	20,000	0	105,000	4.1%
18	全球	$468,000	$654,000	$952,500	$2,074,500	$176,300	$207,200	$383,500	$117,000	$2,575,000	
19											

图 4-27

49. 保存并关闭工作表。

4.2 清除单元格数据并设置格式

XL03S-1-1

Excel 中的清除功能可以将单元格内已有的内容（或者某些元素）清除。因为该单元格没有被删除，所以工作表的结构不会发生变化。清除功能的选项包括：

全部　　清除所选单元格中的所有数据、格式和批注。

格式　　该选项只会清除所选单元格中的格式。数据和批注都会保持原样。清除格式的数据将恢复到 Excel 最初默认的格式。

内容　　只是清除选定单元格中的数据。该功能也可以通过按 Delete 键执行。由于单元格中的格式没有发生变化，再输入新数据时会继续使用之前设定的格式。

批注　　仅清除所选单元格中的批注。

相反，"编辑"菜单中的"删除"命令将会删除单元格本身（或者行列）。其余的单元格将向上或向左移动代替被删除的单元格。

 若要快速清除单元格数据而不清除格式，可以在选定单元格后按 Delete 键。

技巧课堂

学习使用清除功能。

1. 打开"清除内容样例"工作簿，如图 4-28 所示。

	A	B	C	D
1				
2		12,345.68	2000年6月15日	样文
3		12,345.68	2000年6月15日	样文
4		12,345.68	2000年6月15日	样文
5		12,345.68	2000年6月15日	样文
6		12,345.68	2000年6月15日	样文
7				

图 4-28

2. 将其保存为“清除内容样例-学生”。

使用不同的清除命令，注意数据有什么改变。

3. 选择单元格区域 B2:D2，然后选择“编辑”|“清除”|“全部”命令。
4. 选择单元格区域 B3:D3，然后选择“编辑”|“清除”|“格式”命令。
5. 选择单元格区域 B4:D4，然后选择“编辑”|“清除”|“内容”命令。
6. 选择单元格区域 B5:D5，然后按Delete键。
7. 选择单元格区域 B6:D6，然后选择“编辑”|“清除”|“批注”命令。

现在重新输入内容，注意有什么变化。

8. 输入以下数据（不要使用复制粘贴功能）：

单元格	数据
B2	9876.543
B4	9876.543
B5	9876.543
C2	2002 年 3 月 1 日
C4	2002 年 3 月 1 日
C5	2002 年 3 月 1 日
D2	标签
D4	标签
D5	标签

完成后的工作表显示如图 4-29 所示。

	A	B	C	D	E
1					
2		9876.543	2002年3月1日	标签	
3		12345.6789	36692	样文	
4		9,876.54	2002年3月1日	标签	
5		9,876.54	2002年3月1日	标签	
6		12,345.68	2000年6月15日	样文	
7					

图 4-29

9. 保存并关闭工作簿。

4.3 使用自动套用格式功能

L03S-3-1

在 Excel 中，通过选择“格式”|“自动套用格式”命令可以为工作表设置常用格式。Excel 提供了 16 种可套用的格式，涵盖了基本的格式种类。该功能将为工作表中的图表、标题、注释、其他备注及文本提供相应的格式。

Excel 还允许用户通过设置不同的选项修改自动套用格式功能。用户可以不使用自动套用格式中的某些格式，例如数字、边框、字体、图案、对齐方式或者列宽行高等预设项目的格式。要更改自动套用的格式，可以单击“自动套用格式”对话框中右边的“选项”按钮，展开“要应用的格式”选项区域。用户可以选中这些复选框设置要应用的格式项目。

执行自动套用格式功能前，必须先选定要自动套用格式的所有单元格区域。

或者可以选择单元格区域中的一个单元格，Excel 会自动判断要自动套用格式的单元格区域，通常为四周出现空白单元格的矩形区域。

如果用户只选择了一个单元格而且四周的单元格为空白，Excel 窗口中会弹出一个对话框提示当前无法确定要选择自动套用格式的单元格区域。

技巧课堂

通过自动套用格式功能为单元格设置格式。

1. 打开"办公用品公司-学生"工作簿。

2. 将其保存为"办公用品公司（自动套用格式）-学生"。

3. 选择列表中的任意单元格，例如单元格 B8。

4. 选择"格式"|"自动套用格式"命令，打开"自动套用格式"对话框，如图 4-30 所示。

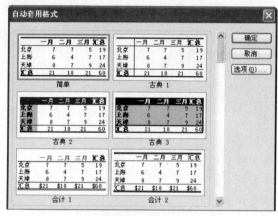

图 4-30

5. 移动滚动条至"彩色 2"格式，然后单击"确定"按钮。

注意自动套用格式功能并没有为选定区域外的单元格设置格式。同时，自动套用格式功能并不会改变其他格式选项，例如"数字"选项卡里"分类"列表框中的格式（如千位分隔符、小数位数等）。

6. 选择"格式"|"自动套用格式"命令。

7. 在打开的对话框中选择喜欢的格式（例如古典 1），然后单击"确定"按钮。

将工作表设置为自动套用格式中的会计格式。

8. 选择"格式"|"自动套用格式"命令，打开"自动套用格式"对话框。

9. 移动滚动条至"会计 3"格式，然后单击"确定"按钮。

完成后的工作表显示如图 4-31 所示。

	A	B	C	D	E	F	G	H
1		办公用品公司						
2		发票明细单						
3					发票日期	2003年3月11日		
4								
5				单位	总计		净	
6	项目号	项目描述	数量	价格	价格	折扣	价格	
7	P100	纸张, 500 张, 箱	30	$62.95	$1,888.50	$226.62	$1,661.88	
8	P235	笔, 12/包	25	9.00	225.00	27.00	198.00	
9	F242	文件夹, 个, 100/包	32	18.50	592.00	71.04	520.96	
10	L421	标签, 页, 750/包	14	14.92	208.88	25.07	183.81	
11	T095	打印墨盒, 个	12	190.32	2,283.84	274.06	2,009.78	
12								
13		总量	113			发票总计：	$4,574.43	
14								
15	客户 折扣率		12.0%					
16								

图 4-31

10. 保存并关闭工作簿。

4.4　为工作表设置格式

4.4.1　为工作表标签设置颜色

XL03S–3–4

图 4-32

　　为工作表标签设置颜色可以帮助区分工作簿中的工作表。该工作表处于激活状态时，新增加的颜色将出现在工作表标签名称下画线的位置上，当该工作表不处于激活状态时，添加的颜色就会出现在工作表标签的背景上。这个功能的实用性很强。例如，用工作表为公司做预算时，可以为公司的每个部门设置不同颜色的工作表标签来对应不同的部门，这将帮助用户及时有效地分辨各部门。

　　要为工作表标签设置颜色，可以先选定工作表标签，然后使用以下方法：
- 选择"格式"｜"工作表"｜"工作表标签颜色"命令，打开"设置工作表标签颜色"对话框，如图 4-32 所示。
- 右击工作表标签处，在弹出的快捷菜单中选择"工作表标签颜色"选项。

 技巧课堂

学习为工作表标签设置颜色，从而有效区分工作表。

1. 创建一个新的工作簿，将其命名为"工作表标签格式-学生"。
2. 选择"格式"｜"工作表"｜"工作表标签颜色"命令，打开"设置工作表标签颜色"对话框。
3. 选中蓝色，然后单击"确定"按钮。

　　注意现在工作表标签下方将出现一条蓝线，如图 4-33 所示。
4. 单击工作表标签 Sheet2。

　　注意现在工作表标签 Sheet1 的背景变为蓝色，如图 4-34 所示。
5. 对工作表标签 Sheet2 和 Sheet3 重复第 2 步和第 3 步操作，选择自己喜欢的颜色。
6. 完成后单击工作表标签 Sheet1。

　　工作表标签将显示如图 4-35 所示。

图 4-33

图 4-34

图 4-35

7. 保存工作簿。

4.4.2　改变工作表背景

XL03S–3–4

　　Excel 中新添加的一个功能是为工作表设置背景图案。例如，可以在背景中增加公司的商标。

　　背景图案可以来自任何含有图片的文件夹，并且可以使用多种图片格式，例如 GIF、JPEG、PNG、BMP 和 WMF。

　　背景图案只能添加到当前激活的工作表中，该图案将不会被保存在 Excel 的文档里，所以如果要将工作簿复制到其他媒介时（例如磁盘或者光盘），用户需要同时复制含有该背景图案的文件夹。

　　另外，打印工作表时，背景图案不能被打印出来。

 技巧课堂

学习增添或者删除背景图案。

1. 激活"工作表标签格式-学生"工作簿。
2. 选择"格式"｜"工作表"｜"背景"命令，打开"工作表背景"对话框。

如果"工作表背景"对话框的打开路径位置是"我的文档",用户需要重新调整,选择包含本教材学习资料的"源文件"文件夹,如图4-36所示。

图 4-36

3. 在"工作表背景"对话框中选择FLOWER.JPG图标,然后单击"插入"按钮。更新后的工作表显示如图4-37所示。

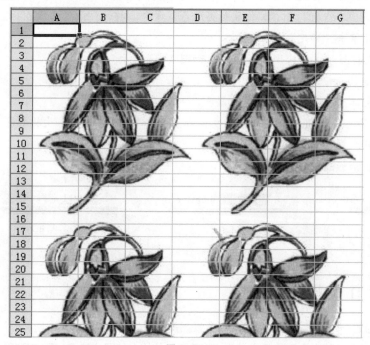

图 4-37

4. 选择工作表标签Sheet2。

用户会注意到上面所增添的背景没有显示在Sheet2工作表中,该工作表背景仍为空白。背景仅应用于插入时处于激活状态的工作表Sheet1中。

5. 选择"格式" | "工作表" | "背景"命令,打开"工作表背景"对话框。

6. 在"工作表背景"对话框中选择tropical drink.gif图标,然后单击"插入"按钮。

工作表Sheet2目前存在背景,现在要将其删除。

7. 选择"格式" | "工作表" | "删除背景"命令。

8. 保存并关闭工作簿。

技巧演练

练习设置自动套用格式、更改工作表标签颜色、增加背景图案。

1. 打开"甜心糖果制造（格式）"工作簿，如图4-38所示。

	A	B	C	D	E	F	G	H
1	甜心糖果制造 Inc.							
2	生产日程							
3								
4		星期一	星期二	星期三	星期四	星期五	星期六	星期日
5	巧克力豆	190	926	886	203	230	376	51
6	甜心巧克大	186	400	79	52	437	463	91
7	小熊糖	337	428	535	140	977	388	378
8	巧克力曲奇	952	219	165	28	792	416	32
9	奶酪糖	843	686	614	134	379	384	70
10	彩色糖豆	114	648	788	478	246	45	57
11	糖球	224	442	495	744	445	333	262
12	棒棒糖	243	921	569	598	365	127	283
13	奶油曲奇	514	422	47	621	499	208	139
14	布丁	830	455	871	645	492	156	393
15	石头糖	393	300	585	228	172	190	280
16	怪味糖	615	678	182	38	847	100	137
17	奶油朱古大	34	75	230	811	78	435	227
18	玉米花	728	173	91	815	624	453	377
19	奶油糖	149	37	418	611	52	199	142
20	薯片	700	44	559	814	35	393	385
21	爆米花	599	455	161	18	885	367	33
22								

图 4-38

2. 将其保存为"甜心糖果制造（格式）-学生"。

使用自动套用格式功能设置格式。

3. 选择数据列表中的任意单元格，例如单元格 C6。

4. 选择"格式"|"自动套用格式"命令。

5. 在打开的"自动套用格式"对话框中选择"序列 3"选项，然后单击"确定"按钮。

为当前工作表设置背景图案。

6. 选择"格式"｜"工作表"｜"背景"命令。

7. 在打开的"工作表背景"对话框中选择 factory.gif 图标，然后单击"插入"按钮。

将工作表标签中的颜色更换为一个明快的颜色。

8. 选择"格式"｜"工作表"｜"工作表标签颜色"命令，打开"设置工作表标签颜色"对话框。

9. 选择橙色（第二行第二个），然后单击"确定"按钮。

右击，在弹出的快捷菜单中选择"工作表标签颜色"命令。

10. 在工作表标签 Sheet3 处右击，然后在弹出的快捷菜单中选择"工作表标签颜色"命令。

11. 选择自己喜欢的颜色，然后单击"确定"按钮。

12. 对工作表标签 Sheet2 重复第 10 和 11 步，选择喜欢的颜色。

取消工作表标签的颜色。

13. 右击工作表标签 Sheet3，然后在弹出的快捷菜单中选择"工作表标签颜色"命令。

14. 在打开的对话框中选择"无颜色"选项，然后单击"确定"按钮。

15. 选择工作表标签 Sheet1。

完成后的工作表显示如图 4-39 所示。

16. 保存并关闭工作簿。

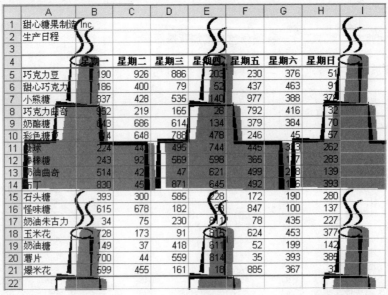

	A	B	C	D	E	F	G	H	I
1	甜心糖果制造 Inc.								
2	生产日程								
3									
4		星期一	星期二	星期三	星期四	星期五	星期六	星期日	
5	巧克力豆	190	926	886	203	230	376	51	
6	甜心巧克力	186	400	79	52	437	463	91	
7	小熊糖	337	428	535	140	977	388	372	
8	巧克力曲奇	952	219	165	28	792	416	32	
9	奶酪糖	843	686	614	134	379	384	70	
10	彩色糖	94	648	788	478	246	45	57	
11	糖球	224	44	495	744	445	313	262	
12	棒棒糖	243	92	569	598	365	17	283	
13	奶油曲奇	514	42	47	621	499	208	139	
14	布丁	830	45	871	645	492	116	393	
15	石头糖	393	300	585	228	172	190	280	
16	怪味糖	615	678	182	66	847	100	137	
17	奶油朱古力	34	75	230	811	78	435	227	
18	玉米花	728	173	91	615	624	453	377	
19	奶油糖	149	37	418	611	52	199	142	
20	薯片	700	44	559	814	35	393	385	
21	爆米花	599	455	161	18	885	367	31	
22									

图 4-39

4.5 实战演练

技巧应用

练习为工作表标签和单元格设置格式。

1. 打开"员工名单（格式）"工作簿。
2. 三张工作表分别依照图 4-40～图 4-42 所示的格式进行设置。

	A	B	C	D	E
1			员工薪水		
2					
3		员工	职位	薪水	受雇日期
4	Bell	Jeffrey	销售经理	$1,125	1993年3月31日
5	Caplin	Karen	销售代表	$1,860	1985年4月15日
6	Gerluk	Tracy	文员	$900	1999年6月15日
7	Havisbeck	Joe	行政人员	$1,250	1999年6月18日
8	Moonin	Ho Singh	销售代表	$1,750	1999年6月20日
9	Queen	Ellen	文员	$850	1988年5月10日
10	Reed	Greg	销售代表	$1,980	1983年6月8日
11	Smith	John	行政人员	$1,250	1997年9月25日
12	Tommbs	Lorna	销售代表	$1,762	1992年12月1日
13	Upton	Harry	主席	$3,785	1997年1月15日
14	Ward	Frank	总经理	$2,466	1975年11月4日
15	Yates	Norman	文员	$675	1990年9月30日
16					

图 4-40

	A	B	C	D
1		办公室使用情况		
2				
3	办公室 #		职员	
4	101	Caplin	Karen	
5	102	Moonin	Ho Singh	
6	103	Reed	Greg	
7	104	Tommbs	Lorna	
8	201	Gerluk	Tracy	
9	202	Queen	Ellen	
10	203	Yates	Norman	
11	204	Havisbeck	Joe	
12	205	Smith	John	
13	301	Upton	Harry	
14	302	Ward	Frank	
15	303	Bell	Jeffrey	
16				

图 4-41

	A	B	C
1		职员名单	
2			
3	职位	名	姓
4	主席	Upton	Harry
5	总经理	Ward	Frank
6	销售经理	Bell	Jeffrey
7	销售代表	Caplin	Karen
8	销售代表	Moonin	Ho Singh
9	销售代表	Reed	Greg
10	销售代表	Tommbs	Lorna
11	文员	Gerluk	Tracy
12	文员	Queen	Ellen
13	文员	Yates	Norman
14	行政人员	Havisbeck	Joe
15	行政人员	Smith	John

图 4-42

3. 为以下工作表标签设置不同颜色：

   员工薪水　　　　　　蓝色

   办公室使用情况　　　红色

   职员名单　　　　　　绿色

4. 将其保存为"员工名单（格式）-学生"。

技巧应用

练习为单元格设置格式。

1. 打开"希望食品捐赠（格式）"工作簿。
2. 依照图 4-43 所示的格式进行自动套用格式和手动格式设置。

	十月	十一月	十二月	一月	二月	三月	总计
			希望食品捐赠				
			收支报表				
私人捐赠	4,666.67	5,336.78	4,800.50	5,225.00	6,325.00	6,805.00	33,158.95
企业捐赠	2,500.00	500.00	3,500.00	-	750.00	300.00	7,550.00
政府捐赠	-	-	10,000.00	-	-	10,000.00	20,000.00
总收入	$ 7,166.67	$ 5,836.78	$ 18,300.50	$ 5,225.00	$ 7,075.00	$ 17,105.00	$ 60,708.95
车辆支出	118.67	212.50	250.75	200.00	252.60	264.89	1,299.41
食品和物品	3,876.45	4,675.83	6,497.68	7,563.73	5,835.73	6,842.34	35,291.76
保险	283.33	283.33	283.33	283.33	283.33	283.33	1,699.98
房租	783.33	783.33	783.33	783.33	783.33	783.33	4,699.98
供应品	298.58	398.14	305.12	368.45	326.40	299.23	1,995.92
电费	263.17	235.20	255.14	268.30	246.50	236.94	1,505.25
薪水	2,000.00	2,000.00	2,000.00	2,000.00	2,000.00	2,000.00	12,000.00
总支出	$ 7,623.53	$ 8,588.33	$ 10,375.35	$ 11,467.14	$ 9,727.89	$ 10,710.06	$ 58,492.30
剩余/亏损	(456.86)	(2,751.55)	7,925.15	(6,242.14)	(2,652.89)	6,394.94	2,216.65

图 4-43

应用自动套用格式功能中的 "会计 3" 样式 。

第 19（剩余/亏损）行中的负数要显示为红色。

注意 A 列右侧的边框线条。

3. 将其保存为 "希望食品捐赠（格式）–学生" 工作簿。

技巧应用

练习为单元格设置格式。

1. 打开 "冰球球棍生产厂（格式）" 工作簿。

2. 依照图 4-44 所示的格式进行设置。

中心区域	销售	% 区域	%西部		东南区域	销售	% 区域	%东部
		冰球球棍生产厂						
		销售额 - 至今（$1000）						
		西部				东部		
底特律	51	30.0%	8.8%		多伦多	57	22.1%	8.6%
圣路易斯	45	26.5%	7.7%		渥太华	56	21.7%	8.4%
纳什威尔	38	22.4%	6.5%		巴弗洛	54	20.9%	8.1%
芝加哥	36	21.2%	6.2%		波士顿	47	18.2%	7.1%
小计	170	100.0%	29.3%		蒙特利尔	44	17.1%	6.6%
西南区域					小计	258	100.0%	38.8%
卡罗瑞多	52	31.3%	9.0%		亚特兰大区域			
埃德蒙顿	43	25.9%	7.4%		费城	61	24.8%	9.2%
温哥华	36	21.7%	6.2%		新泽西	59	24.0%	8.9%
卡尔加里	35	21.1%	6.0%		皮世博	49	19.9%	7.4%
小计	166	100.0%	28.6%		纽约州	43	17.5%	6.5%
太平洋区域					纽约州	34	13.8%	5.1%
达拉斯	65	26.5%	11.2%		小计	246	100.0%	37.0%
凤凰城	57	23.3%	9.8%		东南区域			
阿纳河	43	17.6%	7.4%		开罗利亚	51	31.7%	7.7%
徽忠思	42	17.1%	7.2%		佛罗里达	48	29.8%	7.2%
洛杉矶	38	15.5%	6.5%		华盛顿	36	22.4%	5.4%
小计	245	100.0%	42.2%		坦帕	26	16.1%	3.9%
					小计	161	100.0%	24.2%
西部总计	581		100.0%		东部总计	665		100.0%

图 4-44

3. 将其保存为 "冰球球棍生产厂（格式）–学生" 工作簿。

技巧应用

练习使用公式设置单元格格式并调整列宽。

1. 打开 "勇力泳装公司" 工作簿，如图 4-45 所示。

	A	B	C	D	E	F	G	H
1	勇力泳装公司							
2	部门财务报表							
3								
4			美国	加拿大	墨西哥	澳大利亚	意大利	总计
5	收入		25000000	3000000	6500000	20000000	4000000	
6								
7	支出							
8		生产支出	15000000	1250000	3000000	13000000	2500000	
9		销售支出	2500000	800000	350000	2500000	800000	
10		管理支出	1250000	500000	650000	2000000	550000	
11		融资支出	450000	200000	230000	900000	350000	
12		总支出						
13								
14	兑汇前净收入							
15	兑汇 盈利/亏损		0	35000	82000	-45000	-25000	
16	兑汇后净收入							

图 4-45

2. 为计算以下数据选择并输入恰当的公式:

项目　　　　　　需要计算

总支出　　　　　第 8~11 行的总和

兑汇前净收入　　第 5 行减第 12 行

兑汇后净收入　　第 14 行加第 15 行

总计　　　　　　第 C~G 列

3. 按图 4-46 所示的格式进行设置，然后调整列宽。

	A	B	C	D	E	F	G	H
1			**勇力泳装公司**					
2			**部门财务报表**					
3								
4			美国	加拿大	墨西哥	澳大利亚	意大利	总计
5	**收入**		$ 25,000,000	$ 3,000,000	$ 6,500,000	$ 20,000,000	$ 4,000,000	$ 58,500,000
6								
7	**支出**							
8		生产支出	$ 15,000,000	$ 1,250,000	$ 3,000,000	$ 13,000,000	$ 2,500,000	$ 34,750,000
9		销售支出	$ 2,500,000	$ 800,000	$ 350,000	$ 2,500,000	$ 800,000	$ 6,950,000
10		管理支出	$ 1,250,000	$ 500,000	$ 650,000	$ 2,000,000	$ 550,000	$ 4,950,000
11		融资支出	$ 450,000	$ 200,000	$ 230,000	$ 900,000	$ 350,000	$ 2,130,000
12		**总支出**	$ 19,200,000	$ 2,750,000	$ 4,230,000	$ 18,400,000	$ 4,200,000	$ 48,780,000
13								
14	兑汇前净收入		$ 5,800,000	$ 250,000	$ 2,270,000	$ 1,600,000	(200,000)	$ 9,720,000
15	兑汇 盈利/亏损		0.00	35,000.00	82,000.00	(45,000.00)	(25,000.00)	47,000.00
16	**兑汇后净收入**		$ 5,800,000	$ 285,000	$ 2,352,000	1,555,000	(225,000)	$ 9,767,000
17								

图 4-46

注意，负数必须显示为红色。

4. 将其保存为"勇力泳装公司-学生"，然后关闭工作簿。

4.6 小结

在本课中，学习了有关 Excel 格式功能的应用，这些应用将帮助用户优化工作表的外观和可读性。具体包括：

☑ 为数字和日期预设格式

☑ 为单元格中的内容设置对齐方式，包括左对齐、右对齐和居中对齐

☑ 改变工作表中的字体

☑ 通过设置边框和线条改善工作表的外观

☑ 为单元格设置背景和图案

☑ 清除单元格中的内容和格式

☑ 使用自动套用格式功能

☑ 为工作表标签增添颜色

☑ 改变工作表背景

4.7 习题

1. 下面哪一个不是"数字"选项卡中的类别?

    A. 常规　　　　　　　　　　　　B. 货币

    C. 会计专用　　　　　　　　　　D. 日期

    E. 以上都是

2. Excel 将数字放在单元格的右侧,文本放在单元格的左侧,用户不可更改上述设置。

    A. 正确　　　　　　　　　　　　B. 错误

3. 简述什么是字体?

4. 边框是指:

    A. 文字使用的一种字体　　　　　B. 数字或字母的下画线

    C. 环绕单元格或单元格区域四周的框线

5. 为单元格和单元格区域设置图案或者颜色,可以有效地突出数据或者数据组,并将其从工作表其他内容中区分出来。

    A. 正确　　　　　　　　　　　　B. 错误

6. 清除功能和删除功能有什么差别?

7. 在使用自动套用格式功能前,必须先选择单元格或者单元格区域。

    A. 正确　　　　　　　　　　　　B. 错误

8. 用户可以为工作表标签设置 57 种不同的颜色。

    A. 正确　　　　　　　　　　　　B. 错误

9. 设置背景图案时不受以下哪一个因素的限制:

    A. 背景图案将不能被打印出来

    B. 若要把工作表复制到磁盘上,也必须复制背景图案所在的文件夹

    C. 背景图案的格式必须为 BMP 格式

    D. 背景图案只能应用于当前激活的工作表上

5

Lesson

Excel 的窗口和打印

学习目标

本课将介绍有关 Excel 打印和窗口使用方面的内容。

学习本课后，应该掌握以下内容：

- ☑ 使用打印预览
- ☑ 插入和显示分页符
- ☑ 页面设置和打印功能
- ☑ 改变页边距
- ☑ 在页面顶端居中的位置插入标题
- ☑ 设置页眉和页脚
- ☑ 选择不同的打印机并完成打印设置
- ☑ 打印一张或多张工作表
- ☑ 新建并重排窗口
- ☑ 拆分窗格和调整窗格
- ☑ 冻结或取消冻结窗格
- ☑ 隐藏或显示工作簿

5.1 工作表中的打印预览

在打印之前，用户可以通过打印预览查看打印效果。一般来说，打印预览中的效果和最终打印的效果一致。打印之前通过打印预览查看，可以节省纸张。

进入打印预览视图后，菜单栏将显示如图 5-1 所示。

| 下一页(N) | 上一页(P) | 缩放(Z) | 打印(T)... | 设置(S)... | 页边距(M) | 分页预览(V) | 关闭(C) | 帮助(H) |

图 5-1

下一页　　移至要打印文件的下一页（如果当前页有下一页）。
上一页　　移至要打印文件的上一页（如果当前页有上一页）。
缩放　　　放大或者缩小某一个区域。通过滚动条移动工作表的显示区域。

 通过使用放大镜指针实现打印预览中的缩放功能。将放大镜指针移动到指定位置上，然后进行单击则放大指定区域，再次单击则缩小指定区域。该功能只能通过鼠标实现。

打印　　　打开"打印内容"对话框，在对话框内设置选项，然后打印文件。
设置　　　打开"页面设置"对话框，选择或更改打印设置。
页边距　　更改显示出来的页边距和列边距。通过单击或拖动鼠标完成此操作。
分页预览　显示分页符。单击和拖动分页符至新的位置。
关闭　　　关闭打印预览，回到最初页面。
帮助　　　有关打印的帮助。

注意，打印的总页数将显示在屏幕最底端的状态栏中，提醒用户将要打印的页数。

通过以下方法进入打印预览视图：
- 选择"文件"|"打印预览"命令。
- 单击常用工具栏中的"打印预览"按钮。

技巧课堂

使用打印预览。

1. 打开"滑雪胜地"工作簿。
2. 将其另存为"滑雪胜地-学生"。
3. 选择"文件"|"打印预览"命令，进入打印预览视图，如图 5-2 所示。
4. 将鼠标指针放在工作表中的任意位置。单击鼠标则放大选择的部分。
5. 再次单击恢复到原来页面的大小。
6. 单击"缩放"按钮，可以同样完成此任务。
7. 使用横向滚动条和纵向滚动条查看工作表的其他部分。
8. 再次单击"缩放"按钮，恢复到页面最初大小。
9. 单击"下一页"按钮查看第二页。多次单击"下一页"按钮查看之后的四页。
10. 多次单击"上一页"按钮，回到第一页。
11. 单击"关闭"按钮。

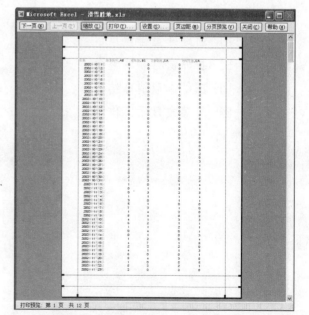

图 5-2

5.2 设置和显示分页符

如果因打印的工作表太大而不能完全打印在一张纸上，Excel 会自动将它分成不同部分在其他纸张中打印。因此，Excel 需要决定在哪里分页。通常情况下，Excel 执行的分页不会自动识别数据组。

用户可以手动设置分页符，使分页不打断数据组。选择"分页符"命令后，用户可以通过鼠标控制分页符的位置。

用户可以手动删除插入单元格中的分页符，也可以选择整张工作表，删除所有的分页符。

如果选中了"页面设置"对话框的"页面"选项卡中的"调整为"单选按钮，Excel 会自动忽略之前手动设置的分页符。

通常要通过反复尝试得出分页符的放置位置。Excel 为用户提供改变分页符位置的工具。在打印预览视图下，单击"分页预览"按钮，进入分页预览视图，将看到含有页数的工作表。在该模式下，可以拖动鼠标改变分页符的位置直到满意为止。Excel 会再做调整以满足刚才的设置要求。

在打印预览视图下，Excel 设置的自然分页符显示为虚线，手动设置的分页符显示为实线。

技巧课堂

为工作表设置分页符，使相关联的列出现在同一页面。

1. 打开"滑雪胜地-学生"工作簿。

选择单元格并插入分页符。

2. 选择单元格 D23。
3. 选择"插入"|"分页符"命令。

分页符出现在工作表中，提示页面的分隔位置。当前页面只有一个分页符。

4. 选择"文件"|"打印预览"命令，进入打印预览视图。
5. 单击"下一页"按钮查看后面的页面。

注意页面显示的顺序即页面打印的顺序。

6. 按 Esc 键回到最初的工作表。
7. 选择单元格 D23，然后选择"插入"|"删除分页符"命令。

在工作表的其他位置插入分页符。

8. 选择单元格 H11，然后选择"插入"|"分页符"命令，如图 5-3 所示。

	A	B	C	D	E	F	G	H	I
1	日期	路易斯河	威斯勒	艾章草地	可可伍德	芒思山	斯沃村	阿斯半	布驱克之
2	2002年10月1日	0	0	0	0	0	0	0	0
3	2002年10月2日	1	0	0	0	0	0	0	0
4	2002年10月3日	0	1	0	0	0	0	0	1
5	2002年10月4日	0	0	0	0	0	0	0	0
6	2002年10月5日	0	0	0	0	0	0	0	0
7	2002年10月6日	0	0	0	0	0	1	0	0
8	2002年10月7日	0	0	0	0	0	0	1	0
9	2002年10月8日	0	0	1	0	0	1	0	0
10	2002年10月9日	0	0	0	0	0	1	1	0
11	2002年10月10日	0	0	0	0	0	1	0	0
12	2002年10月11日	0	0	0	0	0	0	0	0
13	2002年10月12日	0	0	0	0	0	1	0	0

图 5-3

如果没有手动设置分页符，Excel 会依据自己设置的分页符将单元格区域 A1:F50 打印在第一页上，因为在当前设置下，这是 Excel 在尺寸为 8.5×11 纸张上可以打印的最大限度。在单元格 H11 上手动设置分页符后，调整了分页符设置，第一张纸打印出单元格区域 A1:F10，第二张纸打印出单元格区域 G1:G10。用户可以通过屏幕上的虚线辨别手动或者 Excel 自动设置的分页符，单元格 H11 左边的虚线要比单元格 G11 左边的虚线长一些。

在分页预览中查看。

9. 单击常用工具栏的"打印预览"按钮，进入打印预览视图。

10. 单击窗口上方的"分页预览"按钮。

> 在普通视图下，用户可以通过选择"视图"|"分页预览"命令直接查看。

"欢迎使用'分页预览'视图"对话框将出现在分页预览视图窗口中，如图 5-4 所示。

图 5-4

11. 单击"确定"按钮关闭"欢迎使用'分页预览'视图"对话框。

该视图下页面中显示的页数（第 1 页、第 11 页），不会出现在打印的页面中，这里只是用来提示当前页面内容的排列顺序和内容分隔。实线表示手动插入的分页符，虚线表示 Excel 设置的自然分页符。

12. 将鼠标放在最左面的虚线分页符上，鼠标指针将变为双向箭头 ↔。拖动鼠标将分页符向左移动一列。

13. 将 H 列左侧的实线分页符向右拖动两列。

14. 将第 1 页底部的分页符向下拖动至第 40 行。

此时工作表显示如图 5-5 所示。

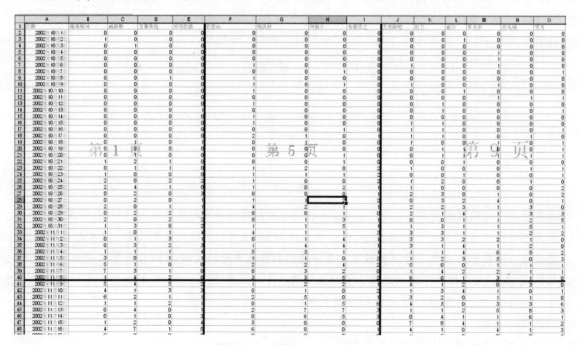

图 5-5

回到普通视图并删除所有分页符。

15. 选择"视图"|"普通"命令，进入普通视图。

16. 单击工作表中的"全部选择"按钮（位于行号与列标相交处的灰色方格）。此时，整张工作表改变了颜色。

17. 选择"插入"|"重置所有分页符"命令。

 技巧演练

练习使用打印预览。

1. 打开"贷款"工作簿，如图 5-6 所示。

2. 将其保存为"贷款-学生"。

3. 单击常用工具栏中的"打印预览"按钮，进入打印预览视图。

4. 单击工作表中的任意位置放大工作表。

5. 再次单击任意位置缩小至原始大小。

6. 单击"下一页"和"上一页"按钮查看不同的页面。

7. 单击"关闭"按钮，退出打印预览视图。

在分页预览视图中设置分页符。

8. 选择"视图"|"分页预览"命令，进入分页预览视图。

9. 必要时，单击"确定"按钮关闭"欢迎使用'分页预览'视图"对话框。

10. 将第一个虚线分页符向上拖动至"2005 年 12 月 5 日"的下方。现在第一页将显示三年内的数据。

11. 拖动滚动条，将第二个虚线分页符拖至"2009 年 12 月 5 日"的下方。

12. 重复第 11 步为下面的页面设置分页符，使相应的分页符固定出现在 12 月和 1 月之间。

    此时的工作表显示如图 5-7 所示。

	A	B	C	D	E
31	2004年7月6日	$ 97,289.18	$ 486.45	$ 157.86	$ 97,131.33
32	2004年8月5日	$ 97,131.33	$ 485.66	$ 158.64	$ 96,972.68
33	2004年9月5日	$ 96,972.68	$ 484.86	$ 159.44	$ 96,813.25
34	2004年10月5日	$ 96,813.25	$ 484.07	$ 160.24	$ 96,653.01
35	2004年11月5日	$ 96,653.01	$ 483.27	$ 161.04	$ 96,491.97
36	2004年12月5日	$ 96,491.97	$ 482.46	$ 161.84	$ 96,330.13
37	2005年1月5日	$ 96,330.13	$ 481.65	$ 162.65	$ 96,167.48
38	2005年2月4日	$ 96,167.48	$ 480.84	$ 163.46	$ 96,004.02
39	2005年3月6日	$ 96,004.02	$ 480.02	$ 164.28	$ 95,839.74
40	2005年4月6日	$ 95,839.74	$ 479.20	$ 165.10	$ 95,674.63
41	2005年5月6日	$ 95,674.63	$ 478.37	$ 165.93	$ 95,508.71
42	2005年6月6日	$ 95,508.71	$ 477.54	$ 166.76	$ 95,341.95
43	2005年7月6日	$ 95,341.95	$ 476.71	$ 167.59	$ 95,174.36
44	2005年8月6日	$ 95,174.36	$ 475.87	$ 168.43	$ 95,005.93
45	2005年9月5日	$ 95,005.93	$ 475.03	$ 169.27	$ 94,836.66
46	2005年10月6日	$ 94,836.66	$ 474.18	$ 170.12	$ 94,666.54
47	2005年11月5日	$ 94,666.54	$ 473.33	$ 170.97	$ 94,495.57
48	2005年12月5日	$ 94,495.57	$ 472.48	$ 171.82	$ 94,323.74
49	2006年1月5日	$ 94,323.74	$ 471.62	$ 172.68	$ 94,151.06
50	2006年2月4日	$ 94,151.06	$ 470.76	$ 173.55	$ 93,977.52
51	2006年3月7日	$ 93,977.52	$ 469.89	$ 174.41	$ 93,803.10
52	2006年4月6日	$ 93,803.10	$ 469.02	$ 175.29	$ 93,627.82
53	2006年5月7日	$ 93,627.82	$ 468.14	$ 176.16	$ 93,451.65
54	2006年6月6日	$ 93,451.65	$ 467.26	$ 177.04	$ 93,274.61
55	2006年7月6日	$ 93,274.61	$ 466.37	$ 177.93	$ 93,096.68
56	2006年8月6日	$ 93,096.68	$ 465.48	$ 178.82	$ 92,917.86
57	2006年9月5日	$ 92,917.86	$ 464.59	$ 179.71	$ 92,738.15
58	2006年10月6日	$ 92,738.15	$ 463.69	$ 180.61	$ 92,557.54
59	2006年11月5日	$ 92,557.54	$ 462.79	$ 181.51	$ 92,376.03

	A	B	C	D	E
1	贷款总数	$ 100,000			
2	利息	6.00%			
3	贷款年限	25			
4	第一次还贷时间	January-03			
5	余款	$ -			
6	还款日期	Beginning			
7					
8	每月还款	$ 644.30			
9	总还款	$ 193,290.42			
10	总利息	$ 93,290.42			
11					
12	日期	贷款额	利息	还款	余款
13	2003年1月1日	$ 100,000.00	$ 500.00	$ 144.30	$ 99,855.70
14	2003年2月5日	$ 99,855.70	$ 499.28	$ 145.02	$ 99,710.68
15	2003年3月7日	$ 99,710.68	$ 498.55	$ 145.75	$ 99,564.93
16	2003年4月5日	$ 99,564.93	$ 497.82	$ 146.48	$ 99,418.45
17	2003年5月7日	$ 99,418.45	$ 497.09	$ 147.21	$ 99,271.24
18	2003年6月6日	$ 99,271.24	$ 496.36	$ 147.95	$ 99,123.30
19	2003年7月7日	$ 99,123.30	$ 495.62	$ 148.68	$ 98,974.61
20	2003年8月6日	$ 98,974.61	$ 494.87	$ 149.43	$ 98,825.18

图 5-6

图 5-7

返回普通视图，然后删除所有分页符。

13. 单击常用工具栏中的"打印预览"按钮。

14. 按 PgDn 和 PgUp 键检查页面，确保所有分页符已被删除。

15. 单击窗口上方的"关闭"按钮。

16. 保存并关闭工作表。

5.3 自定义打印页面

XL03S-5-7

Excel 会默认一些打印设置，其中包括：

- 页面设置为纵向。
- 打印比例与屏幕显示一致。
- 打印纸张为打印机默认纸张的大小。
- 上下页边距为 1 英寸（in）；左右页边距为¾英寸。
- 没有页眉页脚。
- 不打印网格线、行号和列标。
- 如果工作表内容不能显示在一页之内，Excel 将纵向划分工作表，打印时将从最左边开始由上至下逐一打印。

通过设置"页面设置"对话框中的选项可以更改页面设置。

5.3.1 页面设置

XL03S-5-7

通过"页面设置"对话框中的"页面"选项卡可以自定义打印页面，如图 5-8 所示。

在"页面设置"对话框的"页面"选项卡中可以更改以下选项。

图 5-8

方向	页面的方向可以为纵向或者横向。
缩放	通过该选项可以按比例放大或者缩小工作表，或者使用自动缩放功能按照纸张的大小自动调整。
纸张大小	通过该选项设置打印纸张的大小。有可能因为当前打印机的限制而影响可使用纸张的大小。要使用大小合适的纸张，并且正确选择打印机的纸槽。
打印质量	该选项将决定打印质量。通常来说，打印质量越高则打印速度越慢。
起始页码	设置打印的起始页码。如果要将 Excel 工作表的内容插入其他已打印好的文档中，用户需要为 Excel 工作表设置起始页码，让工作表的页码可以顺延其他文档的页码。注意，如果要打印页码，需要首先在页眉或者页脚中进行设置。

技巧课堂

学习如何改变页面设置。

1. 打开"滑雪胜地-学生"工作簿。
2. 选择"文件"|"页面设置"命令，打开"页面设置"对话框。
3. 切换到"页面"选项卡。
4. 选中"方向"选项区域中的"横向"单选按钮。
5. 将"纸张大小"改为 Legal。

打印机的设置可能不同，有的打印机用数字显示纸张的大小，有的打印机用名称显示纸张的大小。

6. 单击"打印预览"按钮。

注意此时工作表以横向显示，宽度为 14 英寸（纸张大小为 Legal）。工作表中的大部分内容都显示在第一张纸上，但并不是全部内容。

7. 在"打印预览"窗口中单击"设置"按钮。

8. 在"页面"选项卡中选中"调整为"单选按钮，然后将右边两个文本框中的数值调整为 1。

9. 选中"方向"选项区域中的"纵向"单选按钮，然后单击"确定"按钮。

  此时，整个工作表都显示在一个页面内，但是工作表中的内容变得很小。

10. 在"打印预览"窗口中单击"设置"按钮。

11. 在"页面"选项卡中，选中"调整为"单选按钮，然后将右边两个文本框中的数值调整为 65，或者直接用键盘输入 65，然后单击"确定"按钮。

12. 单击放大页面中的内容。

  工作表显示如图 5-9 所示。

日期	路易斯河	威斯勒	艾攀草地	可可伍德	芒思山	斯沃村
2002年10月1日	0	0	0	0	0	0
2002年10月2日	1	0	0	0	0	0
2002年10月3日	0	1	0	0	0	0
2002年10月4日	0	0	0	0	0	0
2002年10月5日	0	0	0	0	0	0
2002年10月6日	0	0	0	0	1	0
2002年10月7日	0	0	0	0	0	0
2002年10月8日	0	0	1	0	1	0
2002年10月9日	0	0	0	0	1	0
2002年10月10日	0	0	0	0	1	0
2002年10月11日	0	0	0	0	1	0
2002年10月12日	0	0	0	0	1	0
2002年10月13日	0	0	0	1	0	0
2002年10月14日	0	0	0	0	1	0
2002年10月15日	0	0	0	0	1	0
2002年10月16日	0	0	0	0	0	0
2002年10月17日	0	0	0	0	2	1
2002年10月18日	0	1	0	1	0	1
2002年10月19日	0	0	0	0	0	0
2002年10月20日	0	1	0	0	0	0
2002年10月21日	1	2	1	0	0	0
2002年10月22日	0	1	1	0	1	2
2002年10月23日	1	0	0	0	1	1
2002年10月24日	2	0	2	2	1	0
2002年10月25日	2	4	1	0	1	0
2002年10月26日	0	2	0	3	0	0
2002年10月27日	0	2	0	1	1	1
2002年10月28日	2	0	1	1	4	2

图 5-9

13. 再次单击"打印预览"窗口中的"设置"按钮。

14. 将"纸张大小"更改为 Letter，然后单击"确定"按钮。

15. 通过单击缩小页面中的内容。

16. 单击"打印预览"窗口中的"关闭"按钮，退出打印预览。

5.3.2 页边距选项卡

可以通过设置"页边距"选项卡中的选项做以下相关设置：

- 纸张边缘要留出多少空白区间（以英寸计量）。
- 页眉至纸张顶端、页脚至纸张底端之间的距离。
- 工作表是水平居中还是垂直居中。

技巧课堂

学习将工作表中的内容设置为水平居中或者垂直居中。

1. 激活屏幕上的"滑雪胜地-学生"工作簿。

2. 选择"文件"|"页面设置"命令，打开"页面设置"对话框。

3. 切换到"页边距"选项卡,如图 5-10 所示。

4. 在"上"文本框中输入数值 0.75 或者使用微调按钮
   将数值调整为 0.75。

5. 改变其他"页边距"选项卡中的数值:

   左 0.5

   右 0.5

   下 0.75

6. 单击"打印预览"按钮查看效果。

7. 退出打印预览。

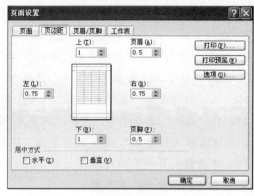

图 5-10

5.3.3 页眉/页脚选项卡

XL03S-5-7

　　页眉是指出现在工作表每页顶端的文本。页脚是指工作表每页底端的文本。Excel 的默认设置不包括页眉和页脚。

　　Excel 预设好了几组可供常规使用的页眉和页脚,可以通过这些选项快速设置页眉和页脚;或者用户可以自定义页眉和页脚。用户经常需要插入含有页码、日期、标签名的页眉和页脚,并设定是否要在多张纸中打印上述信息。有了这些信息后,页面会显得更加专业化。

　　设置的页眉或页脚只会出现在当前激活的工作表中。因此,想要工作簿中的其他工作表也打印同样的页眉或页脚,需要分别进行设置。

　　如果单击"自定义页眉"或者"自定义页脚"按钮,窗口中将会弹出如图 5-11 所示的对话框。

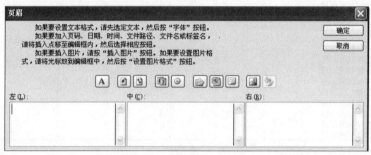

图 5-11

页眉或页脚由三个文本框组成:"左"、"中"和"右"。分别代表页眉或页脚中的左、中、右三部分。对话框中间有 10 个按钮。通过这些按钮可以在页眉或页脚中插入常用选项。

🅰字体	改变输入到左、中、右部分的字体和字号。
📄页码	单击该按钮后,编码"&[页码]"将出现在所选文本框中。如果不改变"打印设置"对话框中起始页码的设置,起始页码将从第一页开始。
📄总页数	单击该按钮后,编码"&[总页数]"将出现在所选文本框中。该编码将指定页眉或页脚在打印中显示工作表的总页数。此功能经常和"页码"功能一起使用,这样工作表既显示页码又显示总页码,例如"1/12"。
📅日期	在工作表中插入当前日期(读取计算机系统日期),显示的编码为"&[日期]"。
🕐时间	在工作表中插入当前时间(读取计算机系统时间),显示的编码为"&[时间]"。
📁文件路径	在工作表的页眉或页脚中插入当前的路径(文件所在位置)和文件名称,显示的编码为"&[路径]&[文件]"。
📄文件名	在页眉或页脚中插入文件名,显示的编码为"&[文件]"。
📄标签名	在工作表中插入标签名,显示的编码为"&[标签名]"。

图片　　　　　　　　在页眉和页脚中插入图片，显示的编码为"&[图片]"。

设置图片格式　　　更改图片格式属性。

 技巧课堂

为要打印的工作表创建页眉和页脚。

1. 激活屏幕上的"滑雪胜地-学生"工作簿。

2. 选择"文件"|"打印预览"命令。

3. 按 PgDn 键查看工作表页面。

> 要使用 PgDn 或 PgUp 键，首先要保证可以看到整个页面。如果用户用了放大页面功能，这两个键将不能使用。

如果在打印的工作表中没有页码，那么一旦纸张散落，用户可能将会花很多时间将它们按顺序再重新组织起来。

4. 单击"设置"按钮，在打开的对话框中切换到"页眉/页脚"选项卡。

5. 单击"页眉"下拉按钮，选择预设好的页眉"滑雪胜地-学生.xls"选项。

6. 单击"页脚"下拉按钮，选择预设好的页脚"student name，第1页，<今天日期>"选项。

7. 单击"确定"按钮。

8. 按 PgDn 和 PgUp 键查看工作表的每一页。

注意页眉和页脚已经出现在每页的工作表上。屏幕显示如图5-12所示。

9. 关闭打印预览窗口。

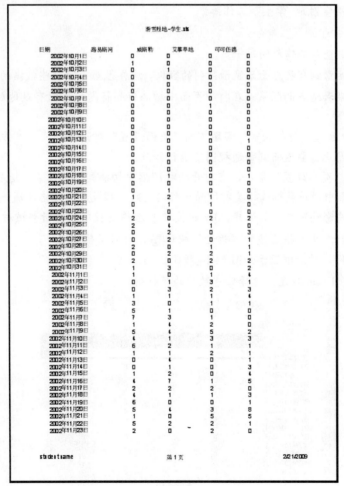

图 5-12

5.3.4　工作表选项卡

XL03S-5-7

　　"页面设置"对话框中的最后一个选项卡为"工作表"选项卡。在该选项卡下，可以设置打印工作表相关的选项，如图 5-13 所示。

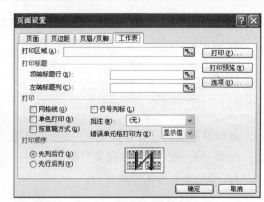

图 5-13

打印区域	设置打印工作表的部分区域，如果不选择，Excel 会打印整张工作表。打印部分工作表是经常需要用到的，例如打印报告中的一半，工作表中的两列或者三列和非临近单元格区域等。
打印标题	如果需要在每张纸上都打印行标题或者列标题，可以通过"打印标题"选项区域中的选项设置该功能。当要打印的行或列被迫延伸到其他页面时，使用该功能帮助辨别行列标题。
打印	该选项区域用来设置打印网格线、行号列标、打印质量以及打印的颜色（黑白或者彩色）。注意这里的网格线是指打印中的网格线。
打印顺序	设置多页打印中所使用的打印顺序。

　　注意，如果是从"打印预览"视图下打开的"页面设置"对话框，将不能设置"工作表"选项卡中的"打印区域"和"打印标题"选项区域。

技巧课堂

学习设置打印出的每一张纸中都显示列标题。

1. 激活屏幕上的"滑雪胜地-学生"工作簿。
2. 选择"文件"|"打印预览"命令。
3. 按 [PgDn] 和 [PgUp] 键查看工作表的每一页。

　　查看后可能已经注意到有些页面只显示行列的数据，这样很难分辨这些数据的出处，也很难分辨其与工作表中的日期和地点的联系。在打印页面中增添行列标题，可以有效地解决此问题。

4. 关闭打印预览视图。

　　Excel 不允许用户通过"打印预览"视图下的"页面设置"对话框修改"工作表"选项卡中的"打印标题"选项。因此需要返回到普通视图下进行修改。

5. 选择"文件"|"页面设置"命令，在打开的对话框中切换到"工作表"选项卡。

　　可以直接在工作表中通过鼠标选择要打印的行标题、列标题或者单元格区域，但是用户会发现"页面设置"对话框将影响窗口中的选择。Excel 允许在选择过程中暂时折叠该对话框。

6. 单击"顶端标题行"文本框右边的"折叠"按钮，将对话框折叠。
7. 选择工作表第 1 行，对话框显示如图 5-14 所示。

　　只要是连续行号，Excel 将允许选择任意数量的行标题。

图 5-14

8.　单击"页面设置-顶端标题行"对话框中的"扩展"按钮。

也可以按 Enter 键扩展对话框。

9.　单击"工作表"选项卡中的"左端标题列"文本框右边的"折叠"按钮，将对话框折叠。

10.　选择工作表 A 列，然后按 Enter 键。

11.　单击"打印预览"按钮。按 PgUp 和 PgDn 键查看当前打印效果。

　　打印预览屏幕中的最后一页显示如图 5-15 所示。

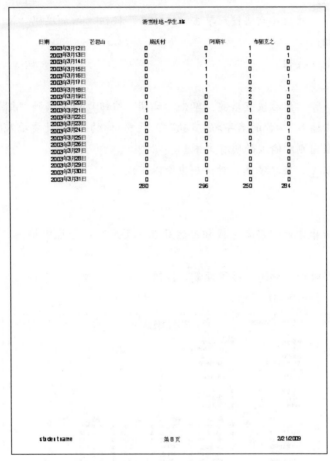

图 5-15

12.　关闭打印预览视图。

13.　保存工作簿。

技巧演练

学习更改页面设置的选项。

1.　打开"贷款-学生"工作簿。

查看当前状态下的打印预览。

2.　单击常用工具栏中的"打印预览"按钮。

3.　按 PgDn 键查看工作表的其他页面。

在每一页上都加上行标题和列标题，使第 2 页至第 7 页的内容更容易阅读。

4.　单击"关闭"按钮，退出打印预览视图。

5.　选择"文件"｜"页面设置"命令，在打开的对话框中切换到"工作表"选项卡。

6. 选择“顶端标题行”文本框，然后单击工作表中的第 12 行。

7. 选择“左端标题列”文本框，然后单击工作表中的 A 列。

为每一个页面都增加页眉和页脚，显示页面、文件名、日期和自定义设计的页眉。

8. 切换到“页眉/页脚”选项卡。

9. 单击“自定义页脚”按钮。

10. 在“左”文本框中输入“第”，然后按空格键，单击“页码”按钮增加编码“&[页码]”，按空格键后再输入“页”。按空格键，输入“共”，然后按空格键，单击“总页数”按钮添加编码“&[总页数]”。此时的编码显示为“第#&[页码]#页#共#&[总页数]”。

11. 选择“右”文本框。

12. 输入“文件名：”，然后按空格键，单击“文件名”按钮增加编码“&[文件]”。

13. 单击“确定”按钮。

14. 单击“自定义页眉”按钮。

15. 选择“左”文本框。

16. 输入“打印日期：”，然后按空格键，单击“日期”按钮增加编码“&[日期]”。

17. 在“中”文本框中输入“<你的名字>的贷款”。注意<你的名字>处要填入自己的名字。

18. 选择“中”文本框内刚刚输入的所有文本。

19. 单击“字体”按钮，在“字体”对话框中做以下设置：

字形　　加粗

大小　　18

20. 单击“字体”对话框中的“确定”按钮。然后在“页眉”对话框中单击“确定”按钮关闭该对话框。

21. 单击“页面设置”对话框中的“打印预览”按钮。

完成后的屏幕显示如图 5-16 所示。

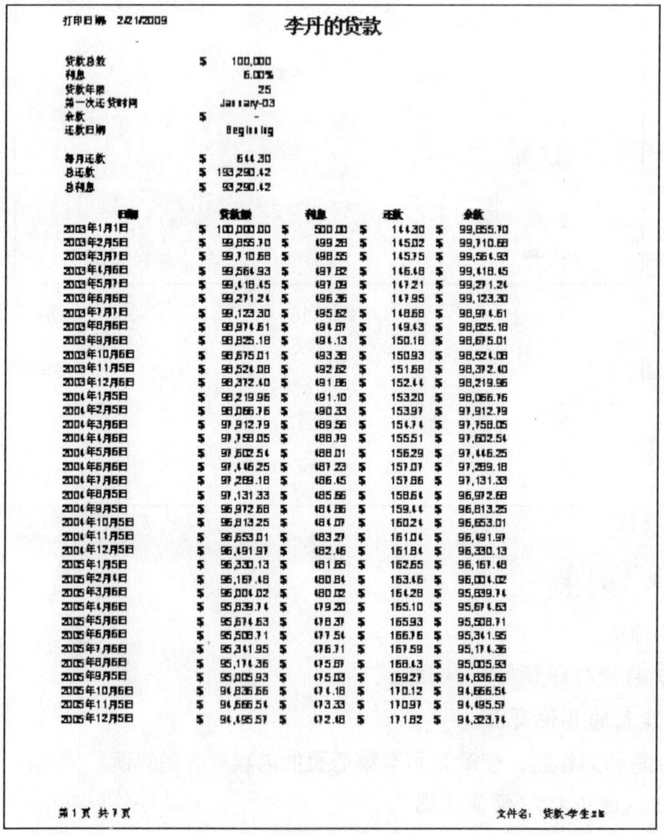

打印日期 2/21/2009

李丹的贷款

贷款总数	$	100,000
利息		6.00%
贷款年限		25
第一次还贷时间		January-03
余款	$	-
还款日期		Beginning
每月还款	$	644.30
总还款	$	193,290.42
总利息	$	93,290.42

日期	贷款额	利息	还款	余款
2003年1月1日	$ 100,000.00	$ 500.00	$ 144.30	$ 99,855.70
2003年2月5日	$ 99,855.70	$ 499.28	$ 145.02	$ 99,710.68
2003年3月7日	$ 99,710.68	$ 498.55	$ 145.75	$ 99,564.93
2003年4月6日	$ 99,564.93	$ 497.82	$ 146.48	$ 99,418.45
2003年5月7日	$ 99,418.45	$ 497.09	$ 147.21	$ 99,271.24
2003年6月6日	$ 99,271.24	$ 496.36	$ 147.95	$ 99,123.30
2003年7月7日	$ 99,123.30	$ 495.62	$ 148.68	$ 98,974.61
2003年8月6日	$ 98,974.61	$ 494.87	$ 149.43	$ 98,825.18
2003年9月6日	$ 98,825.18	$ 494.13	$ 150.18	$ 98,675.01
2003年10月6日	$ 98,675.01	$ 493.38	$ 150.93	$ 98,524.08
2003年11月5日	$ 98,524.08	$ 492.62	$ 151.68	$ 98,372.40
2003年12月6日	$ 98,372.40	$ 491.86	$ 152.44	$ 98,219.96
2004年1月5日	$ 98,219.96	$ 491.10	$ 153.20	$ 98,066.76
2004年2月5日	$ 98,066.76	$ 490.33	$ 153.97	$ 97,912.79
2004年3月6日	$ 97,912.79	$ 489.56	$ 154.74	$ 97,758.05
2004年4月6日	$ 97,758.05	$ 488.79	$ 155.51	$ 97,602.54
2004年5月6日	$ 97,602.54	$ 488.01	$ 156.29	$ 97,446.25
2004年6月6日	$ 97,446.25	$ 487.23	$ 157.07	$ 97,289.18
2004年7月6日	$ 97,289.18	$ 486.45	$ 157.86	$ 97,131.33
2004年8月5日	$ 97,131.33	$ 485.66	$ 158.64	$ 96,972.68
2004年9月5日	$ 96,972.68	$ 484.86	$ 159.44	$ 96,813.25
2004年10月5日	$ 96,813.25	$ 484.07	$ 160.24	$ 96,653.01
2004年11月5日	$ 96,653.01	$ 483.27	$ 161.04	$ 96,491.97
2004年12月5日	$ 96,491.97	$ 482.46	$ 161.84	$ 96,330.13
2005年1月5日	$ 96,330.13	$ 481.65	$ 162.65	$ 96,167.48
2005年2月4日	$ 96,167.48	$ 480.84	$ 163.46	$ 96,004.02
2005年3月6日	$ 96,004.02	$ 480.02	$ 164.28	$ 95,839.74
2005年4月6日	$ 95,839.74	$ 479.20	$ 165.10	$ 95,674.63
2005年5月6日	$ 95,674.63	$ 478.37	$ 165.93	$ 95,508.71
2005年6月6日	$ 95,508.71	$ 477.54	$ 166.76	$ 95,341.95
2005年7月6日	$ 95,341.95	$ 476.71	$ 167.59	$ 95,174.36
2005年8月6日	$ 95,174.36	$ 475.87	$ 168.43	$ 95,005.93
2005年9月5日	$ 95,005.93	$ 475.03	$ 169.27	$ 94,836.66
2005年10月6日	$ 94,836.66	$ 474.18	$ 170.12	$ 94,666.54
2005年11月5日	$ 94,666.54	$ 473.33	$ 170.97	$ 94,495.57
2005年12月5日	$ 94,495.57	$ 472.48	$ 171.82	$ 94,323.74

第1页 共7页　　　　文件名：贷款-学生.xls

图 5-16

假设现在需要打印一份贷款概况（关于贷款总数和每次还款的信息）和有关 2009 年至 2010 年的还款日程（还款额、利息和余款）的工作表。

22. 选择"文件"｜"页面设置"命令，在打开的对话框中切换到"工作表"选项卡。

23. 单击"打印区域"选项区域右边的"折叠"按钮 🔳。

24. 选择单元格区域 A1:B10，然后拖动滚动条至单元格 A85。按 Ctrl 键并选择单元格区域 A85:E108。此时，"页面设置-打印区域"对话框显示如图 5-17 所示。

图 5-17

25. 按 Enter 键返回到刚才的"页面设置"对话框。

26. 单击"打印预览"按钮。

注意要打印的工作表为多页面工作表。贷款概况显示在第一页。

 要打印的工作表的页数取决于当前的打印机设置。可能打印机设置使用比较大的页边距，所以导致打印页数增加。由于当前的打印机设置不同，导致要打印的工作表可能为两页，也有可能为三页。

27. 按 PgDn 键翻到下一页。

28. 单击"设置"按钮，在打开的对话框中切换到"工作表"选项卡。

29. 选中"网格线"和"行号列标"复选框。

30. 单击"确定"按钮。

31. 按 PgDn 和 PgUp 键查看工作表页面。

32. 单击"关闭"按钮，退出打印预览视图。

33. 保存工作簿。

5.4　打印工作表

预览要打印的工作表并确认一切就绪以后，可以单击"打印"按钮打印工作表。

默认情况下，Excel 只打印工作簿中当前处于活动状态的工作表。但也可以选择打印全部工作表或者工作表中的部分单元格区域。

无论使用喷墨或者激光打印机，Excel 都会使用特别的字体、边框和底纹来最大限度地发挥打印机的潜力。Excel 使用 WYSIWYG（what you see is what you get，所见即所得）屏幕显示确保打印机高质量、专业化的打印。

打印整张工作表，单击常用工具栏中的"打印"按钮 🖨。

打印指定页面、设置打印选项或者打印工作簿中的所有工作表可以通过以下方法实现设置：
- 选择"文件"｜"打印"命令。
- 按 Ctrl + P 组合键。

 技巧课堂

学习打印工作表上的所有数据或者单元格区域中的数据。

使用打印机前，先确保安装了打印机。如果已经安装了打印机，则确保打印机设置正确。

再次确认计算机和打印机相连接，并且已经选择好了要使用的首选打印机。

1. 激活屏幕上的"滑雪胜地-学生"工作簿。

2. 选择"文件"|"打印"命令，打开"打印内容"对话框，如图 5–18 所示。

图 5–18

3. 单击"确定"按钮。

打印单元格区域中的内容。

4. 选择工作表中的单元格区域 A1:E17。

5. 选择"文件" | "打印区域" | "设置打印区域"命令。

 也可以通过"页面设置"对话框中的"工作表"选项卡设置打印区域，或者对"打印内容"对话框中"打印内容"选项区域的选项进行设置。

6. 选择"文件"|"打印"命令。

7. 选择"文件" | "打印区域" | "取消打印区域"命令。

8. 关闭工作表，无须保存。

 技巧演练

默认情况下，Excel 将打印当前激活的工作表，用户可以选择打印工作表中的某些页面。

1. 选择"贷款-学生"工作簿。

2. 选择"文件" | "打印区域" | "设置打印区域"命令。

3. 选择"文件"|"打印"命令，打开"打印内容"对话框。

4. 选中"打印范围"选项区域中的"页"单选按钮。将打印范围设置为从第 2 页至第 3 页。

5. 单击"确定"按钮。

6. 保存并关闭工作簿。

5.5 排列 Excel 窗口

XL03S-5-6

　　每次打开一个新的工作簿都会出现一个新的窗口。很多时候用户只能看到工作簿中一部分的内容，从而无法满足工作需求。

　　如果做分析评估工作，会需要查看工作簿中较远处的信息，或者需要同时显示几个工作簿，以完成工作簿之间必要的剪切和粘贴操作。某些情况下，在使用较远处的单元格时，将不能同时看到行号列标。这些问题都会给用户带来极大不便。

　　为了避免以上情况，Excel 为用户提供了一些工具解决上述问题，这些工具包括：

　　并排比较　　　将两个工作簿以并排的方式排列在 Excel 窗口中，可以水平排列，也可以垂直排列。该功能要求至少两个工作簿被同时打开。

隐藏	在同时使用几个窗口工作，而用户又只想显示 Excel 中的某一个窗口时，可以在屏幕上隐藏其他活动窗口。
取消隐藏	在对话框的"取消隐藏工作簿"列表框中选择要重新显示的窗口。
冻结窗格	将选中的单元格左上方的文本冻结。当工作中使用离行列标题较远的单元格时，可以通过此选项冻结行列标题。
窗口列表	"窗口"菜单栏呈现了当前已经打开的 Excel 文档列表。每个文档前都用数字显示，通过单击或者输入文档前的数字可以切换至该文档。

使用 Excel 窗口时，每次只能激活一个文档所在的窗口，可以在激活的窗口内输入数据。

如果将窗口层叠排列，最顶端的文档为当前激活的文档。如果将窗口平铺排列，最左端的文档为当前激活的文档。

可以单击工作表上的任意位置激活其窗口。

5.5.1 创建并排列窗口

选择"窗口"|"新建窗口"命令可以将当前的工作表在另一个活动窗口中打开，然后可以通过排列窗口操作，在两个窗口中同时查看工作表中的不同部分，而不再需要反复拖动滚动条。

例如，在使用 Excel 工作表做数据分析时，可能需要一边改变工作表上方的数值，一边查看工作表底部产生相应变化的总数。这时，同时使用两个窗口查看同一张工作表会让用户工作得更容易。

Excel 没有限制可以打开的窗口总数，但是打开的窗口总数会直接影响每个窗口的大小。

可以通过以下方法排列屏幕中出现的窗口，"重排窗口"对话框如图 5–19 所示。

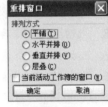

图 5–19

平铺	将屏幕上出现的所有窗口按同样的大小排列。
水平并排	将屏幕上出现的所有窗口以水平方式并排排列。
垂直并排	将屏幕上出现的所有窗口以垂直方式并排排列。
层叠	将所有窗口交错叠加向上排列，只有最上端的窗口可以被完美显示。

技巧课堂

学习在工作簿中创建新窗口，移动并重新排列工作簿。

1. 打开"滑雪胜地–学生"工作簿。
2. 选择"窗口"|"创建窗口"命令。

   注意，如果文档窗口处于最大化状态，选择此命令后屏幕上不会出现任何反应。

   新创建的窗口标题栏将显示为"滑雪胜地–学生 xls: 2"，而最原始的窗口则显示为"滑雪胜地–学生 xls: 1"，两个窗口交错叠加向上排列，这种排列称为"层叠"。用户也可以重新排列这些窗口。
3. 选择"窗口"|"重排窗口"命令，打开"重排窗口"对话框。
4. 选中"平铺"单选按钮，然后单击"确定"按钮。

   此时，两个窗口并排排列，如果用户打开了两个以上的窗口，所有窗口都将显示为同样大小的长方形平铺排列。活动窗口的标题栏将显示为深蓝色并且有滚动条，而非活动的窗口则显示为浅蓝色并且没有滚动条。
5. 拖动活动窗口的横向滚动条，显示工作表的右面。
6. 单击另外窗口中的任意位置激活该窗口。
7. 拖动纵向滚动条移至工作表下端。

   以上操作说明了即使两个窗口显示同一张工作表，每个窗口的滚动条也都可以执行相互独立的操作，屏幕显示如图 5–20 所示。

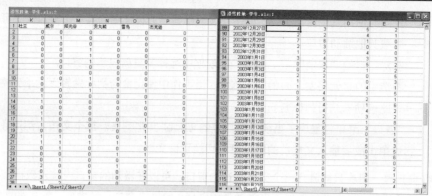

图 5-20

8. 关闭所有工作簿。

 技巧演练

练习打开多个窗口并重新排列。

1. 打开"甜心糖果制造"工作簿。

2. 将其保存为"甜心糖果制造-学生"。

3. 选择"窗口"|"创建窗口"命令。

4. 选择"窗口"|"重排窗口"命令，打开"重排窗口"对话框。

5. 选中"平铺"单选按钮，然后单击"确定"按钮。

6. 拖动滚动条将两个窗口都显示在单元格 H10 处。

7. 选择其中一个窗口中的单元格 H10。

8. 输入 10 556，然后按 Enter 键。

尝试设置其他"重排窗口"对话框中的选项。

9. 重复两次第 3 步，创建两个新窗口。

10. 选择"窗口"|"重排窗口"命令，在打开的对话框中选中"水平并排"单选按钮。单击"确定"按钮，注意显示上的差异。

11. 选择"窗口"|"重排窗口"命令，在打开的对话框中选中"垂直并排"单选按钮。单击"确定"按钮，注意效果与"水平并排"类似。

12. 选择"窗口"|"重排窗口"命令，在打开的对话框中选中"层叠"单选按钮。单击"确定"按钮，注意所有窗口交错叠加向上排列。

13. 选择"窗口"|"重排窗口"命令，在打开的对话框中选中"平铺"单选按钮。单击"确定"按钮，此时窗口返回到第 4 步中第一次显示的样式。

屏幕显示如图 5-21 所示。

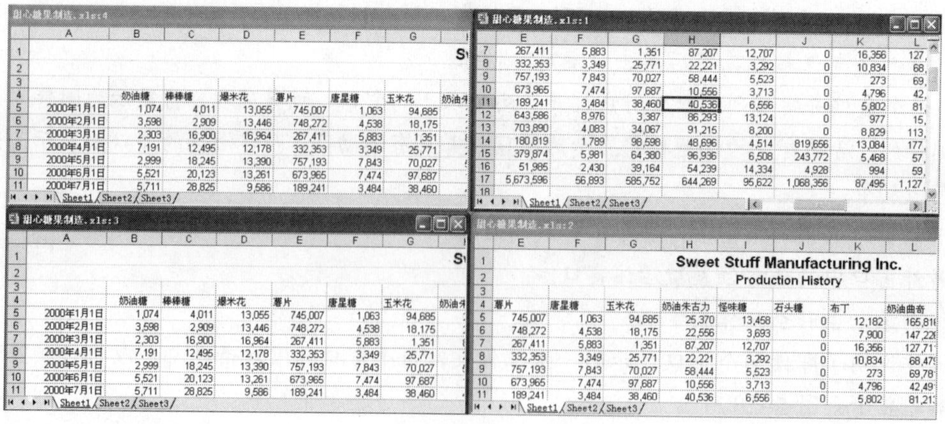

图 5-21

14. 关闭三个窗口。

15. 保存并关闭工作簿。

5.5.2　拆分单元格

通过"窗口"|"拆分"命令可以将工作表拆分成几个活动的窗口，然后在重排的窗口中查看 Excel 工作表不同部分的内容，不再需要来回拖动滚动条。

可以将窗口拆分为两个窗格，这样既可以纵向拆分又可以横向拆分。或者将窗口拆分为四个窗格，相当于同时纵向拆分和横向拆分。

图 5-22 中展示了纵向拆分框和横向拆分框的位置。

图 5-22

用户可以通过鼠标改变拆分框的位置。要移动拆分框，首先将鼠标指针放在拆分框上，当鼠标指针变为双向箭头时，拖动至指定位置即可。

技巧课堂

使用拆分框查看工作表的其他部分。

1. 打开"滑雪胜地-学生"工作簿。

2. 选择单元格 D6。

3. 选择"窗口"|"拆分"命令，效果如图 5-23 所示。

	A	B	C	D	E	F
1	日期	路易斯阿	威斯勒	艾草草地	可可伍德	芒思山
2	2002年10月1日	0	0	0	0	0
3	2002年10月2日	1	0	0	0	0
4	2002年10月3日	0	1	0	0	0
5	2002年10月4日	0	0	0	0	0
6	2002年10月5日	0	0	0	0	0
7	2002年10月6日	0	0	0	0	1
8	2002年10月7日	0	0	0	0	1
9	2002年10月8日	0	0	1	0	1
10	2002年10月9日	0	0	0	0	1
11	2002年10月10日	0	0	0	0	1
12	2002年10月11日	0	0	0	0	0

图 5-23

4. 拖动横向拆分框至屏幕的中间位置。

5. 通过右上方的纵向滚动条将工作表下移。

   注意此时上方的两个窗格同时向下移动。

6. 单击左下方和右下方的横向滚动条并观察窗口有什么变化。

   注意此列中的两个窗格一起向左或向右移动。

7. 拖动滚动条，使每一个窗格都可以显示单元格 H8。

8. 在每一个窗格中都选择单元格 H8。

9. 输入 1，然后按 Enter 键。

工作表显示如图 5-24 所示。

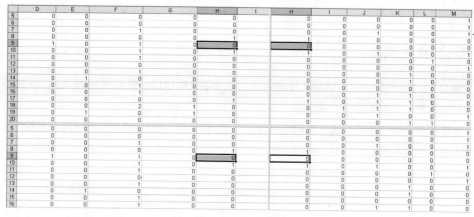

图 5-24

10. 选择"窗口"|"取消拆分"命令删除拆分框。

5.5.3　冻结窗格

XL03S-5-6

随着工作表数据的增加，查看工作表中所有的数据就变得越发困难，尤其是用户可能无法追踪数据的行列位置和标题。例如，用户将很难分辨选定的单元格是"二月"还是"三月"列中的，是"税务"还是"差旅"行内的。为了解决这个问题，Excel 提供了一个功能可以将标题行列锁定在屏幕上，不会因为滚动条的移动而改变显示行列标题的位置。

冻结窗格是指 Excel 允许用户锁定屏幕上的行和列。使用该功能时，要首先选定一个活动的单元格，这点很重要。该单元格上方所有行和左侧所有列都会被冻结。无论屏幕显示工作表中的哪一部分，这些行列始终在工作表中显示。

在某一特定的位置上冻结窗格，需要将鼠标指针放在该位置上，然后选择"窗口"|"冻结窗格"命令。

要取消冻结窗格，选择"窗口"|"取消冻结窗格"命令。

Excel 不允许同时冻结窗格和拆分窗格。

技巧课堂

学习冻结窗格。

1. 激活屏幕上的"滑雪胜地-学生"工作簿。

2. 选择单元格 B2。

3. 选择"窗口"|"冻结窗格"命令。

4. 拖动工作表右侧的滚动条显示 M 和 N 列。注意 A 列中的数据仍然可见。

5. 将工作表向下移动，注意第 1 行的显示位置仍然不变。

   如果想要改变标题行或列的位置，首先要取消冻结窗格，然后才能对其进行更改，接着再次选择"窗口"|"冻结窗格"命令。

   若只要冻结列标题，确保在选择"窗口"|"冻结窗格"命令前选择了第 1 行的单元格。

   相反，若只要冻结行标题，在选择"窗口"|"冻结窗格"命令前选择 A 列的单元格。

   工作表现在显示如图 5-25 所示。

6. 选择"窗口"|"取消冻结窗格"命令。

7. 保存工作簿。

日期	芒恩山	斯沃村	阿斯半	布驵克之	克里斯吧	杜兰	威尔	阳光谷	贡丸城
2002年10月13日	0	0	0	0	0	0	0	0	0
2002年10月14日	1	0	0	0	0	1	0	0	0
2002年10月15日	1	0	0	0	0	1	1	0	0
2002年10月16日	0	0	0	0	0	1	0	0	1
2002年10月17日	2	1	0	1	1	1	0	0	0
2002年10月18日	0	0	0	0	0	1	0	0	1
2002年10月19日	0	0	0	1	0	0	1	0	0
2002年10月20日	0	0	1	0	1	0	1	1	0
2002年10月21日	0	0	2	0	2	1	0	0	1
2002年10月22日	1	1	2	0	2	0	1	0	1
2002年10月23日	1	1	1	0	2	0	1	0	1
2002年10月24日	1	0	0	0	2	1	2	0	1
2002年10月25日	1	0	0	1	2	3	0	1	0
2002年10月26日	1	1	0	2	0	3	2	4	3
2002年10月27日	4	2	1	1	2	2	3	1	3
2002年10月28日	0	0	1	1	0	2	1	4	2
2002年10月29日	1	3	1	1	1	1	1	3	2
2002年10月30日	1	1	3	1	1	3	1	2	5
2002年10月31日	1	1	5	1	1	3	1	2	5
2002年11月1日	4	1	1	3	3	3	1	1	4
2002年11月2日	0	1	4	1	3	1	2	2	2
2002年11月3日	1	4	4	1	3	1	4	1	2
2002年11月4日	5	3	1	0	1	1	4	6	5
2002年11月5日	1	1	0	2	1	1	2	3	0

图 5-25

技巧演练

练习冻结窗格、拆分窗格和在数据分析中改变其中的数据。

1. 打开"甜心糖果制造-学生"工作簿。

2. 如果有必要，将工作表窗口最大化。

首先，冻结列标题和行标题。

3. 选择单元格 B5，然后选择"窗口"|"冻结窗格"命令。

4. 拖动横向滚动条至最右列的数据，拖动纵向滚动条至最下行的数据。

5. 按 Ctrl + Home 组合键返回到工作表的左上角。

开始拆分窗格。注意当窗格被冻结后，横向拆分只能通过菜单实现。

6. 选择"窗口"|"拆分"命令。

7. 将横向拆分框向下拖动至 18 行和 19 行之间。

8. 在底端窗格中拖动滚动条至"总计"所在行。

9. 将纵向拆分框移至 E 列和 F 列之间。

10. 拖动右侧窗格的滚动条以显示 S 列。

11. 选择左上方窗格中的一个单元格，例如 D5。

12. 输入一个比较大的数值，例如 500 000。观察在 S 列，17 行和 61 行中"总计"单元格中的变化。

工作表显示如图 5-26 所示。

	奶油糖	棒棒糖	爆米花	薯片	布丁	奶油曲奇	奶淋	彩色糖豆	奶酪糖	巧克力曲奇	小熊糖	甜心巧克力	总计
2000年1月1日	1,074	4,011	500,000	745,007	12,182	165,816	6,043	19,375	69,013	8,794	51,228	1,217	1,718,336
2000年2月1日	3,598	2,909	13,446	748,272	7,900	147,226	29,967	14,996	85,182	18,481	21,907	10,894	1,153,740
2000年3月1日	2,303	16,900	16,964	267,411	16,356	127,711	18,926	19,015	54,819	19,140	40,507	6,374	713,574
2000年4月1日	7,191	12,495	12,178	332,363	10,834	68,479	34,584	11,023	87,974	3,310	31,885	3,323	670,262
2000年5月1日	2,999	18,245	13,390	757,193	273	69,781	31,410	1,448	35,917	11,591	54,630	1,939	1,140,653
2000年6月1日	5,521	20,123	13,261	673,965	4,796	42,491	28,761	17,561	75,016	10,436	62,358	4,203	1,059,922
2000年7月1日	5,711	28,825	9,586	189,241	5,802	81,213	7,003	13,666	91,015	14,976	58,682	4,653	599,409
2000年8月1日	6,647	12,145	2,060	643,586	977	15,550	31,889	15,379	5,052	6,992	36,058	2,899	893,014
2000年9月1日	4,648	18,564	6,840	703,890	8,829	113,818	10,570	10,390	13,182	15,591	58,108	6,437	1,108,432
2000年10月1日	2,978	7,957	2,004	180,819	13,064	177,776	36,419	838	57,926	1,567	44,529	8,929	1,508,079
2000年11月1日	2,148	23,954	17,622	379,874	5,468	57,974	1,377	6,254	38,675	9,975	30,086	8,124	999,108
2000年12月1日	5,813	7,013	3,480	51,985	994	59,257	1,934	1,447	76,405	19,382	30,292	5,162	378,259
总计-2000年	52,631	173,141	610,831	5,673,596	87,495	1,127,092	238,883	131,392	690,176	140,235	510,270	64,154	11,942,788
2002年3月1日	218	9,028	18,743	3,848	18,114	52,438	21,057	19,492	5,237	16,092	44,058	7,692	319,136
2002年4月1日	2,814	23,143	4,046	357,780	19,509	34,232	7,899	12,754	49,063	4,582	49,881	1,795	684,452
2002年5月1日	4,656	13,420	1,750	323,739	1,336	35,201	25,039	707	72,386	4,985	54,525	6,738	622,401
2002年6月1日	1,829	18,369	12,817	408,565	9,729	149,119	32,293	6,142	19,280	4,889	5,248	2,497	800,398
2002年7月1日	8,823	12,960	16,432	685,431	16,386	142,161	1,774	3,557	71,748	16,399	16,783	6,155	1,108,470
2002年8月1日	3,051	24,262	18,527	587,806	9,713	7,019	43,510	16,547	57,618	19,245	19,171	5,779	945,800
2002年9月1日	5,729	21,912	1,041	207,034	18,019	171,831	27,797	12,656	90,069	4,846	15,225	8,005	729,488
2002年10月1日	6,272	9,864	3,033	654,248	10,322	197,863	7,163	15,748	90,378	19,559	21,782	2,842	2,511,789
2002年11月1日	478	12,405	12,850	737,492	13,261	155,669	34,640	2,530	24,112	11,034	33,799	6,583	2,464,895
2002年12月1日	2,104	3,055	7,331	681,750	16,590	68,071	8,810	7,447	29,572	5,875	32,113	6,080	923,684
总计-2002年	53,195	201,836	113,730	5,591,919	161,193	1,268,584	250,797	103,544	653,280	127,844	321,957	61,945	12,916,664
2003年1月1日	2,823	5,070	1,279	241,755	19,592	135,624	1,197		28,762	13,045	8,062	8,340	633,771
2003年2月1日	3,401	18,390	12,512	238,240	5,084	144,046	24,064	11,195	29,310	14,271	5,132	1,730	648,224
2003年3月1日	6,015	14,267	13,046	183,957	8,918	47,900	13,138	694	93,657	6,179	21,966	8,186	608,818
2003年4月1日	2,386	22,771	12,388	247,987	19,633	180,597	16,938	267	45,375	9,195	37,601	10,039	680,755
2003年5月1日	2,594	6,749	9,992	462,221	14,619	168,598	8,397	16,550	99,551	2,144	6,496	4,925	918,874
2003年6月1日	2,298	15,092	18,613	75,492	14,322	183,968	38,544	15,137	30,308	15,064	23,069	2,902	545,578
2003年7月1日	5,626	21,010	3,661	741,463	13,549	79,062	17,365	16,303	68,843	6,092	27,877	1,874	1,139,726
2003年8月1日	6,456	16,427	16,530	41,609	12,509	145,695	21,519		19,452	11,687	15,748	9,783	494,001
2003年9月1日	9,026	10,068	5,772	443,321	866	109,964	39,459	7,559	19,648	16,703	11,193	3,610	810,919
2003年10月1日	3,556	6,152	1,253	381,591	12,808	146,987	745	4,167	40,779	2,911	48,072	8,024	1,781,936
2003年11月1日	1,786	3,687	4,989	24,394	14,471	36,951	27,329	2,350	23,112	427	46,832	9,267	1,141,344
2003年12月1日	9,077	11,749	8,206	10,076	10,635	152,934	1,134	14,329	27,137	6,511	11,576	10,549	401,598
总计-2003年	55,046	151,432	108,241	3,091,406	147,006	1,531,326	211,455	110,712	516,553	104,229	263,624	79,129	9,802,544
总计	235,826	627,193	983,665	19,930,881	530,957	4,967,238	955,097	469,276	2,541,614	486,085	1,500,425	279,868	45,846,861

图 5-26

13. 选择"窗口"|"取消拆分"命令。

14. 选择单元格 B5，然后选择"窗口"|"冻结窗格"命令。

15. 保存并关闭工作簿。

5.5.4 隐藏和取消隐藏工作簿

XL03S-5-6

某些情况下，可能需要在 Excel 窗口中隐藏一个或者几个工作簿。这将使重新排列剩余工作簿窗口的工作变得更加容易。

技巧课堂

学习隐藏和取消隐藏工作簿。

1. 激活"滑雪胜地-学生"工作簿。

2. 选择"窗口"|"新建窗口"命令。

3. 选择"窗口"|"重排窗口"命令，打开"重排窗口"对话框。

4. 选中"平铺"单选按钮，然后单击"确定"按钮。

隐藏一个窗口。

5. 选择"窗口"菜单，此时下拉菜单中有两个"滑雪胜地-学生.xls"工作簿。

6. 选择"窗口"|"隐藏"命令。

   现在一个窗口被隐藏，可以查看一下"窗口"菜单。

7. 选择"窗口"菜单，现在下拉菜单中只显示"滑雪胜地-学生.xls: 1"。
   隐藏该工作簿。

图 5-27

8. 选择"窗口"|"隐藏"命令。

取消隐藏这两个工作簿。

9. 选择"窗口"|"取消隐藏"命令。

10. 在打开的"取消隐藏"对话框中，单击"确定"按钮，如图 5-27
    所示。

11. 重复第 9 和第 10 步，取消隐藏另一个工作簿。

12. 关闭工作簿，无须保存。

5.6 实战演练

技巧应用

准备打印工作表，改变"页面设置"对话框中的选项设置并添加分页符。

1. 打开"河流快递"工作簿，将其保存为"河流快递 – 学生"。

2. 冻结行列标题，拖动滚动条查看全部工作表。

3. 通过设置确保在打印出来的每一张工作表上出现行标题"4"。打印范围为单元格 A5:M198。

4. 自定义页眉。在"左"文本框中设置"文件名：<文件名>"，在"右"文本框中设置"作者：<名字>"。

5. 在自定义的页眉的"中"文本框内输入以下内容：

   河流快递

   集装箱运输（kg），海运

   将其设置为加粗，字号 14

6. 自定义页脚。在"左"文本框中设置"第<页码>页共<页码>页"，在"右"文本框中设置打印日期。

7. 为工作表添加分页符，然后执行相应操作，使每个月的所有数据都打印在同一页面上。设置打印方向为横向，减少页边距并且调整缩放比例。

工作表中最后一页的打印预览如图 5-28 所示。

日期	AC004	AC005	AC006	AC007	AC008	AC009	AC010	AC011	AC012	AC013	AC014	小计
2003年1月1日	110.81	87.06	45.83	86.55	106.13	45.16	113.65	22.86	27.21	136.07	23.38	804.71
2003年1月2日	96.04	95.73	148.78	57.39	149.28	141.68	180.99	154.36	102.36	133.00	70.62	1,330.22
2003年1月3日	88.66	17.42	9.84	59.55	69.13	123.51	96.25	196.49	100.23	43.38	178.58	985.03
2003年1月4日	118.36	126.95	90.94	47.50	173.58	20.09	189.94	167.11	27.15	26.15	43.86	1,031.63
2003年1月5日	37.38	179.72	119.94	91.12	191.15	190.11	73.10	29.99	118.15	48.42	195.23	1,274.29
2003年1月6日	134.30	63.87	174.33	137.91	139.25	86.94	114.91	165.38	147.57	188.13	158.12	1,510.70
2003年1月7日	150.02	141.49	106.65	96.46	39.16	33.83	129.30	51.53	80.36	106.71	153.27	1,088.78
2003年1月8日	141.80	7.91	59.83	18.49	76.44	62.29	94.39	76.88	48.47	83.13	93.99	803.61
2003年1月9日	52.74	110.54	18.49	51.58	0.73	14.33	193.50	94.17	60.77	29.76	70.49	697.10
2003年1月10日	172.94	31.40	56.37	32.86	186.77	193.52	30.97	106.27	32.67	152.61	125.99	1,122.37
2003年1月11日	101.77	177.81	198.95	143.27	112.90	23.87	1.87	132.47	113.66	66.72	140.22	1,213.51
2003年1月12日	83.94	156.14	82.65	91.16	32.28	54.79	198.44	70.84	91.85	131.46	122.73	1,116.26
2003年1月13日	39.71	73.88	96.19	98.48	52.77	129.39	81.72	141.94	127.43	104.66	-145.48	1,091.63
2003年1月14日	190.83	23.65	95.50	19.82	132.07	132.89	193.61	56.78	102.21	70.40	159.26	1,177.00
2003年1月15日	140.90	72.28	167.07	77.17	91.28	140.39	45.69	91.20	65.36	44.68	84.43	1,020.45
2003年1月16日	33.06	101.15	43.89	105.61	136.84	39.96	182.43	83.03	155.31	6.67	61.15	949.09
2003年1月17日	155.36	0.31	63.31	188.47	162.62	62.48	80.51	107.02	140.01	92.54	187.93	1,280.57
2003年1月18日	55.65	128.55	14.86	161.26	100.31	40.32	146.73	89.01	15.79	64.66	127.43	944.56
2003年1月19日	135.45	107.78	160.14	149.22	153.49	62.73	26.70	194.18	136.21	103.09	105.40	1,335.30
2003年1月20日	135.08	190.75	152.10	80.32	83.24	142.57	91.06	61.35	157.31	157.66	196.68	1,448.11
2003年1月21日	26.16	196.94	7.37	80.82	137.46	3.25	133.87	156.45	179.30	194.52	183.85	1,299.98
2003年1月22日	113.07	8.87	3.36	10.58	197.17	198.97	180.71	151.49	125.30	30.08	180.61	1,200.21
2003年1月23日	68.41	143.04	14.28	176.48	65.57	158.37	153.92	62.22	33.44	63.89	191.12	1,130.75
2003年1月24日	133.43	43.37	45.76	50.62	37.87	169.52	88.12	99.30	94.02	144.04	0.18	906.24
2003年1月25日	66.24	165.31	48.75	8.25	158.56	115.92	94.16	81.68	22.40	31.72	7.76	800.75
2003年1月26日	2.63	179.30	21.96	23.74	63.45	52.40	22.34	194.69	191.47	138.53	82.34	972.84
2003年1月27日	31.86	130.87	96.48	179.95	190.82	105.75	63.78	130.25	29.46	124.65	52.72	1,136.58
2003年1月28日	139.00	136.89	177.62	142.77	74.93	36.21	185.26	181.42	193.94	25.15	151.95	1,445.14
2003年1月29日	197.34	21.17	66.35	186.45	135.30	11.12	122.55	125.33	165.79	1.77	145.47	1,178.65
2003年1月30日	120.52	180.30	29.49	172.21	62.35	58.27	46.88	132.77	71.42	65.66	63.87	1,003.73
2003年1月31日	70.35	177.27	21.84	93.93	159.32	153.05	15.63	136.13	97.69	87.30	64.81	1,077.33
一月总计	3,143.78	3,277.72	2,438.88	2,919.98	3,472.24	2,803.68	3,374.97	3,544.58	3,094.33	2,738.11	3,568.86	34,377.12

（图表标题）河沅快递-学生.xls　河沅快递　集装箱运输 (kg) 海运　作者: 辛丹

第1页 共6页　2/23/2009

图 5-28

8. 打印、保存并关闭工作簿。

技巧应用

练习新建、重排窗口并冻结窗格。

1. 打开"甜心糖果制造生产日程"工作簿，将其保存为"甜心糖果制造生产日程-学生"工作簿。该工作簿包含两个工作表。"概况"工作表统计了工作日和非工作日每个生产项目的总数，以及工作日和非工作日生产数量的百分比。如果要在"生产日程"工作表中做任何改动，"概况"工作表中的总计和百分比也会随之发生改变。生产经理会通过该工作簿管理库存、工人工作时间和运输。

2. 新建一个含有相同工作簿的窗口，将两个窗口平铺。

3. 使一个窗口显示"概况"，另一个显示窗口"生产日程"。

4. 冻结"生产日程"工作表中的行名称和列名称（列 A，行 4），屏幕显示如图 5-29 所示。

图 5-29

5. 将"怪味糖"周日的生产数量调整为"200"。

6. 保存并关闭工作簿。

技巧应用

练习使用"页面设置"对话框中的选项，设置分页符并且使用打印功能。

1. 打开"客户意见反馈"工作簿，将其另存为"客户意见反馈-学生"。

2. 将打印方向更改为"横向"，使用 Legal 的纸张大小。

3. 调整字号和打印比例，尽可能放大文本，使工作表中所有文本的宽度可以占满整个打印页面的宽度。调整列宽，确保单元格中的内容都能显示出来。

4. 增加分页符，使工作表中"客户满意程度调查"和"客户投诉信"部分的内容打印在不同的页面上，如图 5-30 所示。

5. 预览要打印的页面（分页预览）。将两个列表中的内容水平和垂直居中。

6. 如果两页数据都显示正确，则将其打印出来。

7. 保存并关闭工作簿。

	A	B	C	D	E
1	客户满意程度调查				
2					
3		调查表1	调查表2	调查表3	调查表4
4	友善	5	3.5	4	4
5	掌握产品知识	2	1	1.5	1
6	善于听取意见	3	3	2.5	2
7	仪表	5	5	5	2.5
8					
9					
10	客户投诉信				
11					
12		一月	二月	三月	四月
13	错误订单	216	239	94	24
14	投递超时	37	145	90	41
15	产品质量问题	21	69	45	41
16	错误计费	42	18	5	0

图 5-30

5.7 小结

通过对本课的学习，您已经掌握关于打印工作表和使用窗口功能的以下几个方面的内容：

☑ 使用打印预览 ☑ 选择不同的打印机并完成相应设置

☑ 使用和显示分页符 ☑ 打印一张或多张工作表

☑ 页面设置和打印功能 ☑ 新建并重排窗口

☑ 改变页边距 ☑ 拆分窗格和调整窗格

☑ 在页面顶端居中的位置设置标题 ☑ 在工作表中冻结或取消冻结窗格

☑ 设置页眉和页脚 ☑ 隐藏或显示工作簿

5.8 习题

1. "打印预览"视图中显示的工作表将和打印出来的工作表一致。

    A. 正确   B. 错误

2. 在"打印预览"视图下使用缩放功能时，可以选择缩放的比例（例如，50%、100%、150% 等）。

    A. 正确   B. 错误

3. 两种页面方向是什么？具体指什么？

4. Excel 会在恰当的位置上自动插入分页符。

    A. 正确   B. 错误

5. WYSIWYG 是指"what you see is what you get（所见即所得）"。

    A. 正确   B. 错误

6. 以下哪一个不是"页面设置"对话框中"页面"选项卡里的选项?

    A. 打印范围   B. 正常或者旋转 90° 打印工作表

    C. 打印纸张的大小   D. 起始页码

    E. 是否要使用缩放功能使全部内容在规定页数中打印出来

    F. 以上都是

7. 设置"上页边距"和"页眉边距"有什么不同?哪一个范围更大?

8. 可以不使用文档名称或者工作表名称,而在页眉或页脚处输入其他名称。

    A. 正确   B. 错误

9. 如果预览的工作表要占用几个页面,用户可以设置行标题出现在每一个页面上。但是必须先关闭打印预览,然后在"页面设置"对话框中执行此操作。

    A. 正确   B. 错误

10. "打印内容"对话框中没有以下哪个选项?

    A. 打印范围   B. 打印机名称

    C. 选定工作簿中的特定工作表   D. 打印份数

    E. 以上都有

11. 新建窗口和新建工作表是一样的。

    A. 正确   B. 错误

12. 冻结窗格一定要同时冻结行和列。

    A. 正确   B. 错误

13. 一个窗口中最多可以设置多少个窗格?

14. 可以隐藏 Excel 窗口中的所有工作簿。

    A. 正确   B. 错误

Excel 图表

6

Lesson

学习目标

　　本课将介绍 Excel 图表的相关功能，帮助用户逐步熟悉相关操作。图表包括柱形图、条形图、折线图、饼图、XY 散点图、三维图等。

学习本章后，应该掌握以下内容：

- ☑ 创建常用图表
- ☑ 使用工具栏中的图表向导
- ☑ 应用不同类型的图表
- ☑ 为图表增添标题和图例
- ☑ 使用饼图
- ☑ 打印图表
- ☑ 在现有图表中增加数据

6.1 创建常用图表

图表将工作表中的数据以图形的形式显示出来，使数据的表现方式更具体、更生动。因此，很多用户更愿意通过图表了解信息，而不喜欢阅读枯燥无味的数据。

Excel 可以将工作表上的信息以各种各样的形式表现出来，在图表中综合使用字体、图案、符号、图像和三维效果。Excel 图表是一种极为专业的展示工具。

首先选择工作表中的数据，然后通过"图表向导"创建嵌入式图表。按照"图表向导"中的提示在同一张或者新的工作表上建立图表。一旦保存了新建的图表，图表所依据的数据也将同时被保存。

图表中的数据组称为系列。例如，六个月的广告支出可以为一个数据系列，六个月的差旅费可以为另一个数据系列等。图表中的横坐标轴称为 X 轴，纵坐标轴称为 Y 轴，用户还可以为 X 轴和 Y 轴增加标题。如果图表中含有几个数据系列，可以使用图例标注条形图每一系列或者折线图每条线所代表的含义。

Excel 图表中的颜色给屏幕增添了很多活力，但是如果将图表用黑白打印机进行打印，效果上会有很大的不同。要保证使用黑白打印机也能打印出最好的图表效果，要选择灰色阴影（灰度）模式和交叉影线打印，该模式下可以将不同的数据颜色区分开来。

可以通过以下几种方法激活图表向导：

- 选择"插入"|"图表"命令。
- 单击常用工具栏中的"图表向导"按钮🔳。

 技巧课堂

通过"图表向导"新建嵌入式图表的步骤。

1. 打开"月销售量"工作簿（见图 6-1），将其保存为"月销售量-学生"。

	A	B	C	D	E	F	G	H
1	月销售量							
2								
3	销售员	一月	二月	三月	四月	五月	六月	总数
4	斯库特	35,000	15,000	20,000	17,000	12,000	16,000	115,000
5	图克	10,000	12,000	17,000	22,000	27,000	11,000	99,000
6	格瑞	21,000	5,000	6,000	10,000	11,000	16,000	69,000
7	包克思	37,000	22,000	23,000	25,000	31,000	28,000	166,000
8	总数	103,000	54,000	66,000	74,000	81,000	71,000	

图 6-1

2. 选择单元格区域 A3:G7。

被选区域内包括了行列标题，但是不包括"总数"的行和列。因为，使用图表的目的是显示销售量的特征趋势，而不是销售总数。

3. 单击常用工具栏中的"图表向导"按钮🔳。打开"图表向导"的第一个对话框，此时询问用户要选择哪一种图表类型，如图 6-2 所示。

4. 选择"图表类型"列表框中的"柱形图"选项，再选择"子图表类型"选项组中的"簇状柱形图"选项。

5. 单击"按下不放可查看示例"按钮预览图表，然后单击"下一步"按钮即可。

此时，"图表向导"将显示图表示例，并提示选定的数据区域，如图 6-3 所示。

如果在使用"图表向导"的第 2 步中没有选择数据区域，或者用户发现刚才所选定的数据区域有错误，Excel 允许再做调整。用户也可以改变图表中信息的显示形式，例如交换行和列的内容从而改变 X 轴、Y 轴以及图例的显示。

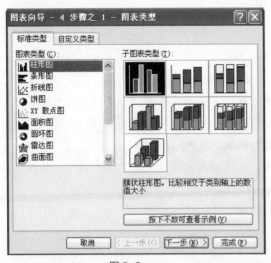

<table><tr><td>图 6-2</td><td>图 6-3</td></tr></table>

注意第 2 步中选择数据区域时，也同时选择了行列名称。如果用户将工作表的行列标题选择在内，Excel 会将它们显示在 X 轴标题和图例中。如果当时没有选择行列名称，Excel 将使用笼统的文字描述图例。

6. 选中 "列" 单选按钮，然后查看对话框中的图表预览。

7. 再选中 "行" 单选按钮，查看图表预览。

8. 单击 "下一步" 按钮。

"图表向导" 将显示另一个对话框，在该对话框内可以设置有关图表的更多选项，如图 6-4 所示。

通过设置该对话框中的不同选项卡，以改变图表的最终显示方式：

标题　　　　增添图表标题、X 轴（横轴）标题和 Y 轴（纵轴）标题。

坐标轴　　　决定坐标轴是否显示标签。

网格线　　　决定图表中是否显示网格线标签。

图例　　　　决定是否显示图例以及在什么位置显示。

数据标志　　决定是否显示数据标志。

数据表　　　决定是否在图表下方显示数据表。

9. 在 "标题" 选项卡中，单击 "图表标题" 文本框，然后输入 "月销售量"，然后按 Tab 键。

10. 在 "分类（X）轴" 文本框中输入 "月份"，然后按 Tab 键。

11. 在 "数值（Y）轴" 文本框中输入 "销售量"，然后按 Tab 键。

图表样例会依照所输入的内容自动更新。

12. 切换到 "坐标轴" 选项卡，如图 6-5 所示。

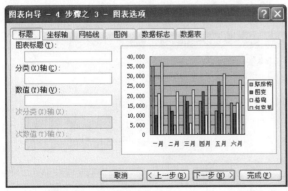

<table><tr><td>图 6-4</td><td>图 6-5</td></tr></table>

在该选项卡内可以选择显示（显示为默认设置）或者隐藏 X 轴、Y 轴的刻度值。

13. 取消选中"分类（X）轴"和"数值（Y）轴"复选框，观察图标样例的变化。

14. 重新选中两个复选框。

15. 切换到"网格线"选项卡，如图6-6所示。

    通过"网格线"选项卡设置是否显示在X轴和Y轴的网格线。

16. 取消选中"数值（Y）轴"选项区域的"主要网格线"复选框，选中"次要网格线"复选框，观察图表变化。

17. 再取消选中"数值（Y）轴"选项区域的"次要网格线"复选框。

18. 选中"分类（X）轴"选项区域的"主要网格线"和"次要网格线"复选框。

19. 取消选中所有网格线。

20. 最后选中"数值（Y）轴"选项区域的"主要网格线"复选框。

21. 切换到"图例"选项卡，如图6-7所示。

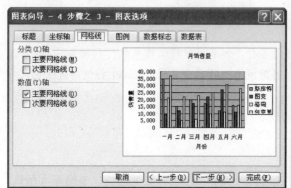

图6-6　　　　　　　　　　　　　　　　　　图6-7

Excel默认显示图例，但是通过此选项卡可以选择不显示图例，同时可以更改图例显示的位置。

22. 取消选中"显示图例"复选框，观察图表变化。

23. 重新选中"显示图例"复选框，观察图表变化。

24. 尝试选中"位置"选项区域的每一个单选按钮，观察预览中图表的变化。最后选中"底部"单选按钮。

25. 切换到"数据标志"选项卡，如图6-8所示。

26. 选中"值"复选框，观察预览中图表的变化。

27. 选中"类别名称"复选框。然后返回到"坐标轴"选项卡，取消选中"分类（X）轴"复选框，因为图表目前已经显示了X轴标题。

28. 重新选中"分类（X）轴"复选框，返回到"数据标志"选项卡，取消选中"值"和"类别名称"复选框。

29. 切换到"数据表"选项卡，如图6-9所示。

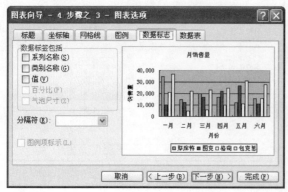

图6-8　　　　　　　　　　　　　　　　　　图6-9

30. 选中 "显示数据表" 复选框。返回到 "图例" 选项卡，取消选中 "显示图例" 复选框，为图表下方留出更多空间，如图 6-10 所示。

31. 重新选中 "显示图例" 复选框，然后返回到 "数据表" 选项卡并取消选中 "显示数据表" 复选框。

32. 单击 "下一步" 按钮，打开新对话框，如图 6-11 所示。

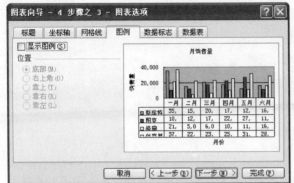
图 6-10

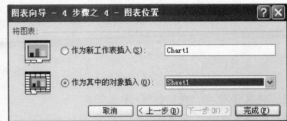
图 6-11

第四个也是最后一个 "图表向导" 对话框，可以帮助用户选择插入图表的位置。可以选择在新的工作表中显示图表或者在当前的工作表中同时显示数据和图表。

33. 单击 "完成" 按钮。

图表出现在工作表 Sheet1 中。

34. 单击图表中任意的白色区域，然后将图表向下拖动，直到图表的左上角出现在单元格 A10 处为止。

35. 拖动滚动条查看第 10 ~ 32 行。

可以通过拖动图表边缘 8 个尺寸控制点中的任意一个来更改图表的大小。

36. 单击图表右下角的尺寸控制点，将其拖动至单元格 F32 处。

图表显示如图 6-12 所示。

37. 保存工作簿。

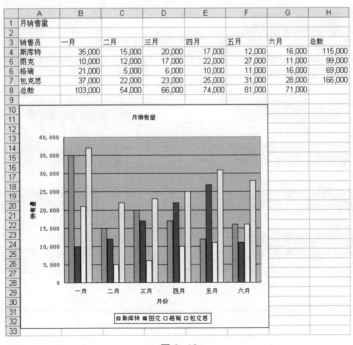
图 6-12

![技巧演练图标] **技巧演练**

练习新建常用图表。

1. 打开"电脑销售"工作簿，如图 6-13 所示。

	A	B	C	D	E	F	G	H
1				电脑销售				
2				前六个月销售情况				
3								
4		一月	二月	三月	四月	五月	六月	总计
5	打印机	32	44	38	45	45	39	243
6	显示器	85	97	91	85	75	85	518
7	键盘	83	95	89	83	77	94	521
8	驱动器	5	8	7	6	7	20	53
9	主板	78	90	84	78	85	78	493
10	总计	283	334	309	297	289	316	1828

图 6-13

2. 将其保存为"电脑销售-学生"。

3. 选择单元格区域 A4:G9。该区域包括行列标题，但是不包括有关总数的行和列。单击常用工具栏中的"图表向导"按钮 📊。

4. 在打开对话框中，选中"图表类型"列表框中的"条形图"选项，然后选择"三维堆积条形图"选项，单击"下一步"按钮。

5. 在新打开的对话框中，继续单击"下一步"按钮。

6. 切换到"标题"选项卡。

7. 在"图表标题"文本框中输入"前六个月销售情况"，按 Tab 键。在"分类（X）轴"文本框中输入"月份"，按 Tab 键。在"数值（Z）轴"文本框中输入"单位数量"。然后，单击"下一步"按钮。

8. 选中"作为新工作表插入"单选按钮，单击"完成"按钮。

   图表将显示如图 6-14 所示。

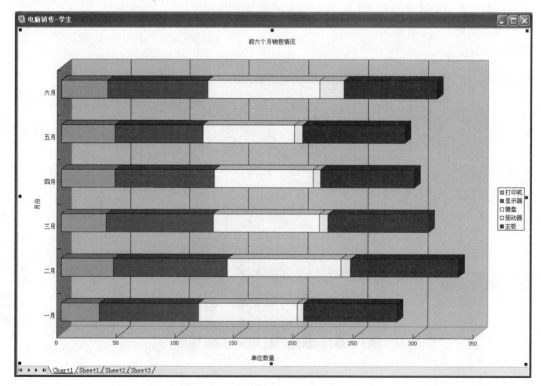

图 6-14

9. 保存工作簿。

6.2 选择图表类型

在使用过程中，可能会发现有时所选用的图表类型并不适合用户当前的使用需求，并且不能完全恰当地展示工作表中的信息。Excel 允许用户设置完图表后，可以再次更改图表类型。

需要展示的内容决定了要选择的图表类型。一般来讲，折线图更适合显示有关趋势性的数据，条形图适合显示数量，饼图则适用于显示总数中的百分比。

Excel 提供了很多种类的图表类型，并且每个图表类型中还有各自的子图表类型。下面详细解释各个图表类型：

柱形图	以时间或者种类为单位来比较数值。显示方式为纵向。
条形图	以时间或者种类为单位来比较数值。显示方式为横向。
折线图	用于比较连续性的趋势。
饼图	用于比较总体中的每个单位的数值。
XY 散点图	用于比较成对数值，依此决定数据分布形态。
面积图	用于对比数值上的持续变化和趋势。
圆环图	和饼图相似，但可以包含多个数据系列。
雷达图	通过将数据点连线，以决定数据分布和趋势。
曲面图	通过三维立体和连续性的曲面展示数值趋势线。
气泡图	比较成组的三个数据，类似于散点图，但数值显示为气泡数值点。
股价图	盘高、盘低、收盘图。所需的三项数据系列必须按该次序排列。
圆柱图	与柱形图和条形图相似，但是采用圆柱形表示。
圆锥图	与柱形图和条形图相似，但是采用圆锥形表示。
棱锥图	与柱形图和条形图相似，但是采用棱锥形表示。

图表分为二维图表和三维图表。三维图表在视觉上更有吸引力，但是却很难阅读。

要改变图表的类型，先选择图表，然后使用以下方法实现设置：

- 选择"图表"|"图表类型"命令。
- 单击图表工具栏中的"图表类型"按钮。
- 在图表区域中进行右击，然后在弹出的对话框中选择"图表类型"命令。

技巧课堂

为工作表选择不同类型的图表。

1. 打开"月销售量-学生"工作簿。
2. 单击图表中的任意部位。
3. 此时，如果屏幕中没有显示图表工具栏，则选择"视图"|"工具栏"|"图表"命令。
4. 在图表工具栏中单击"图表类型"按钮旁的下拉按钮，弹出下拉菜单，如图 6-15 所示。
5. 选择"折线图"选项。
   图表将显示如图 6-16 所示。
6. 单击"图表类型"按钮旁的下拉按钮。
7. 在弹出下拉菜单中选择"圆环图"选项。
   图表将显示如图 6-17 所示。
8. 保存工作簿。

图 6-15

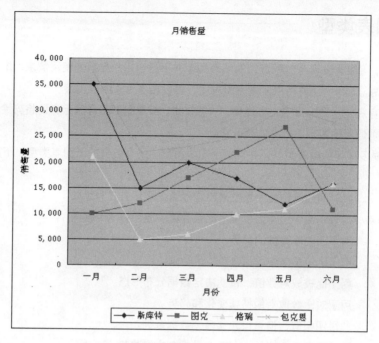

图 6-16

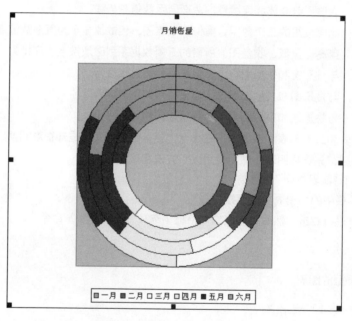

图 6-17

 技巧演练

练习为工作表选择不同类型的图表。

1. 打开"电脑销售-学生"工作簿。
2. 单击现有图表,选择"图表"|"图表类型"命令,打开"图表类型"对话框。
3. 选择"图表类型"列表框中的"面积图"选项。
4. 选择"子图表类型选项区域"中的"三维面积图"选项,然后单击"确定"按钮。
   图表将显示如图 6-18 所示。

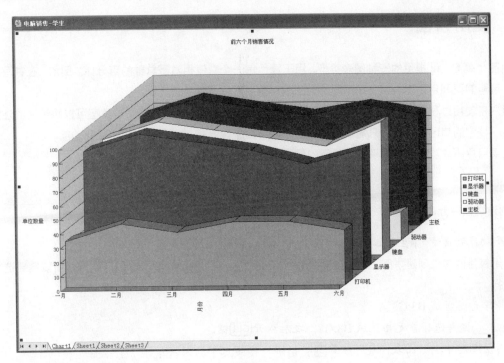

图 6-18

 如果要快速改变"图表类型",可以在当前图表上进行右击,然后在弹出的快捷菜单中选择"图表类型"选项。

5. 右击图表上的区域,在弹出的快捷菜单中选择"图表类型"选项,打开"图表类型"对话框。

6. 切换到"自定义类型"选项卡。

7. 选择"图表类型"列表框中的每一个选项,观察预览窗口中的变化。

8. 选择"管状图"选项,然后单击"确定"按钮。

图表将显示如图 6-19 所示。

9. 保存工作表。

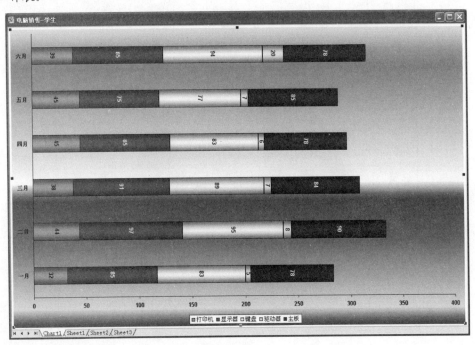

图 6-19

6.3 使用饼图

XL03S-2-5

饼图也是 Excel 提供的一种图表类型，用于显示每一个数值相对于总数的百分比。例如，在撰写公司报告时，可能需要利用饼图表示公司不同部门的相对重要性以及其所占比例。

用户在使用过程中，可能会使用分离型饼图或者复合型饼图，使用这些图表类型可以将读者的注意力吸引到某一特定的扇区中。用户只能使用鼠标拖动使饼图扇区分离，键盘将不能实现此功能。

如果用户不喜欢当前数据系列所显示的位置，可以将其旋转至希望的位置上。

技巧课堂

学习创建饼图并分离饼图。

1. 打开"月销售量-学生"工作簿。

首先，用每月的总数创建饼图，饼图中需要包含"分类 X 轴"的标题和"总数"数据，所以需要选择不相邻的两行。

2. 选择单元格区域 B3:G3。

3. 按住 Ctrl 键并选择单元格区域 B8:G8。之后松开 Ctrl 键。

4. 单击工具栏中的"图表向导"按钮，打开"图表类型"对话框。

5. 在"图表类型"列表框中选择"饼图"选项。

   如果已经知道要使用分离型饼图，可以从"子图表类型"选项区域中的选择"分离型饼图"选项。本练习中将首先使用普通饼图。

6. 单击两次"下一步"按钮，直接进入"图表向导"的第三步"图表选项"。

7. 切换到"标题"选项卡，然后在"图表标题"文本框中输入"每月总销售量"。

8. 切换到"图例"选项卡，然后取消选中"显示图例"复选框。

9. 切换到"数据标志"选项卡，然后选中"类别名称"和"百分比"复选框。

10. 单击"下一步"按钮。

11. 选中"作为新工作表插入"单选按钮，然后单击"完成"按钮。

    完成后的饼图显示如图 6-20 所示。

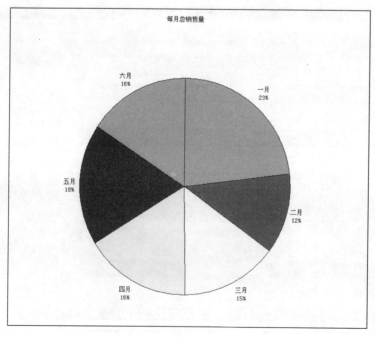

图 6-20

在选择数据时，需要格外小心以确保选择了正确的单元格区域。该饼图显示了包括所有销售员在内的每月总销售量。如果想显示每个销售员的销售总数，需要选择单元格区域 A4:A7 和 H4:H7。如果要显示每个销售员在 4 月份的销售量，可以选择单元格区域 A4:A7 和 E4:E7。

同时，也要保证输入的图表标题可以清楚地描述数据所展示的内容，例如，上面饼图的标题清楚地告诉读者本图表显示每月的总销量。

12. 单击饼图中的一个扇区，显示每个扇区的区域框。

13. 再次单击"一月"扇区，现在只有"一月"扇区四周会出现区域框。

14. 拖动"一月"扇区脱离其他扇区。到理想位置后松开鼠标左键。

完成后的饼图显示如图 6-21 所示。

15. 保存工作簿。

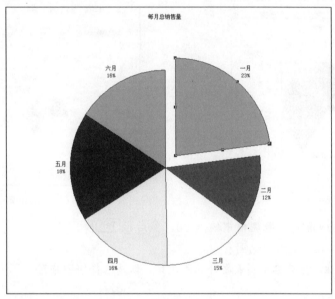

图 6-21

 技巧演练

练习如何分离、旋转并且增加饼图的大小。

1. 打开"电脑销售-学生"工作簿。

首先，新建一个关于产品销售总量的饼图。

2. 选择工作表标签 Sheet1，然后选择单元格区域 A5:A9。

3. 按住 Ctrl 键，然后选择单元格区域 H5:H9。之后松开 Ctrl 键。

4. 单击工具栏中的"图表向导"按钮，打开"图表类型"对话框。

5. 在"图标类型"列表框中选择"饼图"选项。

6. 单击两次"下一步"按钮，直接进入"图表向导"的第三步"图表选项"。

7. 切换到"标题"选项卡，然后在"图表标题"文本框中输入"前六个月总销售量"。

8. 切换到"图例"选项卡，然后取消选中"显示图例"复选框。

9. 切换到"数据标志"选项卡，然后选中"类别名称"和"值"复选框。

10. 单击"完成"按钮。

11. 移动并调整图表大小，使图表覆盖单元格区域 A11:G33。

增大饼图的尺寸。

12. 单击饼图的外部，然后饼图四周会出现一个方框。

13. 单击并向外拖动任意一个尺寸控制点，以增加饼图的大小。

14. 单击方框空白区域内四角中的任意一角（饼图的外部），然后将饼图拖动至图表区域的中央，如图 6-22 所示。

学习分离饼图。

15. 单击饼图中的一个扇区，此时每个扇区都会出现区域框。

16. 拖动扇区使其稍微向外扩展，然后松开鼠标左键即可。

下面学习旋转饼图。

17. 单击饼图中的任意扇区，选择"格式"|"数据系列"命令，然后在打开的对话框中切换到"选项"选项卡，如图 6-23 所示。

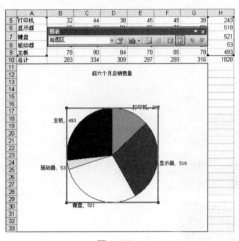

图 6-22

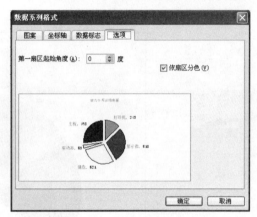

图 6-23

18. 在"第一扇区起始角度"微调框中输入 90，然后按 Tab 键。

注意预览框将直接显示更新后的图表。

19. 单击"确定"按钮，然后单击图表之外的单元格，取消选择饼图扇区。

20. 保存工作簿。

6.4 打印图表

XL03S-2-5

图表可以作为工作表中的一部分被打印出来，或者单独打印在新的页面上，需要依据当时使用的情况而决定哪种打印方式更实用。

图表作为工作表中的一部分而被打印出来时，可以被安排在数据下面、上面或者两侧。但是，如果遇到较大尺寸的图表，它可能不会和数据显示在同一张页面上，这就需要缩小图表的尺寸，或者分别打印图表和数据，然后再将它们剪贴在一起。

技巧课堂

练习图表作为工作表中的一部分被打印预览或者在独立的页面上打印预览。

1. 激活屏幕上的"月销售量-学生"工作簿。

2. 选择工作表标签 Sheet 1，然后单击图表外的任意单元格，取消对该图表的选择。

3. 单击常用工具栏中的"打印预览"按钮，显示打印预览。

插入"页脚"为打印做相关准备。

4. 单击"设置"按钮，打开"页面设置"对话框。

5. 切换到"页眉/页脚"选项卡。

6. 单击"页脚"下拉按钮，然后选择列表中的"<student name>，第 1 页，<当前日期>"选项，其中 <当前日期> 里显示的是当天的日期。然后单击"确定"按钮，显示如图 6-24 所示。

7. 关闭打印预览视图。

8. 单击常用工具栏中的"打印"按钮🖨。

9. 单击图表内部的任意位置选定图表。图表四周将出现尺寸控制点。

10. 单击常用工具栏中的"打印预览"按钮🔍，显示打印预览，如图 6-25 所示。

　　如果当前安装的是黑白打印机，该预览将显示为黑白。如果为彩色打印机，该预览将显示为彩色。

11. 关闭打印预览视图。

12. 单击常用工具栏中的"打印"按钮🖨。

13. 保存并关闭工作簿。

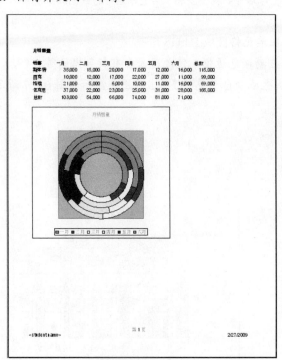

图 6-24

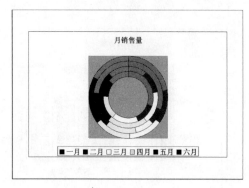

图 6-25

技巧演练

练习打印图表。

1. 选择"电脑销售-学生"工作簿。

2. 选择工作表标签 Chart1。

3. 单击常用工具栏中的"打印预览"按钮🔍。

4. 单击"打印"按钮以打印图表。

5. 关闭打印预览视图。

6. 保存并关闭工作簿。

6.5　在图表中添加新数据

　　创建图表后，有时还会需要在图表中添加新数据。通常用户会希望将新数据直接添加到图表中并使图表保持原状。Excel 提供了以下几种方法来完成此操作：

- 选择"图表"|"源数据"命令。在打开的对话框中切换到"数据区域"选项卡，在"数据区域"文本框中改变要引用的单元格。
- 选择"图表"|"添加数据"命令，然后在打开的"添加数据"对话框中选择新的数据区域。
- 在工作表中选择新的数据区域，然后将其拖动至图表里。

- 在工作表中通过鼠标拖动调整已经选定的单元格区域，使该单元格区域覆盖新数据所在的单元格。通常这是最快捷的方法。

技巧课堂

学习添加数据。

1. 打开"月销售量（添加数据）"工作簿，如图 6-26 所示。
2. 将其另存为"月销售量（添加数据）-学生"。

公司新开展了网上销售的业务，该项目已经被添加到工作表中，现在要将"网上销售"的数据添加到图表中。

3. 单击图表区域以激活图表。

   注意代表当前选定数据区域的蓝色边框将出现在单元格区域 B4:G7 周围。

4. 将鼠标指针放置于蓝色边框的底部，然后向下拖动蓝色边框，使之覆盖含有新数据的第 8 行。

   注意新添的数据已经显示在条形图中，而且图例也已经自动更新了。当前图表显示如图 6-27 所示。

5. 保存并关闭工作簿。

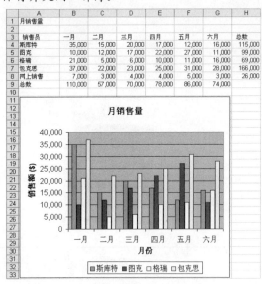

图 6-26

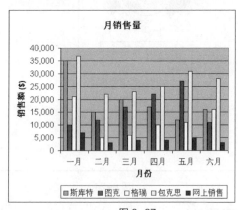

图 6-27

技巧演练

练习通过拖动方法添加数据。

1. 打开"电脑销售（添加数据）"工作簿，如图 6-28 所示。

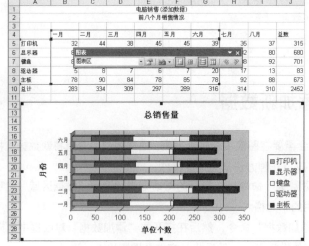

图 6-28

2. 将其保存为 "电脑销售（添加数据）-学生"。

3. 选择单元格区域 H4:I9。

4. 将鼠标移至单元格四周的边框上，屏幕上会出现黑色的十字箭头。

5. 将该区域拖动至图表中的任意位置。

　　完成后的图表显示如图 6-29 所示。

6. 保存并关闭工作簿。

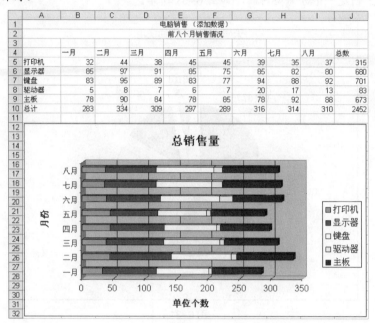

图 6-29

6.6 实战演练

 技巧应用

练习创建三维柱形图。

1. 打开 "加拿大人口" 工作簿，将其保存为 "加拿大人口（图表）-学生"。

2. 将工作表窗口最大化。

3. 在当前工作表中创建一个柱形图表，如图 6-30 所示。

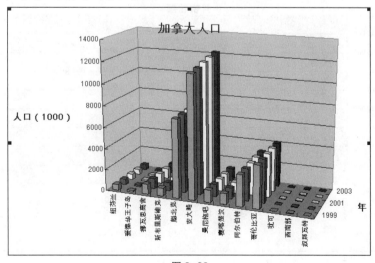

图 6-30

4. 关闭并保存工作簿。

技巧应用

练习创建饼图。

1. 打开"天翅集团公司"工作表，将其保存为"天翅集团公司（图表）-学生"。
2. 在当前工作表上创建一个分离型饼图，如图 6-31 所示。

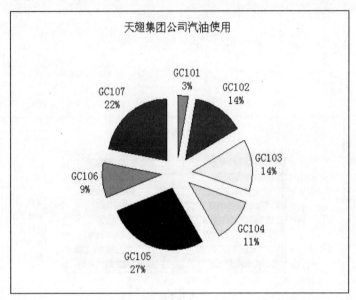

图 6-31

3. 将饼图放大并置于图表区域的中央。
4. 保存并关闭工作簿。

技巧应用

练习创建折线图。

1. 打开"莉斯裁剪店"工作簿，另存为"莉斯裁剪店—学生"工作簿。
2. 用工作表中的数据创建折线图，如图 6-32 所示。
3. 保存并关闭工作簿。

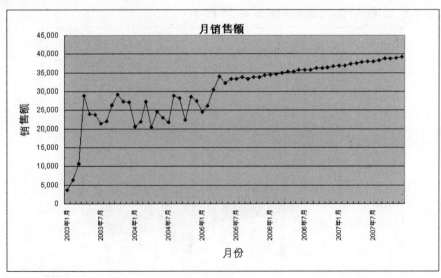

图 6-32

技巧应用

练习创建折线图。

1. 打开"莉斯裁剪店-学生"工作簿。
2. 选择工作表标签 Sheet2，将工作表最大化，如图 6-33 所示。

	A	B	C	D	E	F
1	莉斯裁剪店					
2	月销售额					
3						
4		2003	2004	2005	2005 预计	2006 预计
5	一月	6,450	21,800	26,250		34,700
6	二月	10,750	27,350	30,400		35,000
7	三月	28,950	20,500	33,950		35,200
8	四月	23,950	24,650	32,300		35,200
9	五月	23,850	23,050	33,350		35,700
10	六月	21,450	21,700	33,350		35,700
11	七月	22,000	28,900	33,850		35,700
12	八月	26,400	28,250	33,350	33,350	36,200
13	九月	29,150	22,350		33,850	36,200
14	十月	27,250	28,500		33,850	36,400
15	十一月	27,150	27,500		34,350	36,700
16	十二月	20,550	24,600		34,500	36,900

图 6-33

列表中 2005 年的数据并不完整，有些数据是每个月的部分销售额，而有一些则是预计的销售额。如果要应用在图表中，需要有效区分这两组数据并将其陈列在不同的列中。观察图表将如何显示丢失的数据。

3. 创建折线图，如图 6-34 所示。

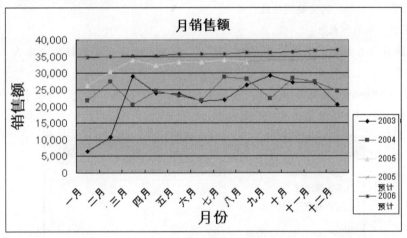

图 6-34

注意，2005 年有两条折线，一条是 2005 年实际数据，一条是 2005 年预计数据，但它们在中间的一点上被连接起来。

4. 保存并关闭工作簿。

技巧应用

创建折线图。

1. 打开"莉斯裁剪店-学生"工作簿。
2. 选择工作表标签 Sheet3，将工作表最大化，如图 6-35 所示。

	A	B	C	D	E	F
1	莉斯裁剪店					
2	月销售额					
3						
4		总金额	$150	$200	$300	总数量
5	2003年1月	3,700	22	2	0	24
6	2003年2月	6,450	39	3	0	42
7	2003年3月	10,750	65	5	0	70
8	2003年4月	28,950	91	66	7	164
9	2003年5月	23,950	95	26	15	136
10	2003年6月	23,850	51	30	34	115
11	2003年7月	21,450	5	78	17	100
12	2003年8月	22,000	104	17	10	131
13	2003年9月	26,400	148	6	10	164
14	2003年10月	29,150	107	43	15	165
15	2003年11月	27,250	105	41	11	157
16	2003年12月	27,150	97	54	6	157

图 6-35

3. 依照下面的指引创建图表：

- 选择单元格区域 A4:B64 和 F4:F64。C 列、D 列和 E 列中的数据没有应用在图表中。
- 选中图表向导"自定义类型"选项卡中的"两轴线-柱图"表格类型。
- 输入以下标题：

  图表标题：月销售额。

  分类（X）轴：月份。

  数值（Y）轴：销售额（$）。

  次数值（Y）轴：单位数量。

- 在图表底部显示图例。
- 显示"数值（Y）轴"的主要网格线。
- 将图表显示在新工作表中。

注意，所有的月份名称都出现在 X 轴的线标签上，这使图表看上去很拥挤，将 X 轴的线标签设置为每三个刻度显示一次月份标签。

4. 右击 X 轴，在弹出的快捷菜单中选择"坐标轴格式"命令，在"刻度"选项卡中将"分类数（分类轴刻度线标签之间）"设置为 3，如图 6-36 所示。

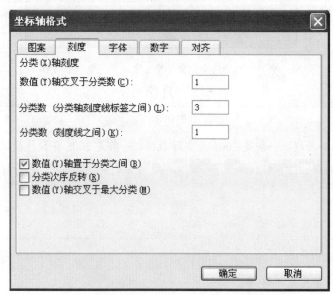

图 6-36

完成后的图表显示如图 6-37 所示。

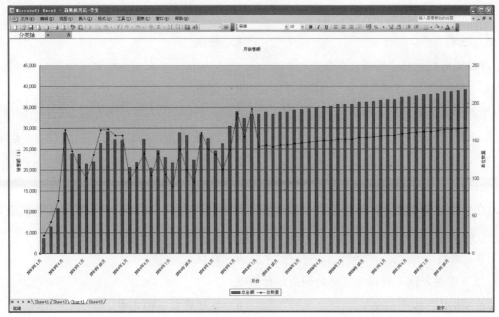

图 6-37

注意该图表将销售额和销售量的信息作对比，但是图表显示销售额与销售量之间有很大的相互联系（即使有偏差）。

5. 保存并关闭工作簿。

6.7 小结

本课中，介绍了如何在 Excel 中创建常用图表，具体内容包括：

☑ 创建常用图表   ☑ 使用饼图

☑ 使用工具栏中的图表向导   ☑ 打印图表

☑ 应用不同类型的图表   ☑ 在现有图表中增加数据

☑ 为图表增添标题和图例

6.8 习题

1. 图表中的系列是指：

   A. 电视系列剧   B. 工作表中的一行数据

   C. 图表中的一组数据   D. 一组工作表

2. 试解释什么是图表。

3. 如何创建图表？

4. 如果依照工作表上的数据创建图表，该图表将在保存工作簿时自动保存。

   A. 正确   B. 错误

5. 只能将图例放置在图表的上方、下方、角落和垂直边处。

   A. 正确   B. 错误

6. 如果单元格四周有黑色的边框，则说明该区域已被选择，可以进行更改。

   A. 正确   B. 错误

7. 可以同时查看图表和数据列表。

  A. 正确   B. 错误

8. 可以同时打开几个图表。

  A. 正确   B. 错误

9. 下列哪一个不是图表中的类型?

  A. 条形图   B. XY 散点图   C. 面积图

  D. 蛋糕型   E. 饼图

10. 在什么情况下饼图更为实用?

11. 在打印预览模式下,无论是黑白打印机还是彩色打印机,Excel 都会显示彩色图表的打印预览。

  A. 正确   B. 错误

12. 以下哪种方法不可以为现有的图表添加数据:

  A. 使用菜单栏   B. 拖动数据至图表中

  C. 使用滚动条   D. 选择图表后,调整选定的数据区域大小

7

Lesson

使 用 函 数

学习目标

　　本课中将学习什么是函数以及通过 Excel 的常用函数完成特定的计算。

学习本课后，应该掌握以下内容：

- ☑ 函数的概念
- ☑ 使用插入函数功能
- ☑ 使用数学与三角函数
- ☑ 使用统计函数
- ☑ 使用财务函数
- ☑ 使用逻辑函数
- ☑ 使用日期与时间函数
- ☑ 使用文本函数
- ☑ 使用信息函数

7.1 关于函数

XL03S-2-4

电子表格的强大功能主要源于它对输入数值的计算和处理能力。对于一个简单的计算（例如收益支出），使用常用的数学计算功能就可以了，但对于更多复杂的计算（例如借贷支出），Excel 则需要借助函数功能完成计算。Excel 有大量的内置函数可以帮助完成电子表格中的计算。

这些内置的函数功能包括以下几类：

数据库	帮助提取和管理 Excel 中的数据库。
日期与时间	用于日期和时间上的计算。
工程	执行工程中的计算，这些函数必须作为分析工具的一部分加载到 Excel 中。
附加	需要时作为添加函数额外加载。
财务	用于财务计算，如借贷、养老金、现金流转等。
信息	用于显示工作表中单元格的信息。
逻辑	基于电子表中数据的赋值情况，控制表格的操作执行。
查找和参考	对列表或者网络上的信息进行定位和查找。
数学与三角函数	用于执行数学和三角函数的计算，如计算对数、余弦和圆周等。
统计	用于执行统计计算，如平均数、平均方差和标准方差。
文本	用于执行文本字符串的操作以及数字和文本之间的相互转化。

关于以上函数的更多细节，可以查阅 Excel 的帮助信息，或者登录 Microsoft 的官方网站获取在线帮助。

7.1.1 函数功能的正确语法

当使用函数时，必须遵守标准的语法或者句法，函数的基本组成部分包括等号（＝）、函数名称和参数，每一组成部分有如下用途：

等号（＝）	帮助 Excel 辨别公式开始的位置。
函数名称	定义要使用的函数。
参数	定义参数的自变量部分或者公式中要求的部分。

按如下顺序排列以上三部分：

=FUNCTION(Arguments)

将函数的参数部分放在括号中，参数可以是单数值或多数值、单引用或者多引用。多个参数需要用逗号隔开。有些函数不需要参数，但仍需要括号。

如果没有包含等号，Excel 会把函数当做文本。如果函数名称不可用，Excel 会在单元格中显示"#NAME?"信息。如果用户没有选择正确数量的参数，Excel 窗口中将出现一个对话框，提示使用函数插入功能来完成函数的设置。

7.1.2 插入函数

让用户记住每一个函数的语法，这是很困难的。但是为了更方便用户使用函数功能，Excel 准备了"插入函数"功能。该功能下的函数插入对话框将显示所有的函数，并按照最近使用过的函数顺序排列显示，或者依据前面介绍的函数分类排列显示。用户可能没有办法记住每个函数的语法，但却清楚自己将要使用的函数功能，这样只要用户输入简单描述或者提示性的词语，插入函数功能就可以辨别并且推荐用户所需的函数。

插入函数，可以使用以下方法：

- 选择"插入" | "函数"命令。
- 单击格式工具栏旁的"插入函数"按钮 f_x。

技巧课堂

学习使用插入函数功能。

1. 打开"函数"工作簿（见图 7-1），将其另存为"函数-学生"。

2. 选择"插入功能"工作表标签。

输入一个函数，计算 D 列的总和，并将结果放在单元格 B3 中。

3. 选择单元格 B3。

4. 单击格式工具栏旁的"插入函数"按钮 f_x，打开"插入函数"对话框，如图 7-2 所示。

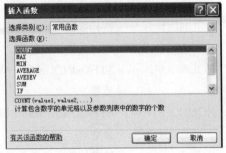

图 7-1   图 7-2

5. 在"选择类别"下拉列表框中选择"常用函数"选项。

 SUM()是经常使用到的函数，所以它总是出现在"常用函数"列表框中，如果该列表框中没有，可以在"数学与三角函数"列表框中找到。

6. 在"选择函数"列表框中，选择 SUM()函数并单击"确定"按钮，打开"函数参数"对话框。

7. 单击 Number1 文本框的"折叠"按钮 ，临时收起"函数参数"对话框以免挡住被选单元格。

8. 选择单元格区域 D3:D7，单击"复原"按钮 ，返回到"函数参数"对话框，如图 7-3 所示。

9. 单击"确定"按钮，完成插入函数。

10. 选择单元格 B4，单击格式工具栏旁的"插入函数"按钮 f_x。

11. 在"选择类别"下拉列表框中选择"统计"选项，然后通过键盘输入 S、T。

在"选择函数"列表框中会随着输入的字母提示可供选择的函数，选择 Excel 推荐的 STDEV()函数，如果需要更多帮助，可以单击对话框左下的"有关该函数的帮助"超链接。

12. 单击"确定"按钮，打开"函数参数"对话框。

13. 通过单击"折叠" 和"复原" 按钮以选择单元格区域 D3:D7，然后单击"确定"按钮，完成插入函数。

完成的工作表应该显示如图 7-4 所示。

14. 保存工作簿。

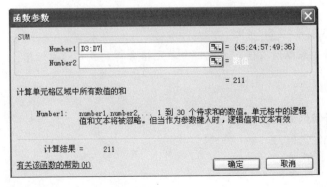

图 7-3   图 7-4

7.2 使用数学与三角函数

电子表格中最常用的函数是 SUM()（求和），其他数学和三角函数有 ABS()（绝对值）、COS()（余弦）、LOG()（对数）、MOD()（余数）、PI()（圆周率）、POWER()（幂）、RADIANS()（将角度转化为弧度）、SIN()（正弦值）、SQRT()（平方根）、TAN()（正切值）等。

本部分的内容是向读者展示 Excel 函数的基本使用方法，而不是这些函数背后的数学意义。以下是一些常用的数学函数：

SUM()	单元格中数值的总数。
ROUND()	按指定的小数位数进行四舍五入。如果指定的小数位数是负数，就四舍五入到小数点左边的指定数位。
ROUNDUP()	和 ROUND()函数一样，但总是取比指定数位数字更大的一个整数，或者更小的一个负数。
ROUNDDOWN()	和 ROUND()函数一样，但总是取比指定数位数字更小的一个整数，或者更大的一个负数。
INT()	将数值向下取整为最接近的整数。
TRUNC()	将数字截为整数或保留指定位数的小数。
MODULUS()	显示除法计算中的余数。

注意，以上函数都有各自定义的参数集合。例如，函数 ROUND()的格式：

=ROUND(value, num_digits)

value 是要四舍五入的数值（或者是包含数值的单元格地址），num_digits 是指定的小数位位数（或者包含小数位数的单元格地址），如果用户对要应用的函数公式表达不确定，建议使用插入函数功能，可以帮助用户正确地输入函数。

ROUND()函数需要指定小数位数。在默认情况下，Excel 会忽略用户设置的格式，计算到小数位的第 15 位。即使对单元格设置了格式，Excel 也不会在计算中忽略规定格式后面的小数计算，这样可以保证计算结果的准确性。

 技巧课堂

学习使用 ROUND()函数。

1. 单击"函数–学生"工作簿中的"四舍五入"工作表，如图 7-5 所示。
首先解释格式化和四舍五入的区别。
2. 在单元格 C4 中输入=B2/B3 并按 Enter 键。
注意，单元格 C4 中没有小数位。
3. 选择单元格 C4，单击六次格式工具栏中的"减少小数位数"按钮，不让单元格显示小数点后的数字（显示为整数）。
4. 移动到单元格 D4 中输入=ROUND(B2/B3,0)并按 Enter 键。
注意，所有单元格都显示为 333，现在用 3 乘以所有值，看看哪个单元格会得到最初的原始值。
5. 在单元格 C5 中输入=C4*3。
6. 在单元格 D5 中输入=D4*3。
学习 ROUND()函数中的阿拉伯数字如何影响计算结果。
7. 在单元格 B9 中输入=ROUND(1000/3,A9)。
8. 将公式复制到单元格 B9、B10 和 B16 中。
此时，工作表如图 7-6 所示。
9. 保存工作簿，不要关闭。

	A	B	C	D	E
1			不四舍五入	四舍五入	
2	数值	1000			
3	除以	3			
4	等于				
5	乘以				
6					
7					
8	数位	数值			
9	4				
10	3				
11	2				
12	1				
13	0				
14	-1				
15	-2				
16	-3				

图 7-5

	A	B	C	D
1			不四舍五入	四舍五入
2	数值	1000		
3	除以	3		
4	等于		333	333
5	乘以		1000	999
6				
7				
8	数位	数值		
9	4	333.3333		
10	3	333.333		
11	2	333.33		
12	1	333.3		
13	0	333		
14	-1	330		
15	-2	300		
16	-3	0		

图 7-6

技巧演练

使用四舍五入功能比较四舍五入后的数值。

1. 创建一个空白工作簿，并输入：

行号	A 列	B 列
2	数值	
3	ROUND	=ROUND(B2,0)
4	ROUNDUP	=ROUNDUP(B2,0)
5	ROUNDDOWN	=ROUNDDOWN(B2,0)
6	INT	=INT(B2)
7	TRUNC	=TRUNC(B2)

2. 复制单元格区域 B3:B7 的公式到单元格区域 C3:G7 中。
3. 在单元格区域 B2:G2 中分别输入 12.4、12.5、12.6、-12.4、-12.5、-12.6。
4. 调整列宽度。

   此时，工作表如图 7-7 所示。

	A	B	C	D	E	F	G
1							
2	数值	12.4	12.5	12.6	-12.4	-12.5	-12.6
3	ROUND	12	13	13	-12	-13	-13
4	ROUNDUP	13	13	13	-13	-13	-13
5	ROUNDDOWN	12	12	12	-12	-12	-12
6	INT	12	12	12	-13	-13	-13
7	TRUNC	12	12	12	-12	-12	-12

图 7-7

   注意 Excel 把负数的向上四舍五入解释为相邻的（绝对值）更大的负数，而不是正数方向更大的整数。

5. 将其另存为"四舍五入函数-学生"并关闭工作簿。

7.3 使用统计函数

   电子表格也可以用于记录并计算统计相关数据。Excel 提供诸多标准统计学中用于分析数据的函数，其中包括：CONFIDENCE()置信区间、CORREL()相关系数、NORMDIST()标准正态分布函数值、POISSON()泊松分布、STDEV()标准偏差、VAR()样本方差等。

   以下是一些最常见的统计函数：

AVERAGE()   计算参数列表中数值的平均值。

COUNT()   计算参数列表中包含数值的单元格个数，该函数不计算文本单元格和空白单元格。

.03S-2-4

COUNTA()	计算参数列表中不为空的单元格个数,该函数会将那些因为格式化或者使用空格清除而看起来像空单元格的单元格也计算在内。
MAX()	显示参数列表中数值的最大值。
MEDIAN()	显示参数列表中数值的中间值。
MIN()	显示参数列表中数值的最小值。

 技巧课堂

学习使用统计函数。

1. 单击"函数–学生"工作簿中的"统计"工作表标签。

2. 选择单元格 B11,然后单击常用工具栏中的"自动求和"下拉按钮 。

3. 在下拉菜单中选择"平均值"选项。

4. 为求平均值选择单元格区域 B2:B10,然后按 Enter 键。

5. 输入下列公式:

单元格	公式
B12	=MEDIAN(B2:B10)
B13	=COUNT(B2:B10)
B14	=MAX(B2:B10)
B15	=MIN(B2:B10)

工作表显示如图 7–8 所示。

6. 保存工作簿,但不要关闭。

	A	B	C
1			
2		10	
3		534	
4		64	
5		783	
6		386	
7		572	
8		823	
9		3	
10		53	
11	平均值	358.6667	
12	中值	386	
13	个数	9	
14	最大值	823	
15	最小值	3	
16			

图 7–8

用户可以使用大写字母或者小写字母输入函数公式和被引用的单元格。也可以不输入函数最右边的括号,因为 Excel 会自动添加右括号,但这是不好的习惯。

 技巧演练

练习使用更多的统计学函数。

1. 打开"雪山"工作簿。

2. 输入如下公式:

单元格	公式
B12	=COUNT(B4:B10)
B13	=COUNTA(B4:B10)
B14	=SUM(B4:B10)
B15	=ROUND(AVERAGE(B4:B10),1)
B17	=AVERAGE(B4:I10)
B18	=STDEV(B4:I10)

3. 将单元格区域 B12:B15 的公式复制到单元格区域 C12:I15 中。

4. 把单元格 B17 和 B18 的小数位数减少到 1 位。

现在工作表显示如图 7–9 所示。

5. 将其另存为"雪山–学生"工作簿,然后关闭。

	A	B	C	D	E	F	G	H	I
1	每日降雪量报告								
2									
3		第一周	第二周	第三周	第四周	第五周	第六周	第七周	第八周
4	周一	7	1.2	5	1.5	6.4	4.7	1.8	6.9
5	周二		6.5	7.8	微量	7.8	8.2		1.9
6	周三	微量	9	1.1	3.6	7.8	5.1	3.1	3.8
7	周四	1.1	2.7	2.5	5.5	3.7	0.6	8.6	7
8	周五	8.6	4.6	1.2	4.9	6.5	0.7	8.1	4.3
9	周六	1.5	7.7	微量	7.7	6.9	3.5	1.9	9.6
10	周日	7.5	0.8	7.9	0.4	8.7	6.3	6.8	6.7
11									
12	非微量降雪天数	5	7	6	6	7	7	6	7
13	降雪总天数	6	7	7	7	7	7	6	7
14	本周降雪总量	25.7	32.5	25.5	23.6	47.8	29.1	30.3	40.2
15	本周每日平均降雪量	5.1	4.6	4.3	3.9	6.8	4.2	5.1	5.7
16									
17	降雪量平均值 -8周	5.0							
18	标准偏差	2.8							

图 7-9

7.4 使用财务函数

Excel 还提供了一些内置的财务函数，这些函数对于使用工作表计算的借贷款、企业年金以及其他相关财务问题非常有帮助。常用的财务函数包括：

PMT()　　　　　　计算固定本金、利率、偿还期限中的等额分期偿还额。

NPV()　　　　　　计算现金流动的净现值。

PV()　　　　　　　计算年金或者一系列将来偿还额的现值。

FV()　　　　　　　计算年金或者一系列分期偿还额的未来值。

在输入利率和偿还期限时，要注意使用相同的单位。例如，如果要计算每月要偿还的贷款额，就必须确认利率和偿还期限都是以月来计算的。如果当前使用的是年利率，则需要将年利率除以 12，如果偿还期限也是用年计算的，那么偿还期限也要除以 12，以月计算。

Excel 中使用的总还款额是按月还款额数乘以总还款的月数计算。总还款利息是按总还款额减去总贷款额计算。

技巧课堂

学习使用 PMT()函数。

一份还款分析表允许读者查看该贷款中每月或每年偿还的本金总数和利息总数。一旦输入了所要求的基本数据贷款额（本金）、贷款利率和贷款期限，Excel 就可以快速计算出相应的还款额。

> PMT()函数不能用于加拿大贷款的计算。因为在加拿大，贷款利率是以还款以后的半年利率计算的，而不是按还款前利率计算的。Excel 中的 PMT()函数可以准确计算美国贷款的月还款额。

PMT()函数需要用户具体提供：本金（即贷款总额）、利率、期限（即贷款期限）。该函数还有另外两个可选参数：余额（指最后支出的余款）和偿还种类（指每月偿还的时间）。如果是每月月末偿还，可以输入 0 或者保留空白单元格；如果每月月初偿还，则在单元格内输入 1。该函数的公式应按如下顺序输入：

=PMT(利率，期限，本金，末期余额，偿还种类)

1. 单击"函数-学生"工作簿的"还款分析"工作表标签。

2. 输入如下数据完成工作表：

贷款总数(B1)　　　　90000

利率(B2)　　　　　　6%

贷款期限(B3)	25	
末期余额(B4)	0	
偿还种类(B5)	0	
每月还款(B7)	=PMT(B2/12,B3*12,-B1,B4,B5)	
总还款(B8)	=B7*(B3*12)	
总利息(B9)	=B8-B1	

 因为末期余额和支出类型中的数值都为 0，因此函数的最后两个可选参数可以被忽略。

3. 将单元格区域 B12:E311 设置为"货币"格式。

4. 在单元格 B12 中输入=B1 代表贷款的本金。

5. 在单元格 C12 中输入=B12*$B$2/12。

该公式将计算出第一个月要支出的利息总额，因为之后要复制该公式，所以首先需要将利率单元格设置为绝对引用单元格。

6. 在单元格 D12 中输入=$B$7-C12，即从每月还款中减去每月偿还的利息。

注意，因为将要复制该公式，所以必须将单元格 B7 设置为绝对引用单元格。

7. 在单元格 E12 中输入=B12-D12，将最初的本金减去已支出的本金。

然后按如下步骤完成表格。

8. 在单元格 B13 中输入=E12，即第一个月后的还款余额。

9. 复制单元格区域 C12:E12 至 C13:E13。

10. 复制单元格区域 B13:E13 至 B14:E311。

此时，工作表显示如图 7-10 所示。

11. 清除 Office 剪贴板上的内容，然后关闭剪贴板。

12. 向下拖动滚动条查看表格底部。

注意在单元格 E311 中的还款余额为$0.00。

13. 保存工作簿，但不要关闭。

	A	B	C	D	E
1	贷款总数（本金）	$ 90,000.00			
2	利率	6.0%			
3	贷款期限	25			
4	末期余额	$ -			
5	偿还种类	0			
6					
7	每月还款	$579.87			
8	总还款	$ 173,961.38			
9	总利息	$ 83,961.38			
10					
11	月份	本金	已支付的利息	已还本金	还款余额
12	1	$ 90,000.00	$ 450.00	$129.87	$89,870.13
13	2	$ 89,870.13	$ 449.35	$130.52	$89,739.61
14	3	$ 89,739.61	$ 448.70	$131.17	$89,608.43
15	4	$ 89,608.43	$ 448.04	$131.83	$89,476.61
16	5	$ 89,476.61	$ 447.38	$132.49	$89,344.12
17	6	$ 89,344.12	$ 446.72	$133.15	$89,210.97
18	7	$ 89,210.97	$ 446.05	$133.82	$89,077.15
19	8	$ 89,077.15	$ 445.39	$134.49	$88,942.66
20	9	$ 88,942.66	$ 444.71	$135.16	$88,807.51
21	10	$ 88,807.51	$ 444.04	$135.83	$88,671.67

图 7-10

 技巧演练

练习使用更多的财务函数。

1. 打开"财务函数"工作簿。

首先，计算现金流的总数。

2. 选择单元格 B10，单击常用工具栏中的"自动求和"按钮 Σ 。

3. "自动求和"功能将自动选择的单元格区域是 B3:B9，这是不正确的，手动将其更改为单元格区域 B5:B9，然后按 Enter 键。

自动求和的计算结果可分析出这是一个很好的投资，似乎可以赚钱，即使最开始要投入$100 000，但很快可以收回初始投入，额外还有$10 000 的利润。但是，这只是简单计算的结果，没有考虑利率因素。

现在使用 NPV()函数计算该现金流的净现。NPV()函数计算利率和每支出或收益的未来值。value1 是第一期的支出或收入总额，value2 是第二期的支出或收入总额，以此类推。支出总额是负数，收入总额是正数，公式如下：

=NPV(interest rate,value1, value2, value3, …)

4. 选择单元格 B12，输入=NPV(B3,B4:B9)。

NPV()函数计算得到一个负数，这是由于回流的现金流总额不足以平衡单元格 B3 中的预期利率。现在计算支出总额。注意，这里使用的数值是"还款分析"工作表中贷款例子的倒推数值。这里不计算 $90 000 贷款中的偿还额，而是计算银行贷款给用户这笔款额的时间价值，以及贷款人按月偿还后银行所能得到的回报。

5. 选择单元格 E6，输入=E4*E5，然后按 Enter 键。

这个简单的计算反映出银行会因为这项贷款而赚钱，因为单元格 E6 中的数值远远大于最初贷款总额$90 000。

同之前的简单计算，本次乘法计算也没有考虑利率。

PV()函数可以考虑以下因素：利率、期限（还款期限）和还款额。PV()函数公式显示如下：

=PV(interest rate,term,payment)

6. 选择单元格 E8 并输入=PV(E3,E4,E5)。

PV()的计算结果反映出如果把利息考虑到月还款额中，银行的最终收入刚好等于银行的最初投入。因为年利率是 6%，所以计算中使用的利率是 0.5%。计算中使用的所有数值都需要使用相同的时间期限（本例中使用月份计算），所以要将年利率除以 12。

工作表显示如图 7-11 所示。

	A	B	C	D	E
1					
2	净现值			现值	
3	利率	5%		利率	0.5%
4	原始支出-2003	-$100,000		期限	300
5	利润-2004	$22,000		还款额	$579.87
6	利润-2005	$22,000		简单计算	$173,961.00
7	利润-2006	$22,000			
8	利润-2007	$22,000		现值（PV）	-$89,999.80
9	利润-2008	$22,000			
10	简单计算	$110,000			
11					
12	净现值 （NPV）	-$4,525			

图 7-11

7. 将其另存为"财务函数-学生"，关闭工作簿。

7.5 使用逻辑函数

电子表格能够根据数值条件来执行不同的计算，这是一个十分强大并且实用的功能。这些功能主要是通过 IF()函数（条件假设函数）实现的。该函数根据评估条件，执行两个函数中的一个。这种自动评估功能使工作表中的计算有了质的飞跃。

IF()函数的公式显示如下：

=IF(logical test,value if true,value if false)

logical test   指出要评估的条件。

value if true   如果该条件满足评估条件，IF()函数的结果将返回该公式的一个数值。

value if false   如果该条件不满足评估条件，IF()函数的结果就将返回该公式中的另一个数值。

逻辑测试部分包括比较运算或者算术符，这可以帮助用户得到想要的结果。算术符允许用户评估一系列数值或结果。

常用算术符包括：

=	等于
>	大于
<	小于
>=	大于等于
<=	小于等于
<>	不等于

函数的 value if true/false 部分可以包括字符串、数值或其他函数。实际上，在一个 IF 语句里可以嵌入七个 IF()函数。下面是一个 IF()函数嵌套的例子：

=IF(A1=10, "text A",IF(A1=20, "text B", "text C"))

该例中如果满足条件，可以得到如下结果：

如果 A1 包含　　　则显示为

10　　　　　　　text A

20　　　　　　　text B

其他数值　　　　text C

另外，COUNT()和 SUM()两个函数分别加上了 IF()函数的功能，即有了 COUNTIF()和 SUMIF()这两个新的函数。

技巧课堂

学习 IF()函数。

使用工作表去计算公司销售人员的年终奖金。如果员工的年销售额超过$100 000，将会得到$1 500 的奖金。

1. 单击"函数–学生"工作簿中的"假设分析"工作表标签。

2. 选择单元格 C5，然后单击"插入函数"按钮 f_x。

3. 在"选择类别"下拉列表框中选择"逻辑"选项。

4. 在"选择函数"列表框中选择 IF 选项，然后单击"确定"按钮。

 因为奖金只颁发给销售额超过$100 000 的人，所以逻辑测试将对相邻单元格进行评估。即将评估附近单元格 B5 中的年销售额是否超过了$100 000。

5. 在 Logical_test 文本框中输入 B5>100000。

 下一部分是 Value_if_true，如果左边单元格（B5）中的数值超过了$100 000，需要该函数返回数值$1 500。

6. 在 Value_if_true 文本框中输入 1500。

 最后一部分是 Value_if_false，如果左边单元格（B5）的数值小于 100 000，需要该函数返回数值 0。

7. 在 Value_if_false 文本框中输入 0。

 此时，"函数参数"对话框显示如图 7–12 所示。

8. 单击"确定"按钮。

 注意，这里使用的计算结果的公式为=IF(B5>100000,1500,0)。

 如果单元格 B5 中的数值小于 100 000，IF()函数将返回单元格 C5 中的数值 0。公式中引用的相对单元格地址（=B5），因此可以将该公式复制到工作表中的其他位置上。

9. 复制单元格 C5 中的公式到单元格区域 C6:C13 中。

 只有托马斯、克瑞和贝尔的单元格中才会显示数值$1 500。

10. 选择单元格 C14，然后单击常用工具栏上的"自动求和"按钮 Σ，按 Enter 键。

 现在的工作表显示如图 7–13 所示。

图 7–12

	A	B	C
1	年终奖计算		
2			
3	**员工**	**年销售额**	**年奖金**
4			
5	史密斯	$ 82,495	$ -
6	卡本林	$ 65,296	$ -
7	托马斯	$ 112,172	$ 1,500
8	吴托	$ 37,851	$ -
9	阿泰	$ 24,668	$ -
10	瑞迪	$ 19,803	$ -
11	克瑞	$ 175,599	$ 1,500
12	亚特	$ 67,544	$ -
13	贝尔	$ 112,517	$ 1,500
14	总计	$ 697,945	$ 4,500
15			
16	获得年终奖员工的数量		
17	超过 $100,000销售总额		

图 7–13

11. 保存工作簿，但不要关闭。

如果想要改变工作表的外观，可以修改 IF() 函数。例如，想在销售额小于$100 000 的情况下单元格显示为空白而不是数值 0，可以将公式修改如下：

=IF(B6>100000,1500," ")

双引号会指示 Excel 在不满足逻辑测试的单元格中输入空格。

另外，可以在那些没有达到销售额数值的单元格里显示一些鼓励的话语。为实现该功能，可以在双引号之间插入"继续努力"字样：

=IF(B6>100000,1500,"继续努力")

在公式中输入"继续努力"后，也要记住将修改后的公式复制到其他单元格里。

 当使用"插入函数"功能时，Excel 会同时插入引号。如果想要 False Value 单元格为空白，需要输入两个引号，或者可以选择输入想要显示的语句。

 技巧演练

在该练习中计算收到奖金员工的数量以及他们销售额的总数。

1. 打开"年终奖计算"工作簿，将其另存为"年终奖计算-学生"。
2. 在单元格 C16 中输入=COUNTIF(B5:B13,">100000")。
3. 在单元格 C17 中输入=SUMIF(B5:B13,">100000")。

现在工作表显示如图 7–14 所示。

4. 保存并关闭工作簿。

	A	B	C
1	年终奖计算		
2			
3	员工	年销售额	年奖金
4			
5	史密斯	$ 82,495	$ -
6	卡本林	$ 65,296	$ -
7	托马斯	$ 112,172	$ 1,500
8	吴托	$ 37,851	$ -
9	阿泰	$ 24,668	$ -
10	瑞迪	$ 19,803	$ -
11	克瑞	$ 175,599	$ 1,500
12	亚特	$ 67,544	$ -
13	贝尔	$ 112,517	$ 1,500
14	总计	$ 697,945	$ 4,500
15			
16	获得年终奖员工的数量:		3
17	超过 $100,000销售总额:		$400,288

图 7–14

7.6 使用日期和时间函数

XL03S-2-4

Excel 还提供了日期和时间函数，帮助用户在工作表中执行有关日期和时间的计算。有时候会需要使用日期函数执行诸如有关年龄、天数等的计算。有时候还需要使用时间函数执行有关时间的计算，例如实现秒、分、时之间的相互转换。

为执行以上计算，Excel 将时间和日期存储为连续数字格式的代码。1900 年 1 月 1 日以后的天数作为整数部分表示，小时作为小数部分表示。Excel 还使用特别函数决定日期和时间的连续数字代码，然后从代码中减去年、月、日、时、分、秒。

一些经常使用的日期和时间函数包括：

NOW()　　　　返回日期时间格式的当前日期和时间。

函数	说明
TODAY()	返回日期格式的当前日期，时间部分为 0。
DATE()	返回日期和时间代码中代表日期的数字。
DATEVALUE()	将日期从字符串转化为数字。
DAY()	显示日期值，一个月中第几天的数字。
MONTH()	显示月份值，一年中第几个月的数字。
YEAR()	显示年份值，1000 ~ 9999 的年数字。
WEEKDAY()	显示星期值，一周中第几天的数值 1 ~ 7。
HOUR()	显示小时数值，0 ~ 23 之间的整数数字。
MINUTE()	显示分钟数值，0 ~ 60 之间的整数数字。
SECOND()	显示秒的数值，0 ~ 60 之间的整数数字。

例如，日期函数的格式将显示如下：

=DATE(YEAR,MONTH,DAY)

时间函数的格式将显示如下：

=TIME(HOUR,MINUTE,SECOND)

 技巧课堂

学习日期函数的使用。

1. 单击"函数-学生"工作簿的"日期"工作表标签。

2. 选择单元格 B3，然后输入生日日期。

3. 选择单元格 B4，输入=TODAY( )。

4. 选择单元格 B6，输入=(B4-B3)/365.25。

   此时，工作表显示如图 7-15 所示。

5. 保存工作表，但不要关闭。

	A	B	C
1	年龄计算		
2			
3	您的生日	1985年2月28日	
4	当前日期	2009年3月2日	
5			
6	您现在是	24.0	岁

图 7-15

 技巧演练

计算日期和时间。

练习使用更多的日期函数。

1. 创建一个新工作簿。

2. 在单元格 A1 中输入"日期函数"。

3. 将 A 列的列宽设置为 14。

4. 在单元格 A3 中输入=NOW( )，然后按 Enter 键。

   Excel 返回当前的日期和时间，并且将其格式化，然后显示在单元格中。注意，可能需要调整列宽度，从而查看单元格的全部内容。

5. 在工作表中输入以下函数：

单元格	函数
B3	=YEAR(A3)
B4	=MONTH(A3)
B5	=DAY(A3)
B6	=HOUR(A3)
B7	=MINUTE(A3)
B8	=SECOND(A3)
B9	=WEEKDAY(A3)

注意默认星期天是一周中的第一天，而星期六是一周中的第七天。一周的起始位置和返回数值都能通过函数中的 return_type 来更改。如果希望将星期一设置为每星期的第一天，将星期天设置为第七天，那么可将 return_type 的数值设置为 2；如果希望将星期一设置为第零天，星期天设置为第六天，那么将 return_type 的值更改为 3 即可。

B10　　　　　　=WEEKDAY(A3,2)

B11　　　　　　=WEEKDAY(A3,3)

此时，工作表显示如图 7-16 所示。

	A	B
1	日期函数	
2		
3	2009-6-27 23:51	2009
4		6
5		27
6		23
7		51
8		37
9		7
10		6
11		5

图 7-16

6. 将其另存为"日期函数 – 学生"，然后关闭工作簿。

7.7 使用文本函数

Excel 包含几个与文本使用相关的函数，对处理字符串非常有用。这类函数经常用于处理来自于其他数据源的数据。一些常用的函数包括：

TEXT()　　　　按指定格式将一个数值转化为字符串。

TRIM()　　　　删除字符串中的空格。

LEFT()　　　　从字符串的左边开始，删除指定数目的字符。

RIGHT()　　　从字符串的右边开始，删除指定数目的字符。

MID()　　　　从字符串的任意位置上开始，删除指定数目的字符。

LEN()　　　　计算字符串的字符个数。

FIND()　　　　在一个字符串中查找指定的字符或者字符串，找到后返回开始位置。FIND()函数区分大小写，而 SEARCH()函数不区分。

UPPER()　　　把文本转化为大写格式。

LOWER()　　　把字符串中的所有字符转化为小写格式。

PROPER()　　　把字符串的第一个字母和所有后面跟随的非拉丁字母的字母转化为大写，其他则为小写。

REPLACE()　　将字符串中的文本替换为新文本。

REPT()　　　　通过重复指定字符并使用指定次数创建字符串。

另外，字符串能通过操作符&连接起来。在利用工作表创建列表或数据库时，运用这些可能被忽视的小功能，可以为用户节省很多时间。

技巧课堂

学习使用文本函数。

1. 选择"函数-学生"工作簿的"文本"工作表标签。

2. 选择单元格 C1，输入=A1&" "&B1。

   使用引号之间的空格分隔开姓和名。

3. 选择单元格 A2，输入=LOWER(A1)。

4. 选择单元格 A3，输入=UPPER(A1)。

5. 选择单元格 A4，输入=PROPER(A1)。

6. 复制单元格区域 A2:A4 到单元格区域 B2:C4。

   注意，Excel 在包括连字符后面的所有恰当位置上都输入了大写字母。

7. 在单元格 A6 中输入= LEFT(A5,5)。

8. 在单元格 A7 中输入=RIGHT(A5,3)。

9. 在单元格 A8 中输入=LEFT(A5,3)&MID(A5,6,1)。现在工作表显示如图 7-17 所示。

10. 保存工作簿并保持打开状态。

	A	B	C
1	JaNe	pArkER-SmiTh	JaNepArkER-SmiTh
2	jane	parker-smith	janeparker-smith
3	JANE	PARKER-SMITH	JANEPARKER-SMITH
4	Jane	Parker-Smith	Janeparker-Smith
5	BIRTHDAY		
6	BIRTH		
7	DAY		
8	BIRD		

图 7-17

7.8 使用信息函数

信息函数根据提供的参数返回简单的 TRUE（正确）或者 FALSE（错误）条件。信息函数可以检查单元格或者测试公式计算的结果。如果和 IF()函数一起使用，信息函数还可以控制执行多种条件程序。经常使用的信息函数包括：

ISBLANK()	如果引用了空白单元格，返回 TRUE。
ISERROR()	如果单元格或者函数有任何的错误，则返回 TRUE。
ISNA()	如果单元格或函数结果带有# N/A 错误提示，则返回 TRUE。
ISNONTEXT()	如果单元格或函数计算结果含有任何非文本的数值或者是空单元格，则返回 TRUE。
ISTEXT()	如果被选择单元格只包含文本字符，则返回 TRUE。
ISNUMBER()	如果单元格或函数计算结果是数值，则返回 TRUE。
NA()	返回# N/A 错误值，该函数常用于 IF()逻辑函数中。

技巧课堂

学习使用信息函数。

1. 选择"函数-学生"工作簿的"信息"工作表标签。
2. 在指定单元格中输入以下函数：

单元格	函数
C2	=ISNUMBER(B2)
D2	=IF(ISNUMBER(B2),"B2 是数字","B2 不是数字")
C3	=ISTEXT(B3)
C4	=ISNONTEXT(B4)
C5	=IF(B5=0,NA(),A5/B5)
D5	=IF(ISNA(C5),"错误：不可以除以零！","")

此时，工作表显示如图 7-18 所示。

3. 现在更改以下内容，效果如图 7-19 所示。

单元格	输入
B2	15
B3	变量
B4	（删除单元格中的数值）
B5	5

4. 如果愿意，还可以在单元格 B2、B3、B4、A5 和 B5 中输入其他内容，观察其变化。
5. 保存并关闭工作簿。

	A	B	C	D	E
1	信息				
2		字符串	FALSE	B2 不是数字	
3		325.1	FALSE		
4		普通文本	FALSE		
5	10	0	#N/A	错误：不可以除以零!	
6					

图 7-18

	A	B	C	D
1	信息			
2		15	TRUE	B2 是数字
3		变量	TRUE	
4			TRUE	
5	10	5	2	
6				

图 7-19

7.9　实战演练

技巧应用

练习在工作表中使用四舍五入函数和其他统计函数。

　　假设你负责为公司办公楼购买并安置长椅，而且需要向采购部门提供所要购买长椅的数量和单位价格，公司建议使用单价为$70的长椅，并且在每50平方英尺（1英尺=0.418m）的区域内安置一把。

　　依据办公楼使用面积的大小，需要创建一个工作表帮助完成此项计算。

1. 打开"长椅"工作簿。

2. 如果每50平方英尺需要安放一张长椅，在C列中输入必要的公式计算每个区域需要多少张长椅。尽量提供四舍五入后的整数。

3. 如果每张长椅单价为$70，在D列中输入公式计算安置长椅要花费的总金额。

4. 计算B列到D列中的总数、平均数、最大值和最小值。

5. 按照图7-20中显示的格式为工作表格式化，但不要使用格式工具栏中的按钮。

6. 完成后将其另存为"长椅-学生"，然后关闭工作簿。

	A	B	C	D
1	区域	平方英尺	长椅数量	总价格
2	入口处	675	14	$ 980.00
3	财务部门	150	3	$ 210.00
4	员工休息室	215	4	$ 280.00
5	采购部	160	3	$ 210.00
6	销售部	230	5	$ 350.00
7				
8	总计	1430	29	$ 2,030.00
9	平均值	286	5.8	$ 406.00
10	最大值	675	14	$ 980.00
11	最小值	150	3	$ 210.00

图7-20

技巧应用

练习使用FV()（未来值）财务函数。

1. 打开"养老金"工作簿，如图7-21所示。

2. 投资者每年在政府授权的养老金基金公司中投资一笔，使用公式计算该投资的未来值。假设每年投资$1 000，25年内每年保证3.5%的利率，未来值函数将计算出25年后所有投资的最终价值，如图7-22所示。

	A	B	C
1	养老金的计算		
2			
3	利率		
4	年数		
5	每年投资		
6	未来值		

图7-21

	A	B
1	养老金的计算	
2		
3	利率	3.5%
4	年数	25
5	每年投资	$1,000.00
6	未来值	($38,949.86)

图7-22

　　使用财务函数中的FV()函数，FV()函数需要输入三部分的内容。

3. 现在，依据自身情况重新使用函数计算以下内容：如果希望到65岁时可以有$100 000（未来值），计算所需要的每年投资是多少。在工作表中输入符合实际情况的数值，包括从现在到65岁时所需年数和当前的利率。

4. 将其另存为"养老金-学生"，然后关闭工作簿。

技巧应用

练习使用IF()函数和IF()函数的嵌套用法。

1. 打开"工作年数"工作簿。

2. 在E列中输入公式计算每个员工在本公司工作的总年数，使用Today()函数或者Now()函数依据当前的日期自动计算数值。

可以用日期执行算数计算。用两个日期相减将会得到两个日期之间的差，然后可以将其转换为月或年。

3. 公司决定每十年奖励老员工一枚"老员工"勋章。在 F 列输入一个逻辑函数，决定每位员工应该获得什么样的勋章。

资历	勋章
0~9 年	没有勋章
10~19 年	10 年老员工勋章
20~29 年	20 年老员工勋章
30 年或以上	30 年老员工勋章

完成后的工作表应该显示如图 7-23 所示。

	A	B	C	D	E	F
1	工作年数					
2						
3	名	姓	受雇日期	薪水	在本公司工作年数	勋章
4	Fred	Atkinson	1989年1月22日	35,000	20	20年员工勋章
5	Shelly	Enns	1972年12月27日	47,000	36	30年员工勋章
6	Tracy	Franco	1980年10月24日	72,000	28	20年员工勋章
7	Calvin	Jones	1977年2月5日	57,000	32	30年员工勋章
8	Jeff	Jones	1983年1月12日	65,000	26	20年员工勋章
9	Nadine	Jones	1986年9月26日	42,000	22	20年员工勋章
10	Debbie	Miller	1995年6月29日	24,000	14	10年员工勋章
11	Don	Miller	1977年7月29日	38,000	32	30年员工勋章
12	Kerry	Miller	1971年8月29日	42,000	38	30年员工勋章
13	Allison	Parker	2001年4月12日	37,500	8	没有勋章
14	Mary	Peter	1988年5月24日	57,000	21	20年员工勋章
15	James	Richardson	2002年1月12日	32,000	7	没有勋章
16	Karen	Smith	1974年1月26日	24,000	35	30年员工勋章
17	Samantha	Smith	1991年8月15日	20,000	18	10年员工勋章
18	Karen	Wilson	1992年4月1日	32,000	17	10年员工勋章
19	Frank	Wong	1977年6月2日	40,000	32	30年员工勋章
20	Kenny	Wong	1970年8月10日	50,000	39	30年员工勋章
21	Susan	Wong	1981年3月19日	33,000	28	20年员工勋章

图 7-23

4. 将其另存为"工作年数-学生"然后关闭工作簿。

 技巧应用

练习使用统计函数。

假设你在当地的商场门口观察进入商场的人的头发颜色（视觉上的颜色而非自然的颜色），并收集相关数据，从而获取每种头发颜色的人数。

1. 打开"头发颜色统计"工作簿。
2. 计算 B 列的平均数、中值、最大值、最小值和总数。
3. 把"总数"四舍五入到千位。
4. 将公式复制到所有相关单元格中。
5. 在"总计"栏中计算所有参与统计头发颜色人数的总数。
6. 计算每种头发颜色人数所占总数的百分比。计算中使用四舍五入后的总数。
7. 单元格中的数字要使用千位分隔符，并且省略小数点以后的数字。如果是百分比，保留小数点后一位。完成后的工作表显示如图 7-24 所示。
8. 将其另存为"头发颜色统计-学生"，然后关闭工作簿。

	A	B	C	D	E	F	G
1				头发颜色			
2	日期	黄色	棕色	红色	黑色	灰白	其他颜色
3	1-Jun-03	16,034	7,609	133	18,074	3,647	496
4	2-Jun-03	17,910	9,724	192	23,527	3,471	271
5	3-Jun-03	6,943	9,961	71	42,824	4,768	47
6	4-Jun-03	14,573	11,090	472	10,524	401	106
7	5-Jun-03	13,873	10,539	138	43,631	2,891	383
8	6-Jun-03	4,706	10,983	271	23,312	4,883	562
9	7-Jun-03	14,784	12,701	53	42,634	540	673
10	8-Jun-03	13,859	11,439	335	33,607	380	84
11	9-Jun-03	5,924	8,078	77	35,856	1,958	28
12	10-Jun-03	16,602	4,214	235	24,316	985	69
13	11-Jun-03	20,464	3,052	321	42,823	2,113	233
14	12-Jun-03	22,575	11,807	145	44,960	3,330	192
15	13-Jun-03	9,783	9,651	117	20,170	4,625	260
16	14-Jun-03	2,608	11,090	110	10,079	1,703	785
17	15-Jun-03	3,796	11,609	354	44,437	3,205	146
18							
19	平均值	12,296	9,591	202	30,718	2,593	289
20	中值	13,873	10,539	145	33,607	2,891	233
21	最大值	22,575	12,701	472	44,960	4,883	785
22	最小值	2,608	3,052	53	10,079	380	28
23	总数	184,434	143,866	3,024	460,774	38,900	4,335
24							
25	四舍五入	184,000	144,000	3,000	461,000	39,000	4,000
26	总计	835,000					
27							
28	百分比	22.0%	17.2%	0.4%	55.2%	4.7%	0.5%

图 7-24

技巧应用

通过 Excel 工作表创建一个互动性质的网页。

1. 打开"贷款偿还计算"工作簿。
2. 在单元格 B5 中输入合适的财务函数，计算要还清单元格 A5 中贷款总额需要的月偿还款额，并满足单元格 B4 中的（年）利率和单元格 C2 中的偿还年限。

> 使用财务函数 PMT()。要除以或乘以恰当的数值才能计算出月付款总数。

3. 将公式复制到单元格区域 B5:H25 中，表格显示如图 7-25 所示。

	A	B	C	D	E	F	G	H
1	贷款偿还计算							
2	偿还年限:		25					
3								
4	总数	4.00%	4.25%	4.50%	4.75%	5.00%	5.25%	5.50%
5	50,000	-$263.92	-$270.87	-$277.92	-$285.06	-$292.30	-$299.62	-$307.04
6	60,000	-$316.70	-$325.04	-$333.50	-$342.07	-$350.75	-$359.55	-$368.45
7	70,000	-$369.49	-$379.22	-$389.08	-$399.08	-$409.21	-$419.47	-$429.86
8	80,000	-$422.27	-$433.39	-$444.67	-$456.09	-$467.67	-$479.40	-$491.27
9	90,000	-$475.05	-$487.56	-$500.25	-$513.11	-$526.13	-$539.32	-$552.68
10	100,000	-$527.84	-$541.74	-$555.83	-$570.12	-$584.59	-$599.25	-$614.09
11	110,000	-$580.62	-$595.91	-$611.42	-$627.13	-$643.05	-$659.17	-$675.50
12	120,000	-$633.40	-$650.09	-$667.00	-$684.14	-$701.51	-$719.10	-$736.90
13	130,000	-$686.19	-$704.26	-$722.58	-$741.15	-$759.97	-$779.02	-$798.31
14	140,000	-$738.97	-$758.43	-$778.17	-$798.16	-$818.43	-$838.95	-$859.72
15	150,000	-$791.76	-$812.61	-$833.75	-$855.18	-$876.89	-$898.87	-$921.13
16	160,000	-$844.54	-$866.78	-$889.33	-$912.19	-$935.34	-$958.80	-$982.54
17	170,000	-$897.32	-$920.95	-$944.92	-$969.20	-$993.80	-$1,018.72	-$1,043.95
18	180,000	-$950.11	-$975.13	-$1,000.50	-$1,026.21	-$1,052.26	-$1,078.65	-$1,105.36
19	190,000	-$1,002.89	-$1,029.30	-$1,056.08	-$1,083.22	-$1,110.72	-$1,138.57	-$1,166.77
20	200,000	-$1,055.67	-$1,083.48	-$1,111.66	-$1,140.23	-$1,169.18	-$1,198.50	-$1,228.17
21	210,000	-$1,108.46	-$1,137.65	-$1,167.25	-$1,197.25	-$1,227.64	-$1,258.42	-$1,289.58
22	220,000	-$1,161.24	-$1,191.82	-$1,222.83	-$1,254.26	-$1,286.10	-$1,318.34	-$1,350.99
23	230,000	-$1,214.02	-$1,246.00	-$1,278.41	-$1,311.27	-$1,344.56	-$1,378.27	-$1,412.40
24	240,000	-$1,266.81	-$1,300.17	-$1,334.00	-$1,368.28	-$1,403.02	-$1,438.19	-$1,473.81
25	250,000	-$1,319.59	-$1,354.35	-$1,389.58	-$1,425.29	-$1,461.48	-$1,498.12	-$1,535.22

图 7-25

4. 在第 4 行中输入不同的利率，在 A 列中输入不同的贷款总数，查看每月偿还额的变化。
5. 将其另存为"贷款偿还计算-学生"，然后关闭工作簿。

7.10 小结

本章介绍了有关函数的特点和 Excel 中一些常用函数的相关功能。

完成了这部分的学习后，您应该了解到以下几个方面的内容：

☑ 函数的概念 ☑ 使用逻辑函数
☑ 使用插入函数功能 ☑ 使用日期与时间函数
☑ 使用数学与三角函数 ☑ 使用文本函数
☑ 使用统计函数 ☑ 使用信息函数
☑ 使用财务函数

7.11 习题

1. 什么是函数？为什么要使用函数？
2. Excel 函数的基本类别都包括哪些？
3. 函数的基本语法是什么？

4. "插入函数"功能有什么用途？

5. ROUND()函数和ROUNDUP()函数有什么区别？

6. 下面哪个函数可以计算含有数值和文本单元格的个数？

    A. COUNT()   B. COUNTA()

7. 下面哪个不属于财务函数？

    A. FV()   B. NPV()   C. AVERAGE()   D. PMT()   E. PV()

8. =IF 函数包含三个参数：the value if true、the value if false、the logical test。它们在=IF 函数中的顺序是怎样的？

9. 如何使用 NOW()函数？

10. 如果要改变文本的大小写字母，应该使用哪个函数？

11. 如果销售额超过$10 000 可以获得 5%的奖金，销售额超过$20 000 后可以额外多获得 2%的奖金，用什么函数可以执行该计算？假设销售总额显示在单元格 A1 中。

8 Lesson

自定义格式和绘图工具

学习目标

　　本课将学习如何使用绘图工具以及有关单元格格式的一些高级设置。

学习本课后，应该掌握以下内容：

- ☑ 使用有关对齐单元格内容的高级功能
- ☑ 使用格式刷
- ☑ 隐藏、取消隐藏行和列
- ☑ 隐藏、取消隐藏工作表
- ☑ 使用批注
- ☑ 创建并使用格式样式
- ☑ 绘制图形和使用自选图形
- ☑ 移动和调整图形
- ☑ 使用艺术字

XL03S-3-3

8.1 对齐单元格内容

对齐功能用来调整数据在单元格内的显示位置。用户可以通过设置，在水平方向和垂直方向上对齐单元格中的内容，如图 8-1 所示。

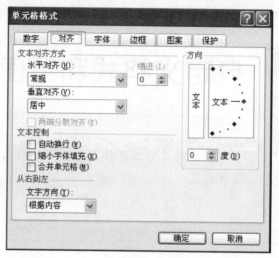

图 8-1

"单元格格式"对话框的"对齐"选项卡包括以下相关选项：

水平对齐–常规、靠左（缩进）、居中、靠右（缩进）　　Excel 默认数值为右对齐，因而在 Excel 中输入的数值会自动靠右对齐。但是 Excel 默认文本为左对齐，此设置会给用户辨别数据所对应的文本带来一些困难。但是用户可以通过"文本对齐方式"中的选项更改任意单元格内容的对齐方式，包括：常规、靠左、靠右或者居中（对齐）。

水平对齐–填充　　复制单元格的内容以横向形式填充单元格。

水平对齐–两端对齐　　该功能是从单元格左右两端同时对齐调整文本。两端对齐还可以让文字自动换行。

水平对齐–跨列居中　　可以将电子表格中的题目设置为跨列居中。用户不用推测位置就可以将题目调整到工作表的正中间。特别是在需要修改列宽或者要增加/删除列的时候，这项功能就更为实用了。

也可以通过单击格式工具栏上的"增加缩进量"按钮 和 "减小缩进量"按钮 来改变缩进量。

缩进　　从单元格的左端缩进标签。

方向　　Excel 默认的方式是横向显示单元格内的文本。但是用户可以依据需要将文本旋转–90º~ 90º之间任意角度。还可以纵向显示单元格内的文本内容并且自动调节单元格的高度。

自动换行　　在现有的列宽下，为了适应文本中的内容而另起一行，同时增加行高。

缩小字体填充　　自动调整文字的大小以填充所有的空间。

合并单元格　　去掉单元格之间的边界线，并且将新生成的单元格视为一个大的单元格。居中、右对齐等功能会把新单元格作为单独的一个单元格设置对齐。单元格可以横向合并、纵向合并以及两个方向同时合并。

文字方向　　输入阿拉伯数字等其他文字时，可以从右到左显示。

技巧课堂

学习使用对齐选项来改变一个单元格内的文本位置。

1. 打开"曼格力娱乐公司"工作簿，如图 8-2 所示。
2. 将其另存为"曼格力娱乐公司-学生"。

将数据列的顶部标题居中。

3. 选择单元格区域 B4:E4。
4. 选择"格式"｜"单元格"命令，打开"单元格格式"对话框。
5. 在打开的对话框中切换到"对齐"选项卡。
6. 在"水平对齐"下拉列表框中，选择"居中"选项，然后单击"确定"按钮。
7. 单击格式工具栏中的"加粗"按钮 **B**。

	A	B	C	D	E
1	曼格力娱乐公司				
2	销售报告 - 2003年4月				
3					
4		销售总额	销售提成	薪水	盈利额
5	硬件				
6	查理	12250	1585	2200	3785
7	詹尼理	8155	975	2100	3075
8	詹尼	11560	1485	2500	3985
9	史内德	6720	760	1800	2560
10	威廉	7905	935	2100	3035
11	小计	46590	5740	10700	16440
12					
13	CD/录音带				
14	范娜子	5620	595	1800	2395
15	曼森	8227	985	1600	2585
16	罗伯特	6444	715	2100	2815
17	撒度	10840	1375	1800	3175
18	小计	31131	3670	7300	10970
19					
20	视频/DVD				
21	巴森	5928	640	1550	2190
22	库珀	7166	825	1800	2625
23	司麦	4975	495	1700	2195
24	小计	18069	1960	5050	7010
25					
26	书刊				
27	埃迪森	7921	940	2000	2940
28	理查	6084	665	1800	2465
29	沃克	4913	485	1800	2285
30	小计	18918	2090	5600	7690
31	总计	114708	13460	28650	42110

图 8-2

现在将单元格内的文本右对齐。

8. 选择单元格 A11，然后选择"格式"｜"单元格"命令，打开"单元格格式"对话框。
9. 切换到"对齐"选项卡，在"水平对齐"下拉列表框中选择"靠右（缩进）"选项，最后单击"确定"按钮。
10. 单击格式工具栏中的"加粗"按钮 **B** 将文字加粗。

为了强调数据，将包含了雇员姓名单元格内的文本缩进。首先将员工名字向右缩进，然后将数值向左缩进。

11. 选择单元格区域 A6:A10，然后选择"格式"｜"单元格"命令，打开"单元格格式"对话框。
12. 将"缩进"微调框数值增加到 1，再单击"确定"按钮。
13. 选择单元格区域 B6:E11，然后选择"格式"｜"单元格"命令，打开"单元格格式"对话框。
    数值默认的对齐方式是右对齐。如果想缩进数值，就必须指明是从单元格的右端还是左端缩进。
14. 在"水平对齐"下拉列表框中，选择"靠右（缩进）"选项。
15. 将"缩进"微调框数值增加到 1，再单击"确定"按钮。
16. 选择单元格区域 B11:E11，然后单击工具栏中的"加粗"按钮 **B** 以及"倾斜"按钮 **I**。

现在手动将第一个工作表标题在顶部跨列居中。

17. 选择单元格区域 A1:E1，然后选择"格式"｜"单元格"命令，打开"单元格格式"对话框。
18. 切换到"对齐"选项卡，在"水平对齐"下拉列表框中选择"跨列居中"选项。

19. 选中"合并单元格"复选框，然后单击"确定"按钮。

加大标题栏的行高，然后设置垂直居中。

20. 选择"格式"｜"行"｜"行高"命令，打开"行高"对话框。

21. 将"行高"文本框中的数值改为25.5，然后单击"确定"按钮。

22. 选择"格式"｜"单元格"命令，打开"单元格格式"对话框。

23. 切换到"对齐"选项卡，在"垂直对齐"下拉列表框中选择"居中"选项，然后单击"确定"按钮。

24. 使用"加粗"功能，并将字号更改为16。

采用同样的方法将第二个工作表标题合并且居中。

25. 对单元格区域A2:E2重复第17~19步。

26. 使用"加粗"功能，并将字号更改为12。

现在工作表显示如图8-3所示。

27. 保存工作簿并保持打开状态。

	A	B	C	D	E
1		曼格力娱乐公司			
2		销售报告 - 2003年4月			
3					
4		销售总额	销售提成	薪水	盈利额
5	硬件				
6	查理	12250	1585	2200	3785
7	詹尼理	8155	975	2100	3075
8	詹尼	11560	1485	2500	3985
9	史内德	6720	760	1800	2560
10	威廉	7905	935	2100	3035
11	小计	46590	5740	10700	16440
12					
13	CD/录音带				
14	范娜子	5620	595	1800	2395
15	曼森	8227	985	1600	2585
16	罗伯特	6444	715	2100	2815
17	撒度	10840	1375	1800	3175
18	小计	31131	3670	7300	10970
19					
20	视频/DVD				
21	巴森	5928	640	1550	2190
22	库珀	7166	825	1800	2625
23	司麦	4975	495	1700	2195
24	小计	18069	1960	5050	7010
25					
26	书刊				
27	埃迪森	7921	940	2000	2940
28	煜查	6084	665	1800	2465
29	沃克	4913	485	1800	2285
30	小计	18918	2090	5600	7690
31	总计	114708	13460	28650	42110

图 8-3

 技巧演练

练习通过各种对齐选项，改变一个单元格中文本的位置。

1. 打开"对齐方式"工作簿，如图8-4所示。

2. 将工作簿另存为"对齐方式-学生"。

3. 选择B列至D列，选择"格式"｜"列"｜"列宽"命令，
在打开的对话框中将列宽修改为15，单击"确定"按钮。

4. 选择单元格区域B2:D2，选择"格式"｜"单元格"命令，
在打开的对话框中切换到"对齐"选项卡。

5. 选中"合并单元格"复选框，然后单击"确定"按钮。
此时这三个单元格被合并为一个单元格，也可以尝试单击工
具栏中的"对齐"按钮对其进行操作。

	A	B	C	D
1				
2		将三个单元格合并为一个单元格		
3		靠上		
4		居中		
5		靠下		
6		填充		
7		Excel 2003		
8		Excel 2003		
9		Excel 2003		
10		有关对齐方式的练习		
11		有关对齐方式的练习		

图 8-4

6. 再次选择单元格B2，单击格式工具栏中的"右对齐"按钮，然后单击"居中"按钮。

现在使用不同的垂直对齐选项。

7. 选择第3行至第5行，选择"格式"｜"行"｜"行高"命令，在打开的对话框中将行高修改为
40，单击"确定"按钮。

8. 选择单元格 B3。

9. 选择"格式"｜"单元格"命令，打开"单元格格式"对话框。

10. 在"垂直对齐"下拉列表框中选择"靠上"选项，单击"确定"按钮。

11. 选择单元格 B4，重复第 9 步和第 10 步，但是将其对齐方式设为"居中"。

　　注意，默认的垂直对齐方式是靠下对齐，因此单元格 B5 不需要任何修改。

使用水平填充选项。

12. 选择单元格 B6，选择"格式"｜"单元格"命令，打开"单元格格式"对话框。

13. 在"水平对齐"下拉列表框中选择"填充"选项，单击"确定"按钮。

将文本倾斜不同的角度。

14. 选择单元格 B7，选择"格式"｜"单元格"命令，打开"单元格格式"对话框。

15. 设置角度微调框中的数值，将方向修改为 45，单击"确定"按钮。

16. 选择单元格 B8 ，选择"格式"｜"单元格"命令。

17. 单击"方向"选项区域的红色菱形标志，将菱形向下拖动至角度微调框内显示-45 为止，单击"确定"按钮。

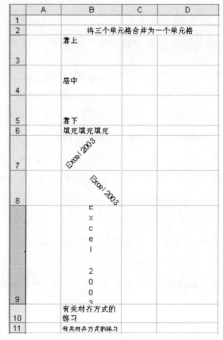

图 8-5

18. 单击单元格 B9，选择"格式"｜"单元格"命令，打开"单元格格式"对话框。

19. 单击"方向"选项区域中的垂直文本框，然后单击"确定"按钮。

实现一个单元格内文字的自动换行。

20. 选择单元格 B10，选择"格式"｜"单元格"命令，打开"单元格格式"对话框。

21. 选中"自动换行"复选框，单击"确定"按钮。

将单元格内容缩小以适合单元格。

22. 选择单元格 B11，选择"格式"｜"单元格"命令，打开"单元格格式"对话框。

23. 选中"缩小字体填充"复选框。

　　此时，工作表显示如图 8-5 所示。

24. 保存并关闭工作簿。

 ## 技巧演练

练习使用单元格"合并且居中"功能。

1. 创建一个新的工作簿。

首先将跨多个单元格内的文本居中。

2. 在单元格 A2 中输入"对单元格中的文字合并且居中"。

3. 选择单元格区域 A2:G2。

4. 单击格式工具栏中的"合并且居中"按钮 🔢。

5. 选择"格式"｜"单元格"命令，打开"单元格格式"对话框。

6. 切换到"对齐"选项卡。

7. 取消选中"合并单元格"复选框。

8. 在"水平对齐"下拉列表框中选择"常规"选项，然后单击"确定"按钮。

现在单元格恢复到起始的对齐方式。

9. 关闭工作簿。

8.2 使用格式刷

为电子表格建立了格式设置的相关标准之后,用户会希望将这些格式标准的相关选项复制到电子表格的其他位置上。例如,可以将标题设置为统一标准的字体、字号、加黑、倾斜等。

Excel 提供了一种可以将工作表上的格式从一个位置复制到另一个位置上的工具,该工具称为"格式刷",用户可以在常用工具栏上找到该按钮。

若要复制某一单元格中的格式,必须首先单击该单元格,然后通过以下两种方法使用"格式刷"功能:

- 单击"格式刷"按钮,然后选中需要设置相同格式的单元格。在目标单元格上使用"格式刷",使用之后"格式刷"按钮将不再处于激活状态。
- 设置多个单元格时,可以双击"格式刷"按钮,使"格式刷"按钮一直处于激活状态。完成操作后,再次单击"格式刷"按钮或者按 Esc 健,使"格式刷"按钮不再处于激活状态。

技巧课堂

学习如何使用"格式刷"功能。

1. 激活"曼格力娱乐公司-学生"工作簿。

使用格式刷之前需要先完成相关的格式设置。

2. 选择单元格 A5,单击格式工具栏中的"加粗"按钮 **B**。

3. 选择单元格区域 B6:E11。

4. 选择"格式"|"单元格"命令,在打开的对话框中选择"数字"选项卡。

5. 选择"分类"列表框中的"数值"选项,按以下提示设置,然后单击"确定"按钮。

小数位数　　　　　0

使用千位分隔符(,)　　是

在含有文本的单元格内使用格式刷。

6. 选择单元格 A5。

7. 单击常用工具栏中的"格式刷"按钮。

8. 选择单元格 A13。

注意鼠标指针显示为画笔形状且旁边有一个加号。现在对含有数值的单元格使用格式刷。

9. 选择单元格 B6。

10. 单击常用工具栏中的"格式刷"按钮。

11. 选择单元格区域 B14:E17。

对多个单元格使用格式刷。

12. 选择单元格 A5。

13. 双击常用工具栏中的"格式刷"按钮。

14. 逐个单击单元格 A20 至 A26。

15. 再次单击常用工具栏中的"格式刷"按钮,将格式刷功能关闭。

注意,鼠标指针在单击一个单元格之后并没有消失。

16. 对下列单元格重复第 12～15 步。

标准格式单元格	需要被设置的单元格
A11	A18, A24, A30:A31
B14	B21:E23, B27:E29
B11	B18:E18, B24:E24, B30:E31

此时,工作表显示如图 8-6 所示。

17. 保存工作表。

	A	B	C	D	E
1		曼格力娱乐公司			
2		销售报告 - 2003年4月			
3					
4		销售总额	销售提成	薪水	盈利额
5	硬件				
6	查理	12,250	1,585	2,200	3,785
7	詹尼理	8,155	975	2,100	3,075
8	詹尼	11,560	1,485	2,500	3,985
9	史内德	6,720	760	1,800	2,560
10	威廉	7,905	935	2,100	3,035
11	小计	46,590	5,740	10,700	16,440
12					
13	CD/录音带				
14	范娜子	5,620	595	1,800	2,395
15	曼森	8,227	985	1,600	2,585
16	罗伯特	6,444	715	2,100	2,815
17	撒度	10,840	1,375	1,800	3,175
18	小计	31,131	3,670	7,300	10,970
19					
20	视频/DVD				
21	巴森	5,928	640	1,550	2,190
22	库珀	7,166	825	1,800	2,625
23	司麦	4,975	495	1,700	2,195
24	小计	18,069	1,960	5,050	7,010
25					
26	书刊				
27	埃迪森	7,921	940	2,000	2,940
28	理查	6,084	665	1,800	2,465
29	沃克	4,913	485	1,800	2,285
30	小计	18,918	2,090	5,600	7,690
31	总计	114,708	13,460	28,650	42,110

图 8-6

技巧演练

练习使用格式刷。

1. 打开"国际百万庄园"工作簿，如图 8-7 所示。

2. 将工作簿另存为"国际百万庄园-学生"。

3. 选择单元格区域 A1:D1，单击格式工具栏中的 "合并且居中"按钮▦。再单击格式工具栏中的 "加粗"按钮 **B**。

4. 双击常用工具栏中的"格式刷"按钮 🖌。

5. 单击单元格 A2，然后单击单元格 A3。

6. 再次单击常用工具栏中的"格式刷"按钮 🖌，关闭格式刷功能。

7. 将单元格 A6 的格式设置为"加粗"、"居中"。

8. 将单元格 A11 的格式设置为"加粗"、"倾斜"。

9. 将单元格 B7 的格式设置为数值中小数位为 0 和"使用千分位分隔符(,)"。

10. 将单元格 B11 的格式设置为"加粗"、"倾斜"、数值中小数位为 0 和"使用千分位分隔符(,)"。

11. 选择单元格 A6，然后双击常用工具栏中的"格式刷"按钮 🖌。

12. 将该格式复制到单元格 B5、D5、A13 和 A20 中，然后关闭格式刷功能。

13. 选择单元格 A11，然后双击常用工具栏中的"格式刷"按钮 🖌。

14. 将该格式复制到单元格 A18、A23、A25 中，然后关闭格式刷功能。

15. 选择单元格 B7，然后双击常用工具栏中的"格式刷"按钮 🖌。

16. 将该格式复制到单元格区域 B8:B10、D7:D10、B14:B17、D14:D17、B21:B22 以及 D21:D22 中，然后关闭格式刷功能。

可以将格式同时复制到 B7:D22 的所有单元格中，更快地完成第 16 步中的任务。这会将选择的格式同时复制到空白单元格和有关总计的单元格中，因为执行了此操作，所以还需要重新设置有关总计的单元格格式，但该方法可以更快捷地完成任务。

17. 选择单元格 B11，然后双击常用工具栏中的"格式刷"按钮 🖌。

18. 将格式复制到单元格 D11、B18、D18、B23、D23、B25 和 D25 中，然后关闭格式刷功能。
    此时，工作表显示如图 8-8 所示。

19. 保存并关闭工作簿。

	A	B	C	D
1	国际百万庄园公司			
2	资产负债表			
3	截止于2003年12月31日			
4				
5		今年		去年
6	资产			
7	现金	35430		44536
8	其他短期资产	58930		75930
9	短期投资	2389494		2389494
10	长期投资	30577349		23947065
11	总资产	33061203		26457025
12				
13	债务			
14	应付票据	47569		36096
15	其他短期债务	34859		76894
16	应付借款	9000000		7000000
17	其他长期债务	15000000		12000000
18	总债务	24082428		19112990
19				
20	所有者权益			
21	资本公积	100000		100000
22	未分配利润	8878775		7244035
23	所有者权益合计	8978775		7344035
24				
25	负债和所有者权益总计	33061203		26457025

图 8-7

	A	B	C	D
1	国际百万庄园公司			
2	资产负债表			
3	截止于2003年12月31日			
4				
5		今年		去年
6	资产			
7	现金	35,430		44,536
8	其他短期资产	58,930		75,930
9	短期投资	2,389,494		2,389,494
10	长期投资	30,577,349		23,947,065
11	总资产	33,061,203		26,457,025
12				
13	债务			
14	应付票据	47,569		36,096
15	其他短期债务	34,859		76,894
16	应付借款	9,000,000		7,000,000
17	其他长期债务	15,000,000		12,000,000
18	总债务	24,082,428		19,112,990
19				
20	所有者权益			
21	资本公积	100,000		100,000
22	未分配利润	8,878,775		7,244,035
23	所有者权益合计	8,978,775		7,344,035
24				
25	负债和所有者权益总计	33,061,203		26,457,025

图 8-8

8.3 隐藏/取消隐藏数据

8.3.1 隐藏行和列

XL03S-3-3

使用 Excel 时，可能会遇到以下几种情况需要隐藏电子表格中的单行单列或者多行多列：

- 工作表的行或列太多，超过了打印纸张的大小。如果打印出所有的数据，就不得不拆分跨页的数据或减小工作表的尺寸，但是这样会降低数据的可读性。
- 有些列或行中所包含的公式仅用于中间步骤的计算。在某些情况下，会使用多个公式完成复杂计算，应用过程中用户需要查看这些组成复杂计算的公式。例如，在包含了数值的文本单元格系列里提取数值数据，然后将其转换为含有数值的单元格。如果计算中出现错误，不查阅其过程中的公式，将很难解读这类复杂公式，也很难更正错误。因此，需要保留中间过程的公式，通常在不使用中间公式的情况下隐藏包含中间公式的行列。
- 不想让其他用户看到隐藏的行、列或公式。注意，只有通过启用工作表保护功能才能防止被其他用户设置显示这些隐藏的数据。

用户通过行号或列标的缺失项可以很容易地发现隐藏的行或列。直至取消隐藏前，这些行或列将一直保持隐藏状态。即使隐藏了单元格，无论隐藏的单元格中含有公式还是被其他单元格引用，Excel 还是可以继续执行正确的计算。

除非取消隐藏，否则这些隐藏的行和列将无法被打印。

要隐藏某一行或列，首先选择行号或列标，然后采用以下方法：

- 选择"格式"|"列"|"隐藏"命令。
- 在被选的行号列标处右击，然后在弹出的快捷菜单中选择"隐藏"命令。

若要取消隐藏，选择被隐藏行或列附近区域的标题，然后采用以下方法：

- 选择"格式"|"列"|"取消隐藏"命令。
- 在隐藏行或列的位置上右击，然后在弹出的快捷菜单中选择"取消隐藏"命令。

> 另外，还有一种方法可以实现隐藏或取消隐藏行或列，拖动要隐藏的列标的右边框或者行号的上边框，直到列宽或行高为 0 即可。

技巧课堂

学习如何隐藏和取消隐藏行和列。

1. 激活"曼格力娱乐公司-学生"工作簿。
2. 选择 B 列和 C 列。
3. 选择"格式"|"列"|"隐藏"命令。
   B 列和 C 列被隐藏。

现在学习隐藏行。

4. 选择 20 行至 25 行。
5. 选择"格式"|"行"|"隐藏"命令。
   此时，工作表显示如图 8-9 所示。
   注意行号和列标的序号均有缺失项。

取消隐藏行列。

6. 选择 A 列至 D 列。
7. 选择"格式"|"列"|"取消隐藏"命令。
8. 选择 19 行至 26 行。

	A	D	E
1	曼格力娱乐公司		
2	销售报告 - 2003年4月		
3			
4		薪水	盈利额
5	硬件		
6	查理	2,200	3,785
7	詹尼理	2,100	3,075
8	詹尼	2,500	3,985
9	史内德	1,800	2,560
10	威廉	2,100	3,035
11	小计	10,700	16,440
12			
13	CD/录音带		
14	范娜子	1,800	2,395
15	曼森	1,600	2,585
16	罗伯特	2,100	2,815
17	撒度	1,800	3,175
18	小计	7,300	10,970
19			
26	书刊		
27	埃迪森	2,000	2,940
28	理查	1,800	2,465
29	沃克	1,800	2,285
30	小计	5,600	7,690
31	总计	28,650	42,110

图 8-9

9. 右击 19 行或者 26 行的行号，在弹出的快捷菜单中选择 "取消隐藏" 命令。

先前隐藏的所有行和列现在又都显示出来了。

10. 保存工作簿并保持打开状态。

8.3.2 隐藏/取消隐藏工作表

和隐藏/取消隐藏行和列一样，Excel 还可以隐藏或取消隐藏整个工作表。 隐藏工作表主要是为了防止其他用户看到工作表上的数据或使用上面的公式。

要隐藏或取消隐藏工作表，选择 "格式" | "工作表" | "隐藏" 或 "取消隐藏" 命令。

技巧课堂

练习如何隐藏和取消隐藏工作表。

1. 激活 "曼格力娱乐公司-学生" 工作簿。

2. 当前 Sheet1 处于激活状态，选择 "格式" | "工作表" | "隐藏" 命令。

现在 Sheet1 被隐藏起来了。

3. 对 Sheet2 重复第 2 步。

4. 尝试对 Sheet3 重复第 2 步。

此时出现如图 8-10 所示的对话框，提示无法隐藏 Sheet3。

5. 单击 "确定" 按钮并关闭对话框。

6. 选择 "格式" | "工作表" | "取消隐藏" 命令。

此时弹出 "取消隐藏" 对话框，列出工作簿中当前所有被隐藏的工作表。

7. 在 "取消隐藏" 对话框中选择 Sheet1 选项，如图 8-11 所示。然后单击 "确定" 按钮。

8. 对 Sheet2 重复第 6 和第 7 步。

图 8-10

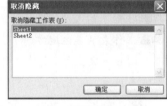

图 8-11

现在工作簿恢复到最初状态，所有的工作表都按照最初的顺序显示出来。

9. 选择 Sheet1 工作表。

10. 保存工作簿并保持打开状态。

8.4 使用批注

批注类似于在文件中添加提示性的便条或者注释。Excel 可以自动将当前用户姓名（通过 "工具" | "选项" 命令设置）添加到批注文本框的顶部。共享一个工作簿的多个用户可以给工作表添加各自的注释加以区分。最终的用户可以依据每一条批注做相关处理，如果需要还可以查看初稿。

除了可以帮助工作组的同事共同使用工作表，批注还可以为用户提供相关提示，或者为所用的公式提供更详细的解释信息。电子表格包含大量的数字、文本以及公式。批注可以注释工作表中的内容。传统添加批注的方法（目前仍旧有效）是在工作表的单元格内输入文字批注。但是当工作表中有大量紧凑的数据时，则应该使用嵌套式批注。

在工作表中插入注释，可以采用如下方法：

• 选择 "插入" | "批注" 命令。

- 右击需要插入批注的单元格，在弹出的快捷菜单中选择"插入批注"命令。

如果要一次只显示一条批注的内容，可以将鼠标放在包含了 ▼ 标志的单元格上。

要显示出所有批注的内容，可以采用如下方法：

- 选择"视图"|"批注"命令。
- 右击包含了批注的单元格，然后在弹出的快捷菜单中选择"显示/隐藏批注"命令。

如果要删除批注，可以采用以下方法：

- 选择"编辑"|"清除"|"批注"命令。
- 右击单元格，然后在弹出的快捷菜单中选择"删除批注"命令。

 技巧课堂

首先要在工作表中插入批注，然后将工作表发给其他人，让他们添加上批注之后再收回，最后查看工作表。

1. 激活"曼格力娱乐公司-学生"工作簿。
2. 选择单元格 B9。
3. 选择"插入"|"批注"命令。
4. 在打开的批注框中输入"账单从 4 月 15 日开始"。

   此时，工作表将出现一条批注，如图 8-12 所示。
5. 单击工作表批注外的位置。

   Excel 在插入批注的单元格中留下了一个批注符号 ▼ ，以提醒该单元格有批注插入。批注此时将被隐藏。要想显示批注，将鼠标指针重新放在该单元格上即可。
6. 如果当前工作表的其他单元格处于激活状态，批注将被隐藏。将鼠标指针移到单元格 B9 上，过几秒之后批注框就会重新出现，只要鼠标指针不移走，批注框就会一直显示。
7. 选择单元格 B30，然后选择"插入"|"批注"命令。
8. 在批注框中输入"销售良好，占总销售量的 16% "。
9. 单击工作表的其他地方。

   可以设置一次显示工作表上的所有批注。如果第一次查看工作表或者自上次查看工作表之后又增加了许多批注，可能会需要同时显示所有批注。
10. 选择"视图"|"批注"命令，界面如图 8-13 所示。

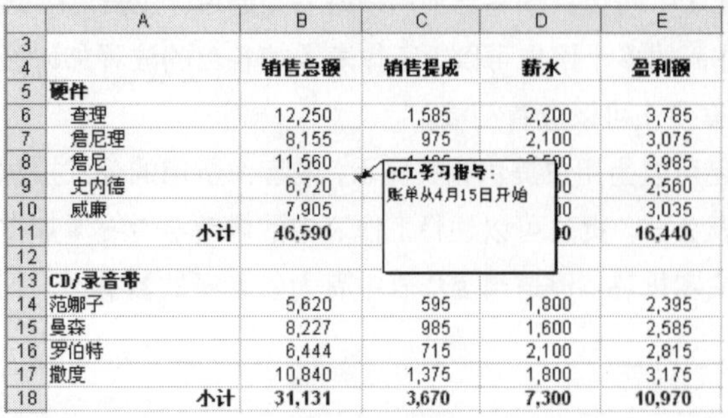

图 8-12

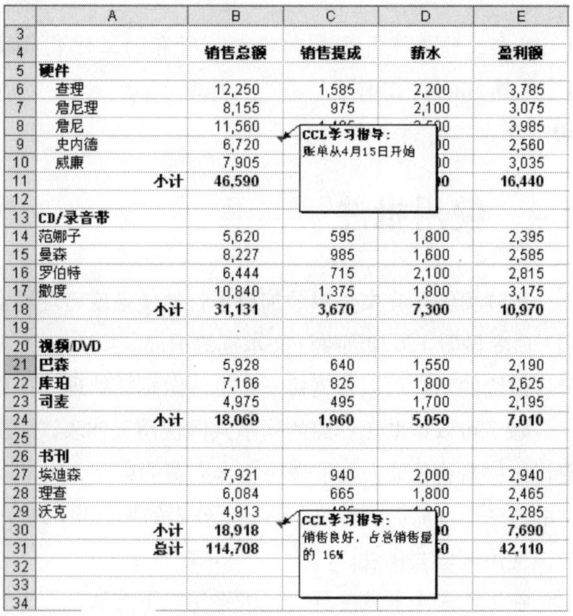

图 8-13

11. 另外，在 Excel 窗口上方将出现审阅工具栏。

视图工具能够按顺序依次显示所有的批注，或者同时显示所有的批注。

12. 选择"视图"｜"批注"命令，隐藏所有的批注。

13. 选择"视图"｜"工具栏"｜"审阅"命令，关闭审阅工具栏。

当不再需要批注时，可以删除单元格内的批注。

14. 选择单元格 B9。

15. 选择"编辑"｜"清除"｜"批注"命令。

16. 保存工作簿并保持打开状态。

8.5 使用样式

　　Excel 工作簿中，样式可以被作为强大的格式化功能使用。和 Microsoft Office Word 中的样式功能一样，它是对一组特定格式设置的总称。所有具有这种样式的单元格其格式设置都相同。当样式被改变时，这些单元格均会同时改变格式设置。

　　但是要注意以下使用限制：

- 样式是为工作簿定义的，不能储存在模板中。
- 改变样式会对该工作簿中所有使用了此样式的单元格产生影响。
- 和 Word 不同的是，当前所选择的样式名称不会显示在工具栏中。但是可以通过"样式名"下拉列表框显示样式名称的具体设置，让用户方便查看当前激活的单元格样式。

　　创建新的样式有以下三种方法：

- 将某一单元格或单元格区域的格式作为范例。
- 通过设置"样式"对话框来规定格式。
- 将另一个工作簿中的样式合并到当前工作簿中。

　　要设置样式，选择"格式"｜"样式"命令，打开"样式"对话框，如图 8-14 所示。

图 8-14

技巧课堂

学习使用样式功能。

1. 激活"曼格力娱乐公司-学生"工作簿。

首先设置一个样式范例。

2. 选择单元格 A5。

3. 选择"格式"｜"样式"命令，打开"样式"对话框。

4. 在"样式名"下拉列表框中输入"标题"，然后单击"确定"按钮。

将样式名为"标题"的格式应用到其他单元格中。

5. 选择单元格区域 B4:E4。

6. 按 Ctrl 键将单元格 A13、A20 和 A26 也加入到选择的单元格区域中。

7. 选择"格式"｜"样式"命令，打开"样式"对话框。

8. 从"样式名"下拉列表框中选择"标题"选项，然后单击"确定"按钮。

现在来修改"标题"样式。

9. 单击其他位置以取消先前选择的单元格区域，然后选择单元格 B4。

在修改样式之前，首先应该选择要应用新样式的单元格。

10. 选择"格式"｜"样式"命令，在打开的对话框中从"样式名"下拉列表框中选择"标题"选项。

11. 单击"修改"按钮，打开"单元格格式"对话框。

12. 切换到"字体"标签。

13. 将下画线样式改为双下画线，颜色改为"深蓝"，然后单击"单元格格式"对话框中的"确定"按钮。

14. 再单击"样式"对话框中的"确定"按钮。

    工作表显示如图 8-15 所示。

15. 保存并且关闭工作簿。

	A	B	C	D	E
1		曼格力娱乐公司			
2		销售报告 - 2003年4月			
3					
4		销售总额	销售提成	薪水	盈利额
5	硬件				
6	查理	12,250	1,585	2,200	3,785
7	詹尼理	8,155	975	2,100	3,075
8	詹尼	11,560	1,485	2,500	3,985
9	史内挌	6,720	760	1,800	2,560
10	威廉	7,905	935	2,100	3,035
11	小计	46,590	5,740	10,700	16,440
12					
13	cn/录音带				
14	范娜子	5,620	595	1,800	2,395
15	曼森	8,227	985	1,600	2,585
16	罗伯特	6,444	715	2,100	2,815
17	歌度	10,840	1,375	1,800	3,175
18	小计	31,131	3,670	7,300	10,970
19					
20	视频/nwn				
21	巴森	5,928	640	1,550	2,190
22	库柏	7,166	825	1,800	2,625
23	司麦	4,975	495	1,700	2,195
24	小计	18,069	1,960	5,050	7,010
25					
26	书刊				
27	埃迪森	7,921	940	2,000	2,940
28	煌查	6,084	665	1,800	2,465
29	沃克	4,913	485	1,800	2,285
30	小计	18,918	2,090	5,600	7,690
31	总计	114,708	13,460	28,650	42,110

图 8-15

8.6 绘图

8.6.1 绘制图形

XL03S-1-4

Excel 包含了用于强调工作表或图表中的重要部分的绘图工具。绘图工具除了可以绘制简单的图形，如圆、箭头和线以外，还具有很多其他功能。例如，可以设置箭头的样式、增加阴影、添加三维效果等。但是，过多地使用绘图工具会使工作表中需要突出的效果不再明显。

要使用绘图工具，必须先要在窗口中显示绘图工具栏。激活绘图工具栏可以采用以下方法：

• 选择"视图"｜"工具栏"｜"绘图"命令。

• 单击常用工具栏中的"绘图"按钮，打开绘图工具栏如图 8-16 所示。

图 8-16

每一种颜色或者样式工具（例如线条颜色、字体颜色或者箭头类型）均会影响绘制对象的效果。如果选择了空白区域或者不同的对象，当前的颜色或者样式就会变为默认的颜色或者样式（参考线条颜色部分的介绍）。

Excel 中的图形包括基本的矩形、椭圆、线条以及其他各种常用的图形。按 Shift 键可以将矩形和椭圆形状锁定为正方形和圆形。

在创建或者使用图形时,应注意以下几个方面:

- 可以用相同的方法新建图形。一旦被激活,鼠标将变为十形状。单击对象的左上角作为图形的起始点,然后拖动到适当大小的位置上结束操作。
- 使用 "文本框" 功能时,鼠标变为|形状。在需要输入文本的位置上单击,然后输入文字。
- 要选择目标对象,单击绘图工具栏上的 "选择对象" 按钮,然后单击目标对象。通过 "选择对象" 工具拖动被选区域框,可以选择多个目标对象,使它们可以同时被选定或应用。
- 一旦对象被选择,其周围就会出现八个尺寸控制点。直到鼠标单击其他地方之前,这些尺寸控制点将一直出现在窗口中。此时,用户可以应用或者删除设置的选项。
- 要删除对象,首先单击要选择的目标对象,然后按 Delete 键。
- 要移动或调整对象或图形,首先选择目标,屏幕上出现八个尺寸控点(如果是线条就只有两个尺寸控制点)。拖动尺寸控制点,可以改变目标对象的大小。拖动图形或对象本身,可以完成其移动。
- 拖动绿色的旋转控点,可以旋转图形。
- 在 Excel 中,还可以通过阴影和其他三维效果为图形设置三维外观。每一种效果按钮都有各自相应的设置菜单,以便进行更多的自定义设置。
- 可以更加快捷地将几个对象进行组合或者取消组合,从而改变这组对象的属性,这些选项可以在绘图工具栏的绘图下拉菜单 绘图(R) 中找到。
- 还可以通过 "绘图" 菜单设置网格(对工作表中的网格线进一步划分)以对齐对象。

> 注意,绘图工具栏还提供了多种简单的绘图工具。但是,这些与专用的绘图软件还是有很大的差别,如果在处理专业图片和绘图时,用户需要更多功能,更灵活的选项。因此,在这种情况下建议使用专用的绘图软件进行图片处理。

技巧课堂

学习如何使用工作表中的绘图工具。

1. 打开 "薯片" 工作簿,将其另存为 "薯片-学生"。
2. 拖动滚动条查看工作表中的饼图。
3. 选择 "视图" | "工具栏" | "绘图" 命令,打开绘图工具栏。
4. 单击绘图工具栏中的 "文本框" 按钮。
5. 拖动鼠标在饼图的右上方创建一个约 2 英寸宽、1 英寸高的文本框。
6. 在文本框中输入 "在加拿大西部扩展业务的机会"。
7. 将文本框调整到需要的大小,使饼图内输入的文字分三行显示。单击绘图工具栏中的 "线条颜色" 下拉按钮,然后选择 "无线条颜色" 选项。
8. 单击工作表上图表以外的任何地方。
9. 单击绘图工具栏中的 "箭头" 按钮。
10. 在文本框的左侧输入文字处单击,然后拖动鼠标至饼图中的 "加拿大" 扇形部分。

    现在图表显示如图 8-17 所示。
11. 再次保存工作簿。

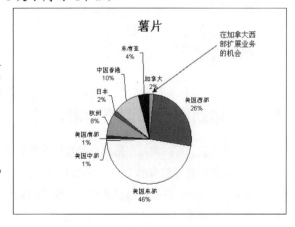

图 8-17

8.6.2 绘制自选图形

通过"自选图形"下拉菜单可以添加各类图形。如果需要添加一些常用图形，例如星形、流程图、曲线等，使用该工具可以节约很多时间。新建某个复杂图形前，可以首先查看"自选图形"中的图形类别，寻找有没有需要的基本形状。 将鼠标放到某一类别上，会弹出一个短菜单，列出可供选择的自选图形。

弹出的短菜单中包含了所有该类的图形。拖动下拉菜单上方的 ，可以将菜单变为浮动工具栏。

即使要绘制不同的图形，用户还是可以采用同样的绘图方法。本章仅介绍绘制自选图形工具栏中已有的图形，但用户可以自己尝试绘制其他图形。基本形状如图 8–18 所示。

图 8–18

 技巧课堂

学习通过自选图形中的选项创建基本的图形。

1. 激活"薯片-学生"工作簿。
2. 单击常用工具栏中的"绘图"按钮 显示绘图工具。
3. 单击"自选图形"下拉按钮 自选图形(U)▼ ，在打开下拉菜单中选择"星形和旗帜"命令，如图 8–19 所示。
4. 选择"爆炸形 1"图形。
5. 将鼠标指针移到饼图美国扇区的右边，在图表的右下角绘制一个大的爆炸形图案。
6. 单击"文本框"按钮 ，在爆炸形内创建一个文本框。
7. 将字号设置为 12，将文字居中对齐，然后输入"成功保持高销售量!"。

   此时，工作表如图 8–20 所示。
8. 再次保存工作簿。

图 8–19

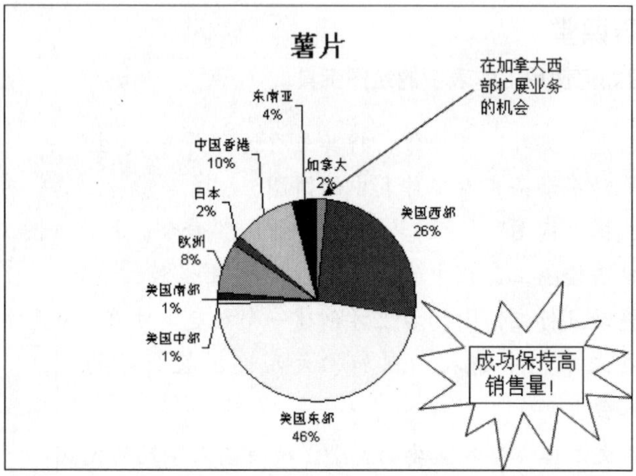

图 8–20

8.6.3 移动图形和调整图形尺寸

绘制图形后，可以调整图形尺寸并且修饰其外观。通常情况下，很难一次将图形安置在工作表的恰当位置上，因此需要根据已有的空间来再次做出调整。

调整图形大小，首先要选定图形。此时，屏幕上会显示出八个尺寸控制点（线条只有两个尺寸控制点）。拖动尺寸控制点可以改变图形的大小和比例。

移动图形至另一个位置，不需要先选定图形。将鼠标指针置于图形上，鼠标指针就变为十字形箭头，该箭头提示此时可以直接移动图形，直接拖动图形即可。

技巧课堂

学习调整图形大小和移动图形。

1. 新建一个工作簿。

在工作表中创建一个图形。

2. 单击绘图工具栏中的"矩形"按钮，在工作表上绘制一个矩形或者正方形。

3. 选择工作表上任意单元格。

即使输入或者修改数据和公式以后，也可以在任意时候重新安放图形。

4. 将鼠标指针放置在矩形里，鼠标指针变为十字形箭头。

5. 将其拖动到工作表的其他地方。

绘制完毕后可以立即移动图形。只要鼠标指针变为十字形箭头，就可以移动。

6. 选择工作表中任意一个单元格。

现在调整矩形的大小。为了达到此目的，首先应选择矩形。

7. 选择矩形，屏幕上出现八个尺寸控制点以及旋转控制点。

8. 将鼠标指针放在右下角的尺寸控制点上。鼠标指针变成对角双箭头，如图 8-21 所示。

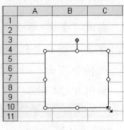

图 8-21

9. 单击右下角的尺寸控制点，将它向上、向下、向左、向右进行拖动，观察矩形的变化。

拖动角上的尺寸控制点，改变与该控制点相邻的两条边的长度,注意拖动中间的尺寸控制点时，则只能改变与当前控制点所在边相垂直的那条边的长度。

10. 将鼠标指针放在右边中间的控制点上，鼠标指针变为水平双箭头。

11. 单击右边中间的控制点并将其向左右拖动，观察矩形如何随着控制点的移动而变化。

12. 关闭工作簿。

技巧演练

练习创建不同的图形、调整图形的大小以及移动图形。

1. 新建一个工作簿。

2. 在工作表中创建一个椭圆形、立方体、弧线、双括号、圆柱体（选择"自选图形"｜"基本形状"命令可以选择圆柱体的相关选项）、矩形标注（选择"自选图形"｜"标注"命令），左弧形箭头（选择"自选图形"｜"箭头汇总"命令）和 16 角星（选择"自选图形"｜"星与旗帜"命令）。工作表显示如图 8-22 所示。

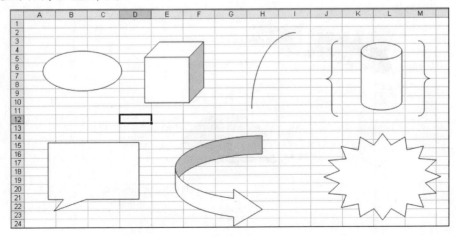

图 8-22

3. 将鼠标指针分别移动到每一个图形上，让鼠标指针显示为十字形箭头。

> 要让文本框、标注等图形显示十字形箭头，就需要将鼠标指针放在其中的一条边上。

4. 移动每一个图形所在的位置（例如，顺时针方向移动每个图形的位置）。

5. 将图形缩小和放大。

6. 关闭工作簿。

8.6.4 使用艺术字

艺术字能够设置各种富有艺术色彩的文字。Excel 提供了 30 种艺术字样式，用户可以在此基础上进行进一步修改。

技巧课堂

将艺术字添加到工作表中。

1. 打开"薯片-学生"工作簿。

2. 单击绘图工具栏中的"插入艺术字"按钮 ，打开"艺术字库"对话框，如图 8-23 所示。

3. 选择最下面一行左数第四个样式，然后单击"确定"按钮，打开"编辑'艺术字'文字"对话框，如图 8-24 所示。

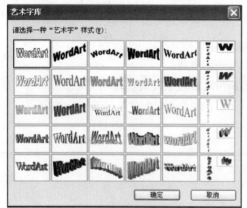

图 8-23

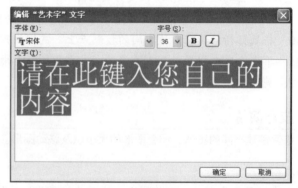

图 8-24

4. 在"文字"文本框中输入"2003 销售量"，然后单击"确定"按钮。

5. 用鼠标选择艺术字（鼠标指针将变为 形状），然后将其移至图表的左上角，如图 8-25 所示。

6. 保存工作簿。

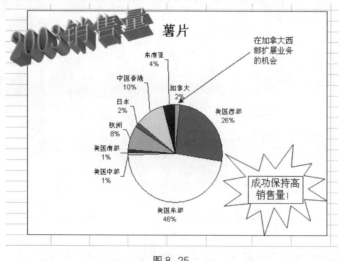

图 8-25

8.6.5 使用剪贴画

包括 Excel 工作簿在内的 Microsoft Office 软件，都可以将各式各样的剪贴画直接导入文档中，同时还可以从 Internet 上进行下载。

可以采用以下方法在工作表中插入剪贴画：

- 选择"插入"|"图片"|"剪贴画"命令。
- 单击绘图工具栏中的"插入剪贴画"按钮 。

技巧课堂

学习在工作表中插入剪贴画。

1. 打开"薯片-学生"工作簿。
2. 单击绘图工具栏中的"插入剪贴画"按钮 。
   屏幕的右侧将出现"剪贴画"任务窗格，如图 8-26 所示。
3. 单击任务窗格下端的"管理剪辑"超链接。
   如果当前电脑上的剪贴画没有分类，剪辑管理器窗口的前方将会弹出"将剪辑添加到管理器"对话框，如图 8-27 所示。只有对剪辑分类之后才能通过"剪贴画"任务窗格对剪贴画进行搜索。

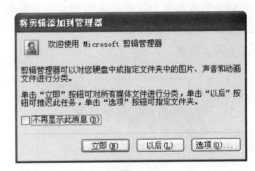

图 8-26   图 8-27

 该过程将花费较长时间，具体时间的长短取决于系统处理器的速度以及系统上剪贴画的数量。

4. 单击"将剪辑添加到管理器"对话框中的"立即"按钮。
   现在剪辑管理器窗口出现在屏幕上。注意该图片库可以存储各种媒体信息，包括剪贴画、照片、电影以及声音等。
5. 单击"Office 收藏集"文件夹旁边的 按钮，然后选择"商业"文件夹，如图 8-28 所示。

 如果计算机中所包含的图片和这个文件夹中的图片不同，从已有的图片中任选一个即可。

6. 将鼠标指针放在任意一张剪贴画上，例如最后一行的第三张图片，然后单击下拉按钮选择下拉菜单中的"复制"命令。
   剪辑管理器本身是一个软件应用程序，用户可以直接在剪辑管理器中管理媒体文件，例如增加、删除、复制、粘贴、移动等，还可以将文件复制到 Office 剪贴板中，然后将它们从 Office 剪贴板中粘贴到任何当前激活的 Office 软件应用中。剪辑管理器将一直出现在屏幕上直至用户将其关闭。

7. 关闭剪辑管理器窗口，然后在弹出对话框中单击"是"按钮。

8. 单击"剪贴画"任务窗格中的"剪贴画"下拉按钮 剪贴画 ⬇ ，然后在下拉菜单中选择"剪贴板"命令，显示"剪贴板"任务窗格，如图 8-29 所示。

图 8-28

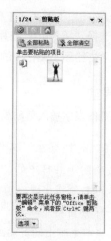
图 8-29

9. 单击"剪贴板"任务窗格中的图片，将图片粘贴到工作表中。

在工作表中插入图片或者剪贴画之后，其周围也将出现类似于插入图形周围的尺寸控制点。可以采用调整图形大小的相同操作方法调整图片大小或者移动图片。但是，用户没有办法改变图片中使用的颜色。

10. 移动并且调整图片的大小，使图片刚好显示在图表的左下角。

此时图表显示如图 8-30 所示。

11. 保存并且关闭工作簿。

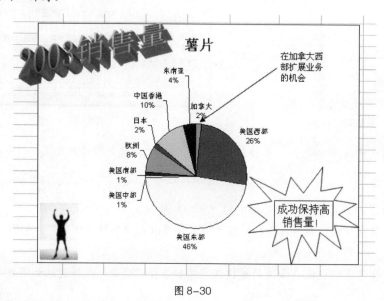
图 8-30

8.7 实战演练

 技巧应用

练习修改单元格的对齐方式、插入内容以及隐藏工作表。

1. 打开"太白西北航空"工作簿，如图 8-31 所示。

2. 将工作簿另存为"太白西北航空-学生"。

3. 将行高和列宽分别设置如下：

A 列	13.00
B 至 F 列	9.00
G 列	12.00
第 1 行	38.25
第 2 行	18.00
第 4 行	39.00

4. 格式化工作表如图 8-32 所示。

单元格 A1 的字号为 18，单元格 A2 的字号为 14。

	A	B	C	D	E	F	G	H
1	太白西北航空							
2	搭乘旅客量							
3								
4		温哥华	温哥华岛	库特内	奥克兰	哥伦比亚南部	哥伦比亚省总数	
5	一月	24,941	9,290	1,875	1,240	659	38,005	
6	二月	23,742	7,690	2,893	1,250	1,625	37,200	
7	三月	24,497	8,699	4,721	1,244	1,264	40,425	
8	四月	19,431	9,370	4,970	1,520	758	36,049	
9	五月	11,058	9,010	1,753	1,455	1,247	24,523	
10	六月	26,378	7,151	4,994	1,459	974	40,956	
11	七月	17,079	8,306	1,948	1,733	1,102	30,168	
12	八月	16,807	8,548	3,305	1,923	1,582	32,165	
13	九月	18,849	3,007	3,071	1,389	1,007	27,323	
14	十月	18,961	4,684	4,868	1,581	999	31,093	
15	十一月	21,137	6,580	2,209	1,285	570	31,781	
16	十二月	19,460	7,365	2,444	1,190	1,645	32,104	
17	年度总数	242,340	89,700	39,051	17,269	13,432	401,792	

图 8-31

	A	B	C	D	E	F	G
1			太白西北航空				
2			搭乘旅客量				
3							
4		温哥华	温哥华岛	库特内	奥克兰	哥伦比亚南部	哥伦比亚省总数
5	一月	24,941	9,290	CCI 学习指导：销售量增长源于弗瑞航空罢工		659	38,005
6	二月	23,742	7,690			1,625	37,200
7	三月	24,497	8,699			1,264	40,425
8	四月	19,431	9,370			758	36,049
9	五月	11,058			1,455	1,247	24,523
10	六月	26,378	CCI 学习指导：销售量增长源于与巴斯特的会谈		1,459	974	40,956
11	七月	17,079			1,733	1,102	30,168
12	八月	16,807			1,923	1,582	32,165
13	九月	18,849			1,389	1,007	27,323
14	十月	18,961			1,581	999	31,093
15	十一月	21,137	CCI 学习指导：滑雪季节很多特别活动		1,285	570	31,781
16	十二月	19,460			1,190	1,645	32,104
17	年度总数	242,340			17,269	13,432	401,792
18							
19							

图 8-32

5. 隐藏工作表 Sheet2 和 Sheet3。

6. 保存并关闭工作簿。

技巧应用

练习创建和修改样式以及隐藏和取消隐藏行。

1. 打开"地址列表"工作簿，如图 8-33 所示。

	A	B	C	D	E	F	G
1	姓	名	地址	城市	省	邮编	国家
2	Smith	Joseph	440 Quarter Hill Ave	Richmond	VA	24290	美国
3	Thompson	Margaret	#10-414 Bute Street	Vancouver	BC	V5C 3E4	加拿大
4	Rabbitt	Peter	3123 Cottontail Crescent	Vancouver	BC	V5C 1L8	加拿大
5	Fish	Wanda	#115-311 Ocean Drive	Vancouver	WA	98004	美国
6	Bell	Graham	67-119A Ave	Calgary	AB	T3R 6T5	加拿大
7	Rabbitt	Bunnie	555 Circle Valley	Dallas	TX	75248	美国
8	Bunyan	Paul	123 Forest Lane	Vancouver	WA	98004	美国
9	Smith	Adelaide	433 Crescent Lane	Toronto	ON	T5D 2S1	加拿大
10	Jones	Byron	3042 123 Street	Chicago	IL	60657	美国
11	Cooper	Peter	2382 Hockey Circle Ave	Montreal	PQ	H3A 1W7	加拿大
12	McKay	Tyler	8420 Main Street	Winnipeg	MB	R3C 1P5	加拿大
13	Fish	Codd	7402 Atlantic Avenue	Halifax	NS	B2Y 1N3	加拿大
14							

图 8-33

2. 创建下列样式：

单元格区域	样式名称	格式
A1:G1	标题	Arial, 12, 加粗, 居中对齐
A2:A13	姓	Times New Roman, 12
B2:B13	名	Times New Roman, 12
E2:E13	省	Courier, 10, 居中对齐
F2:F13	邮编	Courier, 10, 左对齐

3. 隐藏所有国家类别为"加拿大"的行。

4. 将"姓"的样式修改为"加粗"且"倾斜"。

5. 将"名"的样式修改为"加粗"。

6. 取消隐藏所有行，然后隐藏所有国家类别为"美国"的行。

此时，工作表显示如图 8-34 所示。

7. 将其另存为"地址列表-学生"，然后关闭工作簿。

	A	B	C	D	E	F	G
1	姓	名	地址	城市	省	邮编	国家
3	*Thompson*	Margaret	#10-414 Bute Street	Vancouver	BC	V5C 3E4	加拿大
4	*Rabbitt*	Peter	3123 Cottontail Crescent	Vancouver	BC	V5C 1L8	加拿大
6	*Bell*	Graham	67-119A Ave	Calgary	AB	T3R 6T5	加拿大
9	*Smith*	Adelaide	433 Crescent Lane	Toronto	ON	T5D 2S1	加拿大
11	*Cooper*	Peter	2382 Hockey Circle Ave	Montreal	PQ	H3A 1W7	加拿大
12	*McKay*	Tyler	8420 Main Street	Winnipeg	MB	R3C 1P5	加拿大
13	*Fish*	Codd	7402 Atlantic Avenue	Halifax	NS	B2Y 1N3	加拿大

图 8-34

技巧应用

练习在工作表中插入剪贴画。

1. 打开工作簿"棒球得分"，如图 8-35 所示。

2. 将工作簿另存为"棒球得分-学生"。

3. 将单元格区域 B3:E3 中的文字方向改为 45°。

4. 将 B 列至 E 列的列宽设置为最适合的列宽。

5. 从数据文件中选取 Baseball.wmf 添加到工作表右边，并根据需要调整大小。

6. 在图片下方添加一根丝带图形，并输入"球队加油！"。

工作表最终显示如图 8-36 所示。

7. 保存并关闭工作簿。

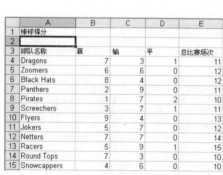

图 8-35

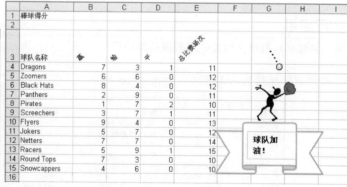

图 8-36

技巧应用

练习为工作表设置格式、使用格式刷快速复制格式。

1. 打开"船舶销售"工作簿，如图 8-37 所示。

	A	B	C	D	E	F	G	H	I	J	K	L	M
1	船舶销售												
2													
3													
4			帆船				游艇			高级			总计
5	地区	< 20 英尺	20 - 30 英尺	>30 英尺	小计	钓鱼	运动型	游船	小计	皮划艇	赛艇	小计	
6	阿拉斯加	16820	26777	42334	85931	23133	73006	101207	197346	63151	234616	297767	581044
7	哥伦比亚	321838	225928	531174	1078940	311734	535316	1307950	2155000	547473	212294	759767	3993707
8	华盛顿	125359	532256	848872	1506487	247654	346093	1104712	1698459	360997	165810	526807	3731753
9	奥格兰	29886	37329	47569	114784	47566	65815	146014	259395	45423	292792	338215	712394
10	加州	913773	1813208	2537414	5264395	3453589	3320656	3806515	10580760	2459212	3435901	5895113	21740268
11	夏威夷	235157	454924	970081	1660162	226275	682838	759254	1668367	278727	211522	490249	3818778
12	墨西哥	6579	12246	0	18825	3251	56250	57295	116796	28754	0	28754	164375
13	总销售	1649412	3102668	4977444	9729524	4313202	5079974	7282947	16676123	3783737	4552935	8336672	34742319

图 8-37

2. 将第 1、2、4 行中的标题合并且居中。

3. 将单元格区域 B6:M13 的数值格式设置为小数位位数为 0，不使用"千分位分隔符"。

4. 适当调整列宽。

5. 将所有标题以及"小计"单元格字体加粗。将加粗和倾斜的格式应用于 M 列中的总计以及第 13 行的每个单元格。

6. 将所有的标题居中，并且调整列宽。

7. 为含有以下类别的单元格增添边框："帆船"、"游艇"、"高级"、"小计"以及"总计"。
此时，工作表显示如图 8-38 所示。

8. 将其保存为"船舶销售-学生"，关闭工作簿。

	A	B	C	D	E	F	G	H	I	J	K	L	M
1						船舶销售							
2													
3													
4				帆船			游艇			高级			总计
5	地区	< 20 英尺	20 - 30 英尺	> 30 英尺	小计	钓鱼	运动型	游船	小计	皮划艇	赛艇	小计	
6	阿拉斯加	16820	26777	42334	85931	23133	73006	101207	197346	63151	234616	297767	581044
7	哥伦比亚	321838	225928	531174	1078940	311734	535316	1307950	2155000	547473	212294	759767	3993707
8	华盛顿	125359	532256	848872	1506487	247654	346093	1104712	1698459	360997	165810	526807	3731753
9	奥格兰	29886	37329	47569	114784	47566	65815	146014	259395	45423	292792	338215	712394
10	加州	913773	1813208	2537414	5264395	3453589	3320656	3806515	10580760	2459212	3435901	5895113	21740268
11	夏威夷	235157	454924	970081	1660162	226275	682838	759254	1668367	278727	211522	490249	3818778
12	墨西哥	6579	12246	0	18825	3251	56250	57295	116796	28754	0	28754	164375
13	总销售	1649412	3102668	4977444	9729524	4313202	5079974	7282947	16676123	3783737	4552935	8336672	34742319

图 8-38

8.8 小结

本课介绍了绘图工具以及一些高级的单元格格式功能。

完成了这部分的学习后，您应该了解到以下几个方面的内容：

☑ 使用有关对齐单元格内容的高级功能   ☑ 创建并使用格式样式

☑ 使用格式刷   ☑ 绘制图形和使用自选图形

☑ 隐藏、取消隐藏行和列   ☑ 移动和调整图形

☑ 隐藏、取消隐藏工作表   ☑ 使用艺术字

☑ 使用批注

8.9 习题

1. 单元格中的数据可以垂直对齐、靠上、居中或者靠下。

   A. 正确   B. 错误

2. 格式刷的主要功能是什么？

   A. 将目标以指定的颜色填充

   B. 使文本显示各种颜色

   C. 将工作表中一个单元格区域的格式迅速复制到另一个单元格区域

   D. 以上都不正确

3. 公式或数值的单元格都不应该被隐藏，因为这样它们将无法被引用。

   A. 正确   B. 错误

4. 下面哪一个可能是需要隐藏行或列的原因？

   A. 单元格中的公式只被用于中间计算

   B. 工作表中的数据远多于可以打印在一张纸上的数据

C. 不希望其他的用户看到隐藏的数据

D. 以上都是

5. 工作簿必须至少包含一个不被隐藏的工作表。

    A. 正确   B. 错误

6. 与其他用户共享工作簿时，批注有哪些用途？

7. 在状态栏会显示单元格所应用样式的名称。

    A. 正确   B. 错误

8. 列出绘图工具栏中任意三个按钮的名称。

9. 绘图工具栏是一个浮动的工具栏。

    A. 正确   B. 错误

10. 在调整图形大小之前，首先要做什么？

11. 艺术字都有哪些功能？

12. 可以通过哪个资源获得剪贴画？

    A. 从 Internet 上下载   B. 购买含有剪贴画资源的 CD

    C. 用户自己开发   D. 以上都是

使用网络和数据工具

9 Lesson

学习目标

本课将学习如何在 Excel 中使用网络、数据和编辑工具。

学习本课后，应该掌握以下内容：

- ☑ 如何在当前电脑的 Microsoft Office 文档中、本地区域网络、企业内网以及外部网中插入、更改及删除超链接
- ☑ 在一个网页窗口中预览工作表
- ☑ 在一个网页中发布工作表
- ☑ 使用自动填充工具
- ☑ 查找替换数据及单元格式
- ☑ 使用定位条件工具来查找普通的单元格
- ☑ 使用选择性粘贴命令
- ☑ 使用自动筛选工具筛选不需要的数据
- ☑ 将数据导出以供其他程序使用
- ☑ 使用信息检索工具
- ☑ 改变 Excel 选项设置

9.1 使用超链接

9.1.1 插入超链接

在当今的信息社会中，即使使用不同的计算机，用户也可以登录网络以及很多组织机构所建立的内网。信息可以通过文本、图片以及超链接等各种简单的形式存储在其他计算机中。通过单击超链接，用户可以定位和查看所链接的文档。这些超链接是以统一资源定位符（URL）形式存储的。URL 是文档在 Internet 或内网中的唯一地址。

URL 也可以存储在一个 Excel 工作表或工作簿中，并能以超链接的形式直接跳转至 Internet 或内网中的其他文档，或者其他 Excel 工作簿以及 Word 文档。

要插入超链接，可以使用以下方法：

* 选择"插入"|"超链接"命令。
* 在常用工具栏中单击"插入超链接"按钮 。
* 按 Ctrl + K 组合键。

 技巧课堂

学习创建超链接，使用超链接切换到其他 Excel 工作簿。

1. 打开"储藏总量"工作簿（见图 9-1），另存为"储藏总量 - 学生"。

	A	B	C	D
1		储藏室 1	储藏室 2	总数
2	收入	200	300	500
3	支出	160	210	370
4	利润	40	90	130
5				
6	连接：			

图 9-1

 保存该工作簿并记住该文档的名称，以便以后继续使用。

在单元格 B6 中插入第一个超链接。

2. 选择单元格 B6。

3. 选择"插入" | "超链接"命令，打开"插入超链接"对话框。

4. 拖动弹出对话框中的滚动条将页面向下移动，选择"储藏 1.xls"工作簿。如果当前文件夹中没有该工作簿，依照老师指导，从"查找范围"下拉列表框中选择文档所在的文件夹。

5. 单击"要显示的文字"文本框，将其内容更改为"储藏 1 数据"，如图 9-2 所示。

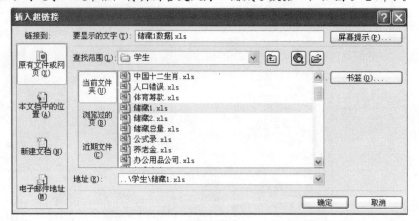

图 9-2

6. 单击"确定"按钮。

   建立超链接之后，Web 工具栏将自动打开。如果屏幕上没有出现 Web 工具栏，可以在工具栏的任何位置上右击并在弹出的快捷菜单中选择 Web 命令，打开 Web 工具栏；或者选择"视图" | "工具栏" | Web 命令。

在另一个工作簿中插入超链接，不过这次将使用复制和粘贴的方法。

7. 打开"储藏 2"工作簿。

8. 单击常用工具栏中的"复制"按钮 🔳。

9. 激活"储藏总量-学生"工作簿。

10. 选择单元格 C6。

11. 选择"编辑" | "粘贴为超链接"命令。

12. 激活"储藏 2"工作簿并将其关闭。

    完成后的工作表如图 9-3 所示。

13. 将鼠标指针放在单元格 B6 的超链接上，鼠标将变为白色手形。

    注意屏幕这时将会弹出提示对话框，显示"储藏 1"工作簿的 URL。

	A	B	C	D	E
1		储藏室 1	储藏室 2	总数	
2	收入	200	300	500	
3	支出	160	210	370	
4	利润	40	90	130	
5					
6	连接:	储藏1数据	...\Excel2003Specialist\学生\储藏2.xls		

图 9-3

14. 单击"储藏 1 数据"超链接。

    "储藏 1"工作簿现在被打开，并且出现在"储藏总量 - 学生"工作簿上面。下面尝试使用 Web 工具栏中的按钮。

15. 单击 Web 工具栏中的"返回"按钮 ⬅️，返回"储藏总量 - 学生"工作簿。

16. 单击 Web 工具栏中的"向前"按钮 ➡️，返回"储藏 1"工作簿。

17. 再次单击 Web 工具栏中的"返回"按钮 ⬅️。

现在打开"储藏 2"工作簿。

18. 单击"储藏总量 - 学生"工作簿中单元格 C6 的超链接。

19. 单击 Web 工具栏中的"返回"按钮 ⬅️ 和"向前"按钮 ➡️，观察其变化。

20. 关闭"储藏 2"工作簿。

21. 关闭"储藏 1"工作簿。

22. 选择"视图" | "工具栏" | Web 命令，关闭 Web 工具栏。

23. 保存"储藏总量 - 学生"工作簿，但不要关闭。

9.1.2 更改和删除超链接

无论文档是储存在网络上、内网中或是本地的计算机中，其超链接的地址都是独一无二的，它表示一个文档储存的具体位置。如果链接源的文档被移动或者被重命名，用户必须重新设置超链接。

用户也可能需要更改工作表中超链接的显示文本，或者需要添加一个自定义的提示。

不再使用超链接时，可以将其删除。但是单元格中超链接的显示文本仍然存在。

要更改工作表中的超链接，可以使用以下方法：

* 在超链接的位置上单击，选择"插入" | "超链接"命令。
* 在超链接的位置上右击，在弹出的快捷菜单中选择"编辑超链接"命令。

要删除工作表中的超链接，可以使用以下方法：

* 在超链接的位置上单击，选择"插入" | "超链接"命令，然后在打开的对话框中单击"删除链接"按钮。
* 在超链接的位置上右击，然后在弹出的快捷菜单中选择"取消超链接"命令。

技巧课堂

学习更改 Excel 工作簿的超链接。

1. 打开"储藏 1"工作簿。

2. 将工作簿另存为"储藏 1－学生",然后将其关闭。

3. 激活"储藏总量－学生"工作簿。

4. 在单元格 C6 的超链接处右击,在弹出的快捷菜单中选择"编辑超链接"命令。

5. 在打开的"编辑超链接"对话框中,单击"要显示的文字"文本框,然后将当前内容更改为"储藏 2 数据"。

6. 单击"确定"按钮。

   现在工作表显示如图 9-4 所示。

   上面的第二步中,新建了一个含有"储藏 1"数据的工作簿,现在将该工作簿作为超链接的更改目标。

7. 在单元格 B6 的超链接处右击,在弹出的快捷菜单中选择"编辑超链接"命令。

8. 在打开的"编辑超链接"对话框中,选择"储藏 1－学生"工作簿。

   下面为其中的超链接创建屏幕提示。

9. 单击"编辑超链接"对话框中的"屏幕提示"按钮。

10. 在打开的"设置超链接屏幕提示"对话框中输入"链接至'储藏 1'文档的数据",然后单击"确定"按钮,如图 9-5 所示。

	A	B	C	D
1		储藏室 1	储藏室 2	总数
2	收入	200	300	500
3	支出	160	210	370
4	利润	40	90	130
5				
6	连接:	储藏1数据	储藏2数据	

图 9-4

图 9-5

11. 单击"编辑超链接"对话框中的"确定"按钮。

12. 把鼠标放置在单元格 B6 中的超链接处,查看弹出的屏幕提示。

    测试超链接的更改结果,确保其工作正常。

13. 单击单元格 B6 中的超链接。

14. 关闭"储藏 1－学生"工作簿。

    下面将删除其中的超链接。

15. 在单元格 C6 的超链接处进行右击,在弹出的快捷菜单中选择"取消超链接"命令。

16. 保存并关闭工作簿。

9.2 在网上发布工作表

XL03S-5-5

用户可以将 Excel 工作簿另存为网页,然后将其发布在网络上或单位的内网中。通过此方式,可以与更多的人共享 Excel 上的信息。

网页是包含文本和图片的一种简单文档形式。用户可以通过 Word、Excel 和 Access 等微软的应用程序创建各种文档,然后用超链接将它们组织在一起。这样,用户就可以通过类似 Internet Explorer 或 Netscape 等 Internet 浏览器阅读。

9.2.1　预览网页

　　创建一个功能强大并易于使用的网页需要许多比创建和使用 Excel 工作表更复杂的技巧。选择恰当的颜色、字体和字号，将目标对象放置在合适的位置上等，这些仅是创建一个有效的网页会涉及的一些最基本要求。一个网页的空间是有限的，如果网页中包含过多信息含量较大的页面或者复杂对象，下载网页的时间会很长。

　　因此，在工作表转变为网页之前首先应预览网页。不断调整预览网页的内容，将有效地改善最终网页的显示内容。

　　预览以网页形式显示的工作表，可以选择"文件"｜"网页预览"命令。

 技巧课堂

学习预览以网页形式显示的工作表。

1. 打开"巨无霸国际控股公司"工作簿。
2. 选择"文件"｜"网页预览"命令，如图 9-6 所示。

　　Excel 将该工作表转换为 HTML 文件，可以通过 Internet Explorer 浏览器临时预览该文件。

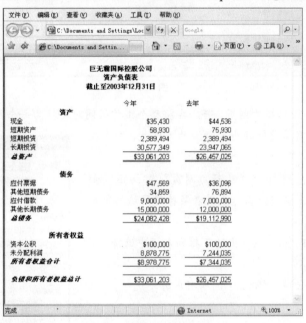

图 9-6

 　　如果使用 Netscape Navigator 或者其他浏览器打开工作表，其显示结果将与图 9-6 中显示的结果不完全相同，有些特性可能不会显示。

3. 关闭 Internet Explorer 浏览器。
4. 不要关闭"巨无霸国际控股公司"工作簿。

9.2.2　将工作表保存为 HTML 文件

　　假设预览了 HTML 文件形式的工作表之后，用户已经做完了最终调整，现在要将其保存并发布。

　　用户可以把整张工作表另存为一个网页，也可以只选择某些单元格区域并通过以下方法保存：
- 选择"文件"｜"另存为网页"命令。
- 选择"文件"｜"另存为"命令，然后在打开的"另存为"对话框中的"保存类型"下拉列表框中选择"网页"文件格式。

在网页浏览器中预览工作表并不一定要先将其保存为网页文件格式。但是，如果需要在网上或者公司内网中发布工作表，就必须将其保存为网页文件格式。

技巧课堂

将 Excel 工作表另存为非交互式网页。

1. 打开"巨无霸国际控股公司"工作簿。
2. 选择"文件" ｜ "另存为网页"命令，打开"另存为"对话框。
   注意在"保存类型"下拉列表框中默认选择了"网页"选项，如图 9-7 所示。

图 9-7

每次只能将一张工作表转换为网页。若想要将整个工作簿同时转换为一个网页，则单击该对话框中的"保存"按钮。若只需要转换当前激活的工作表，则直接单击"发布"按钮即可。

3. 单击"发布"按钮，将打开"发布为网页"对话框，如图 9-8 所示。可以选择整张工作表或者某特定区域的单元格，将其转换为网页。

4. 单击"选择"下拉按钮，然后在弹出的下拉列表框中选择"在 Sheet1 上的条目"选项。

5. 在"选择"列表框中选择"Sheet1 的所有内容"选项。

6. 单击"浏览"按钮。

7. 在打开的"发布形式"对话框中选择一个文件夹，根据需要决定网页保存的位置，如图 9-9 所示。

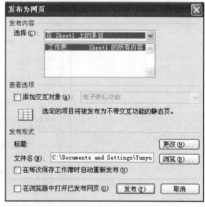

图 9-8

图 9-9

8. 在"文件名"文本框中输入"巨无霸国际控股公司"，然后单击"确定"按钮。

9. 在"发布为网页"对话框中，选中"在浏览器中打开已发布网页"复选框。

 如果当前计算机中没有安装 Microsoft Internet Explorer ，对话框中将不会显示"在浏览器中打开已发布网页"复选框。

10. 单击"发布"按钮，效果如图 9–10 所示。

	文件(F) 编辑(E) 查看(V) 收藏夹(A) 工具(T) 帮助(H)

http://mp3.sogou.com/sogou_pl

C:\Documents and Settin...　页面(P)▼　工具(O)▼

巨无霸国际控股公司
资产负债表
截止至2003年12月31日

	今年	去年
资产		
现金	$35,430	$44,536
短期资产	58,930	75,930
短期投资	2,389,494	2,389,494
长期投资	30,577,349	23,947,065
总资产	$33,061,203	$26,457,025
债务		
应付票据	$47,569	$36,096
其他短期债务	34,859	76,894
应付借款	9,000,000	7,000,000
其他长期债务	15,000,000	12,000,000
总债务	$24,082,428	$19,112,990
所有者权益		
资本公积	$100,000	$100,000
未分配利润	8,878,775	7,244,035
所有者权益合计	$8,978,775	$7,344,035
负债和所有者权益总计	$33,061,203	$26,457,025

我的电脑　　　100%

图 9–10

11. 关闭 Internet Explorer 浏览器。

 在网上发布之前，应该在不同的网页浏览器上进行多次测试。同一个网页在不同的浏览器上的显示会有差别。

9.2.3　将某一单元格区域保存为 HTML 文件

不选择整张工作表，而只选择工作表中一部分的单元格区域并将其转换为网页。

技巧课堂

将 Excel 工作表的某一单元格区域另存为非交互式网页。

1. 确认屏幕上已经打开了"巨无霸国际控股公司"工作簿。

下面只选择工作表中的某一单元格区域，将其转换为网页。

2. 激活该工作簿。

3. 选择"文件" | "另存为网页"命令。

4. 在打开的"另存为"对话框中单击"发布"按钮。

5. 在打开的"发布为网页"对话框中单击"选择"下拉按钮，然后在弹出的下拉列表框中选择"单元格区域"选项。

6. 单击"选择"下拉列表框下面的 按钮，然后选择单元格区域 A4:B26。

 所选择的单元格范围必须是一个一个连续的单元格区域。

7. 单击按钮，返回到"发布为网页"对话框，然后单击"浏览"按钮。

8. 根据需要，选择目标文件夹。

9. 将文件名改为"巨无霸国际控股公司-今年"，单击"确定"按钮。然后单击"发布"按钮，效果如图9-11所示。

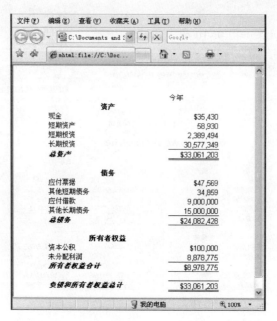

图 9-11

10. 关闭 Internet Explorer 浏览器。

11. 关闭工作簿，不保存所做的更改。

 ## 技巧演练

练习将 Excel 工作表另存为含有多种对齐方式的交互式网页。

1. 打开"年龄计算"工作簿。

2. 选择"文件" | "另存为网页"命令，打开"另存为"对话框。

3. 单击"发布"按钮。

现在设置网页让用户可以更改网页上的数据。

4. 选中"添加交换对象"复选框。

5. 单击"发布形式"选项区域中的"更改"按钮，打开"设置标题"对话框，如图9-12所示。

6. 在"标题"文本框中输入"年龄计算"，然后单击"确定"按钮。

7. 单击"浏览"按钮，打开"发布形式"对话框。

8. 根据需要选择文件夹。

9. 单击"文件名"文本框，将其改为"年龄计算"，然后单击"确定"按钮。

10. 在"发布为网页"对话框中选中"在浏览器中打开已发布网页"复选框。

> 如果当前计算机没有安装 Microsoft Internet Explorer 浏览器，对话框中将不会出现"在浏览器中打开已发布网页"复选框。

11. 单击"发布"按钮。

Internet Explorer 浏览器将打开并显示完成的网页，如图9-13所示。

图 9-13

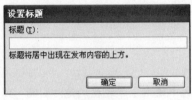

图 9-12

下面对浏览器中的工作表进行编辑，检查工作表能否正常工作。

12. 选择单元格 B1，然后输入出生日期。

13. 选择单元格 B2，输入当前的日期。

14. 观察测试结果，关闭 Internet Explorer 浏览器。

15. 关闭工作簿，无须保存。

9.3 使用自动填充功能

　　如果需要将数据或者公式复制到一个或多个邻近的单元格区域中，可以使用自动填充功能实现。选定被复制的单元格（或单元格区域）后，拖动自动填充柄（单元格区域右下角的黑色小方块）至目标单元格（或单元格区域）。松开鼠标左键后，将出现"自动填充选项"图标。单击该图标会弹出一个下拉菜单，如图 9-14 所示。

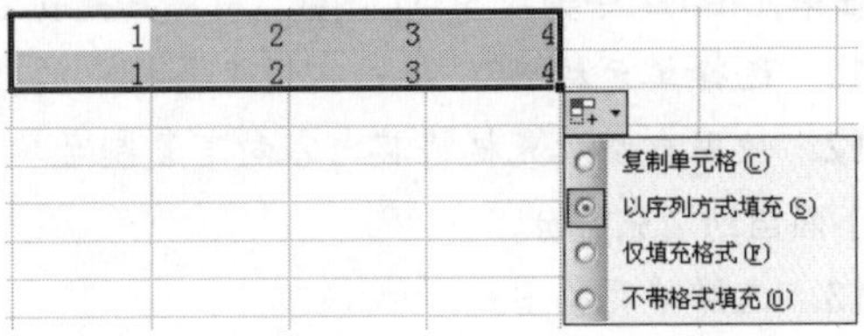

　　该下拉菜单中的具体内容会根据所复制数据的类型不同而产生变化。下面是其中的一些基本选项：

图 9-14

复制单元格	复制文本、数值或者公式及其格式。不创建序列。
以序列方式填充	创建一个简单的线性序列，并复制其单元格格式。一个序列是一组连续递增或递减的数值。例如，1、2、3、4，E、F、G、H，–5、–10、–15、–20，6 月、7 月、8 月、9 月等。
仅填充格式	复制单元格格式，但是不改变目标单元格中的内容。
不带格式填充	创建一个简单的线性序列，但不复制其单元格中的格式。

　　根据复制数据的类型不同，自动填充功能将自动默认选择"复制单元格"或者"以序列方式填充"选项。大多数情况下，该功能能够正确地辨别用户所需要的选项功能，而不需要用户通过手动再做调整。

技巧课堂

学习使用自动填充功能。

1. 打开"体育筹款联合会"工作簿，如图 9-15 所示。

	A	B	C	D	E	F	G	H	I	J	K	L	M	N	O
1						体育筹款联合会									
2															
3														总数	分配比例
4	筹款金额	4,769	5,365	5,188	4,775	5,901	7,783	4,341	3,850	7,587	5,072	4,258	8,986	67,875	%
5															
6	分配:														
7	棒球														10.0%
8	足球														4.5%
9	冰球														12.5%
10	美式橄榄														10.5%
11	水球														2.0%
12	体操														6.0%
13	田径														4.0%
14	高山滑雪														24.0%
15	滑雪技巧														9.0%
16	花样滑冰														8.5%
17	其他														9.0%
18	分配总数:														

图 9-15

2. 将工作簿另存为"体育筹款联合会-学生"。

首先，输入列表的原始数据。

3. 在单元格 B3 中输入"一月"。

4. 在单元格 B7 中输入"=ROUND(B$4*$O7,0)"。

该公式将计算每个月所筹金额按百分比分配后的数值。注意公式中使用了单元格的绝对引用，以方便后面复制单元格。现在将单元格 B7 中的公式复制到该列的剩余单元格中。

5. 选定单元格 B7，将鼠标指针放在单元格右下角的自动填充柄上。此时，鼠标指针将变为+形状，如图 9-16 所示。

图 9-16

6. 向下拖动至单元格 B17，然后松开鼠标左键。

自动填充功能已经按要求将公式复制到指定的单元格中，用户不需要再单击自动填充选项做调整。下面，在单元格 B18 中输入 SUM 函数。

7. 选择单元格 B18，单击常用工具栏中的"自动求和"按钮 Σ，然后按 Enter 键。

现在，在剩余的列中复制单元格区域 B7:B18 里的所有公式。

8. 选择单元格区域 B7:B18。

9. 将鼠标指针放置在单元格 B18 右下角的自动填充柄上。

10. 向右拖动至 M 列，然后松开鼠标左键。

在单元格 N7 中输入 SUM 函数，并将其复制至 N18 为止的所有单元中。

11. 选择单元格 N7，单击常用工具栏中的"自动求和"按钮 Σ，然后按 Enter 键。

12. 使用自动填充柄将其内容向下复制至单元格 N18。

下面自动填充月份。

13. 选择单元格 B3。

14. 使用自动填充柄，将 B3 到 M3 的所有单元格进行自动填充。

填充完的工作表如图 9-17 所示。

	A	B	C	D	E	F	G	H	I	J	K	L	M	N	O
1						体育筹款联合会									
2															
3		一月	二月	三月	四月	五月	六月	七月	八月	九月	十月	十一月	十二月	总数	分配比例
4	筹款金额	4,769	5,365	5,188	4,775	5,901	7,783	4,341	3,850	7,587	5,072	4,258	8,986	67,875	%
5															
6	分配:														
7	棒球	477	537	519	478	590	778	434	385	759	507	426	899	6,789	10.0%
8	足球	215	241	233	215	266	350	195	173	341	228	192	404	3,053	4.5%
9	冰球	596	671	649	597	738	973	543	481	948	634	532	1,123	8,485	12.5%
10	美式橄榄	501	563	545	501	620	817	456	404	797	533	447	944	7,128	10.5%
11	水球	95	107	104	96	118	156	87	77	152	101	85	180	1,358	2.0%
12	体操	286	322	311	287	354	467	260	231	455	304	255	539	4,071	6.0%
13	田径	191	215	208	191	236	311	174	154	303	203	170	359	2,715	4.0%
14	高山滑雪	1,145	1,288	1,245	1,146	1,416	1,868	1,042	924	1,821	1,217	1,022	2,157	16,291	24.0%
15	滑雪技巧	429	483	467	430	531	700	391	347	683	456	383	809	6,109	9.0%
16	花样滑冰	405	456	441	406	502	662	369	327	645	431	362	764	5,770	8.5%
17	其他	429	483	467	430	531	700	391	347	683	456	383	809	6,109	9.0%
18	分配总数:	4,769	5,366	5,189	4,777	5,902	7,782	4,342	3,850	7,587	5,070	4,257	8,987	67,878	
19															
20															

图 9-17

15. 保存并关闭工作簿。

技巧演练

练习将多个值进行自动填充。

1. 新建工作簿并且输入以下数据:

单元格	数据
B2	一月
B3	一月
B4	星期一
B5	季度 1
B6	区域 1
B7	种类 4
B8	六月
B9	吉姆
B10	C
B11	第一
B12	产品 A
B13	2003 年第一季度
B14	33
B15	2008 年 3 月

首先使用复制功能。

2. 选择单元格 B2。

3. 单击常用工具栏中的"复制"按钮。

4. 选择单元格区域 C2:J2

5. 单击常用工具栏中的"粘贴"按钮。

使用自动填充柄。

6. 选择单元格 B3。

7. 将鼠标指针放在单元格 B3 右下角的自动填充柄上。

8. 向右拖动其自动填充柄直到单元格的提示框显示为"九月"时松开鼠标左键。

　　使用自动填充功能填充数值（非公式）时，Excel 窗口内将出现一个提示框，提示将要输入当前单元格中的内容。该功能将提示用户单元格中的输入内容，帮助用户决定停止拖动自动填充柄的正确时间。

使用自动填充功能填充所选区域中的全部单元格。

9. 选择单元格区域 B4:B15。

10. 将鼠标指针放在单元格 B15 右下角的自动填充柄上。

11. 向右拖动自动填充柄至 J 列，然后松开鼠标左键。注意到此时单元格提示框将显示单元格区域（第 4 行）中第一个单元的新输入值。

　　工作表中不同的数据类型决定了自动填充功能中有些填充数据为递增数据，而有些则为递减数据。选择两个相临的单元格做序列填充（例如，第一个单元格中的数值为 1，第二个单元格中的数值为 3），这将强迫 Excel 以不为 1 的递增值填充序列（填充序列为 1、3、5、7、9、11）。

下面尝试自动填充两个单元格序列，并且执行其他类型的自动填充。

12. 输入以下数据:

单元格	数据
B17	C
C17	D

B18	2003 年第一季度
C18	2003 年第二季度
B19	产品 A
C19	产品 B
B20	产品 1
C20	产品 3
B21	3 月 3 日
C21	4 月 4 日

13. 选择单元格区域 B17:C21。

14. 自动填充至 J 列。

工作表显示如图 9-18 所示。

	A	B	C	D	E	F	G	H	I	J
1										
2	一月	一月	一月	一月	一月	一月	一月	一月	一月
3	一月	二月	三月	四月	五月	六月	七月	八月	九月
4	星期一	星期二	星期三	星期四	星期五	星期六	星期日	星期一	星期二
5	季度1	季度2	季度3	季度1	季度2	季度3	季度1	季度3	季度1
6	区域1	区域2	区域3	区域4	区域5	区域6	区域7	区域8	区域9
7	种类4	种类5	种类6	种类7	种类8	种类9	种类10	种类11	种类12
8	六月	七月	八月	九月	十月	十一月	十二月	正月	二月
9	吉姆	吉姆	吉姆	吉姆	吉姆	吉姆	吉姆	吉姆	吉姆
10	C	C	C	C	C	C	C	C	C
11	第一	第一	第一	第一	第一	第一	第一	第一	第一
12	产品A	产品A	产品A	产品A	产品A	产品A	产品A	产品A	产品A
13	2003年第一季度	2004年第一季度	2005年第一季度	2006年第一季度	2007年第一季度	2008年第一季度	2009年第一季度	2010年第一季度	2011年第一季度
14	33	34	35	36	37	38	39	40	41
15		2003年3月	2003年4月	2003年5月	2003年6月	2003年7月	2003年8月	2003年9月	2003年10月	2003年11月
16										
17	C	D	C	D	C	D	C	D	C
18	2003年第一季度	2003年第二季度	2004年第一季度	2004年第二季度	2005年第一季度	2005年第二季度	2006年第一季度	2006年第二季度	2007年第一季度
19	产品A	产品B	产品A	产品B	产品A	产品B	产品A	产品B	产品A
20	产品1	产品3	产品5	产品7	产品9	产品11	产品13	产品15	产品17
21	3月3日	4月4日	5月6日	6月7日	7月9日	8月10日	9月11日	10月13日	11月14日

图 9-18

15. 将其另存为"自动填充-学生",然后关闭。

9.4 查找和替换数据

9.4.1 查找数据

XL03S-1-2

用户可以查找工作簿中出现的文本、数值、函数名称或者被引用的单元格。如果需要查找含有以上内容的单元格,可以通过"查找"功能快速有效地完成任务。

要使用"查找"功能,可以使用以下方法:

- 选择"编辑" | "查找"命令。
- 按 Ctrl + F 组合键。

打开的"查找和替换"对话框如图 9-19 所示。

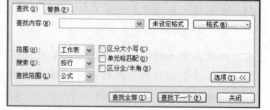

图 9-19

查找内容	要查找的具体内容。
范围	包括两个选项,可以选择在当前工作表中查找或者在整个工作簿中查找。
搜索	搜索分为"按行"查找和"按列"查找:

"按行"查找对工作表或工作簿中的每一行按照自左至右的顺序查找,从最顶行开始。

"按列"查找对每一列按照自上而下的顺序查找,从最左列开始。

查找范围	规定在单元格内查找或者在包括了公式、批注的范围内查找。"公式"选项一般会包括更广的范围和灵活度,只含有数值的单元格也会被包括在内。

区分大小写　　　规定了查找时是否要求区分单元格中字母的大小写格式。

单元格匹配　　　规定了要查找的内容是否为单元格中的全部内容。

区分全/半角　　　规定了查找时是否要求区分单元格中文字的全角或者半角格式。

 技巧课堂

学习如何查找包括一个特定数值的所有单元格。

1. 打开"普门供应商"工作簿（见图 9–20），将其另存为"普门供应商–学生"。

	A	B	C	D	E	F	G	H
1				普门供应商				
2				运营成本				
3								
4		十月	十一月	腊月	正月	二月	三月	总计
5	总收入	$8,466.67	$9,704.04	$9,367.40	$9,141.40	$10,146.76	$11,246.50	$58,072.77
6								
7	广告支出	$532.25	$452.63	$386.35	$486.30	$480.00	$550.25	$2,887.78
8	差旅支出	225.00	1,526.54	145.00	185.00	325.00	650.36	3,056.90
9	薪水	3,000.00	3,000.00	3,000.00	3,000.00	3,000.00	3,000.00	18,000.00
10	交通支出	118.67	212.50	250.75	200.00	252.60	264.89	1,299.41
11	保险支出	283.33	283.33	283.33	283.33	283.33	283.33	1,699.98
12	房屋租赁支出	1,783.33	1,783.33	1,783.33	1,783.33	1,783.33	1,783.33	10,699.98
13	水电支出	263.17	235.20	255.14	268.30	246.50	236.94	1,505.25
14	办公用品支出	298.58	398.14	305.12	368.45	326.40	299.23	1,995.92
15	税	385.62	385.62	385.62	385.62	385.62	385.62	2,313.72
16	总支出	$6,889.95	$8,277.29	$6,794.64	$6,960.33	$7,082.78	$7,453.95	$43,458.94
17								
18	利润	$1,576.72	$1,426.75	$2,572.76	$2,181.07	$3,063.98	$3,792.55	$14,613.83
19	利润率	18.6%	14.7%	27.5%	23.9%	30.2%	33.7%	

图 9–20

练习查找一个词。

2. 选择"编辑"｜"查找"命令，打开"查找和替换"对话框，如图 9–21 所示。

图 9–21

3. 在"查找内容"下拉列表框中输入"%"，然后单击"查找下一个"按钮。

4. 多次单击"查找下一个"按钮，观察哪些单元格被选中。

尝试一些不同的查找功能。

5. 要显示所有的查找功能，单击"查找和替换"对话框中的"选项"按钮。

6. 在"查找内容"下拉列表框中，使用全角重新输入"%"。然后选中"区分全/半角"复选框，单击"查找下一个"按钮。

屏幕将会弹出对话框，提示"Microsoft Office Excel 找不到正在搜索的数据"信息。这说明，尽管 Excel 之前成功查找到半角的"%"，但是没有一个单元格中包含全角的"%"。

7. 单击"确定"按钮，关闭对话框。

8. 在"查找和替换"对话框中选中"单元格匹配"复选框，然后单击"查找下一个"按钮。

屏幕将会弹出对话框，提示"Microsoft Office Excel 找不到正在搜索的数据"。Excel 不能找到任何一个与"%"完全匹配的单元格。Excel 之前找到的单元格均含有除了"%"以外的其他字符。

9. 单击"确定"按钮，关闭对话框。

10. 选择"查找内容"下拉列表框中，将要查找的内容更改为"总"。

11. 单击"查找下一个"按钮。

12. 取消选中"区分全/半角"以及"单元格匹配"复选框，然后单击"选项"按钮，隐藏"选项"区域。

查找所有引用了 B5 的单元格。

13. 在"查找内容"下拉列表框中输入 B5，然后单击"查找全部"按钮。

对话框中将出现一个下拉列表，显示了查找到的每个单元格的细节，如图 9-22 所示。

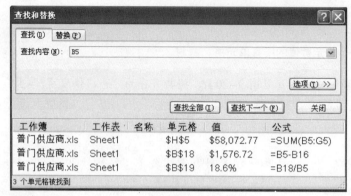

图 9-22

14. 单击"关闭"按钮。

15. 不要关闭工作簿。

9.4.2 替换数据

用户还可以用一个新的数据替换所查找到的相关内容。根据需求，可以单击"替换"按钮逐一替换，也可以单击"全部替换"按钮一次性替换所有包含该数据的单元格。替换功能可以简单而且迅速地将一个数值或文本替换为其他数值或文本。此过程是由 Excel 自动完成的，可以避免由于手动替换而造成的疏忽性错误。

可以通过以下方法实现替换功能：

* 选择"编辑" | "替换"命令。
* 按 Ctrl + H 组合键。
* 如果屏幕上已经打开了"查找和替换"对话框，则直接切换到"替换"选项卡。

有些时候用户需要逐次单击"替换"按钮，以便更好地控制和确认每一个需要替换的单元格。另外，还可以在使用"替换"功能之前先在"查找"选项卡中查找所有相关单元格，确认所有查找到的内容和选项都没有任何问题之后，再单击"全部替换"按钮替换所有相关单元格。

技巧课堂

学习使用"替换"功能。

1. 打开"普门供应商-学生"工作簿。

替换所有"支出"为"成本"。

2. 选择"编辑" | "替换"命令，打开"查找和替换"对话框。

3. 在"查找内容"文本框中输入"支出"。

4. 在"替换为"文本框中输入"成本"，然后单击"查找下一个"按钮，如图 9-23 所示。

5. 持续单击"替换"按钮，直到将所有含"支出"的单元格全部替换完为止。

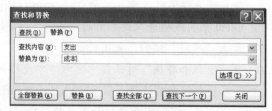

图 9-23

也可以单击"全部替换"按钮完成此操作。

6. 再次单击 "替换" 按钮。

此时，弹出的对话框中提示 "Microsoft Office Excel 找不到匹配项" 信息，这表明工作表中已经没有单元格包含所查找的内容了。

7. 单击 "确定" 按钮，关闭提示对话框。

8. 单击 "关闭" 按钮。

9. 保存工作簿。

9.4.3 查找和替换格式

此外，用户可以通过查找和替换功能查找含有某种特定格式的单元格，或者有某种特殊格式数值的单元格；还可以将含有该数值的单元格全部更改成其他的格式，或者将含有特定格式单元格中的数值更改为其他数值。

技巧课堂

查找含有某种特定格式的单元格，然后替换单元格的格式。

1. 打开 "普门供应商–学生" 工作簿。

首先，查找所有和单元格 B5 同样格式的单元格。

2. 选择 "编辑" | "查找" 命令，打开 "查找和替换" 对话框，如图 9–24 所示。

3. 单击 "选项" 按钮，显示查找特征的选项。

4. 删除 "查找内容" 下拉列表框中的现有内容。

5. 单击 "格式" 下拉按钮，在弹出的下拉菜单中选择 "从单元格选择格式" 选项。

6. 选择单元格 B5（或者其他含有该格式的单元格），将其作为查找示例。

7. 单击 "查找下一个" 按钮，查找含有该格式的下一个单元格。

8. 单击 "查找全部" 按钮，查找结果列出含有该格式的所有单元格，如图 9–25 所示。

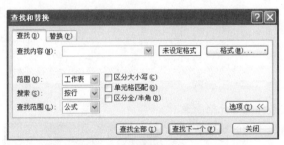

图 9–24

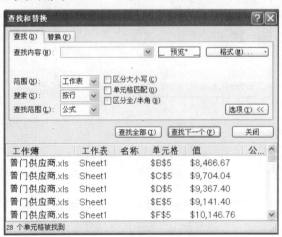

图 9–25

将所有单元格更改为 "会计专用" 格式中的 "货币" 格式。

9. 在 "查找和替换" 对话框中切换到 "替换" 选项卡。

10. 删除 "替换为" 下拉列表框中的现有内容。

"查找内容" 下拉列表框中的格式已经在先前的 "查找" 选项卡中设置好了，因此这里不需要再次设置。但还需要设置 "替换为" 下拉列表框中的格式。

11. 单击第二个 "格式" 按钮，打开 "替换格式" 对话框。

12. 如果当前不是 "数字" 选项卡，则切换到 "数字" 选项卡。

13. 在 "分类" 列表框中选择 "会计专用" 选项，然后单击 "确定" 按钮。

14. 在"查找和替换"对话框中单击"全部替换"按钮。

此时，弹出的对话框中提示"Excel 已经完成搜索并进行了 28 处替换"信息。即所有的单元格格式都已经更改为会计专用格式，每个单元格的右侧都出现了额外的空间。

15. 单击"确定"按钮，关闭提示对话框。

替换含有"成本"的所有单元格的格式。

16. 单击第一个"格式"下拉按钮，在弹出的下拉菜单中选择"清除查找格式"选项。

17. 单击第二个"格式"下拉按钮，在弹出的下拉菜单中选择"清除查找格式"选项。

18. 在"查找内容"下拉列表框中输入"成本"。

19. 在"替换为"下拉列表框中输入"成本"。

20. 单击第二个"格式"按钮。

21. 在打开的"替换格式"对话框中切换到"字体"选项卡。

22. 设置相关格式，如图 9-26 所示。

23. 单击"确定"按钮，关闭"替换格式"对话框。

24. 在"查找和替换"对话框中，单击"全部替换"按钮。

弹出的提示对话框将提示共有多少处被替换。

25. 单击"确定"按钮，关闭提示对话框。

26. 单击"查找和替换"对话框中的"关闭"按钮。

27. 根据实际需要调整列宽，更好地显示新的数字格式。

此时，工作簿显示如图 9-27 所示。

图 9-26   图 9-27

28. 保存工作簿。

9.4.4 定位

XL03S-1-2

"定位"命令用于查找工作表中所有符合某种特定条件的单元格。通过该命令可以选择工作表中所有具有设定条件的单元格。该功能可以有效地减少需要核实或确认的单元格数目。若要移动至下一个含有相同设定条件的单元格，按 Enter 键即可。

"定位条件"对话框如图 9-28 所示。

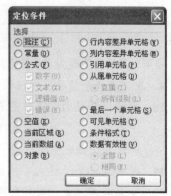

批注	选择包含某种批注的所有单元格。
常量	选择只包含常量或非数值的所有单元格。
公式	选择包含某种公式的单元格。默认情况下，所有的公式都被选中。根据需要，选择的范围可以缩小至只计算数字、文本、逻辑或者结果中有错误的公式。

图 9-28

空值	选择所有空白的单元格。
当前区域	选择当前区域（由所有邻近非空白单元格组成的矩形区域）的所有单元格。
当前数组	选择工作表中的所有数组。
对象	选择工作表中的所有图片对象。
行内容差异单元格	选择当前行中所有具有不同引用样式的单元格。例如，有些单元格引用其上方的单元格，而另一些则引用其下方的单元格。
列内容差异单元格	选择当前列中所有具有不同引用样式的单元格。
引用单元格	选择所有被当前激活单元引用的单元格。
从属单元格	选择所有引用了当前激活单元格的单元格。可以选择两种：直接引用当前激活单元格的单元格（"直属"），或所有引用了当前激活单元格的单元格（"所有级别"）。
最后一个单元格	选择位于底部、最右端的包含数据的单元格。
可见单元格	选择当前工作表中所有可见单元格。
条件格式	选择所有包含条件格式的单元格。
数据有效性	选择所有包含有效数据函数的单元格。可以选择与当前激活单元格具有相同数据有效性的所有单元格（"相同"），或者选择具有任何数据有效性的所有单元格（"全部"）。

使用"定位"命令，可以通过以下方法：

- 选择"编辑" | "定位"命令。
- 按 Ctrl + G 组合键或按 F5 键。

 技巧课堂

学习使用"定位"命令。

1. 打开"普门供应商-学生"工作簿。

查找所有包含公式的单元格。

2. 选择"编辑" | "定位"命令，打开"定位"对话框，如图 9-29 所示。
3. 单击"定位条件"按钮。
4. 选中"公式"单选按钮。
5. 选中"公式"选项区域中的所有复选框。
6. 单击"确定"按钮。

所有包含公式的单元格都处于选中状态，该区域的第一个单元格以反白显示，如图 9-30 所示。

图 9-29

	A	B	C	D	E	F	G	H
1				普门供应商				
2				*运营成本*				
3								
4		十月	十一月	腊月	正月	二月	三月	总计
5	总收入	$8,466.67	$9,704.04	$9,367.40	$9,141.40	$10,146.76	$11,246.50	$58,072.77
6								
7	*广告成本*	$532.25	$452.63	$386.35	$486.30	$480.00	$550.25	$2,887.78
8	*差旅成本*	225.00	1,526.54	145.00	185.00	325.00	650.36	3,056.90
9	薪水	3,000.00	3,000.00	3,000.00	3,000.00	3,000.00	3,000.00	18,000.00
10	*交通成本*	118.67	212.50	250.75	200.00	252.60	264.89	1,299.41
11	*保险成本*	283.33	283.33	283.33	283.33	283.33	283.33	1,699.98
12	*房屋租赁成本*	1,783.33	1,783.33	1,783.33	1,783.33	1,783.33	1,783.33	10,699.98
13	*水电成本*	263.17	235.20	255.14	268.30	246.50	236.94	1,505.25
14	*办公用品成本*	298.58	398.14	305.12	368.45	326.40	299.23	1,995.92
15	税	385.62	385.62	385.62	385.62	385.62	385.62	2,313.72
16	*总成本*	$6,889.95	$8,277.29	$6,794.64	$6,960.33	$7,082.78	$7,453.95	$43,458.94
17								
18	利润	$1,576.72	$1,426.75	$2,572.76	$2,181.07	$3,063.98	$3,792.55	$14,613.83
19	利润率	18.6%	14.7%	27.5%	23.9%	30.2%	33.7%	

图 9-30

7. 按 Enter 或 Tab 键,可以在单元格区域内切换,也可以按 Shift+Tab 组合键切换回整个单元格区域。

8. 在选中的单元格区域外单击,可使选中单元格区域处于非选中状态。

查找仅包含常量和文本的所有单元格。

9. 按 F5 键,然后在打开的对话框中单击"定位条件"按钮。

10. 在"定位条件"对话框中选中"常量"单选按钮,然后单击"确定"按钮。

11. 按 Enter 键,选择所有包含常量的单元格。

查找所有被当前激活单元格所引用的单元格。

12. 选择单元格 G16。

13. 按 F5 键,然后在打开的对话框中单击"定位条件"按钮。

14. 在"定位条件"对话框中选中"引用单元格"单选按钮,然后单击"确定"按钮。

查找所有引用了当前激活单元格的单元格。首先,查找直接引用了该单元格的单元格。

15. 选择单元格 E9。

16. 按 F5 键,然后在打开的对话框中单击"定位条件"按钮。

17. 在"定位条件"对话框中选中"从属单元格"单选按钮,然后选中"直属"单选按钮。

18. 单击"确定"按钮。

查找所有引用了当前激活单元格的单元格(直接或间接引用了当前单元格)。

19. 选择单元格 F9。

20. 按 F5 键,然后在打开的对话框中单击"定位条件"按钮。

21. 在"定位条件"对话框中选中"从属单元格"单选按钮,然后选中"所有级别"单选按钮。

22. 单击"确定"按钮。

23. 保存并关闭工作簿。

9.5 使用选择性粘贴

普通的"粘贴"命令将把剪贴板中的全部内容都粘贴到目标单元格中,这些内容包括数据、格式以及公式。某些情况下,用户可能需要对粘贴的内容进行筛选。"选择性粘贴"命令允许用户完成一些特殊的粘贴任务。

若要使用"选择性粘贴"功能,可以选择"编辑" | "选择性粘贴"命令,打开"选择性粘贴"对话框,如图 9-31 所示。

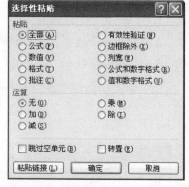

图 9-31

粘贴　　　　设置剪贴板中的哪部分的内容将被粘贴到目标单元格中。例如,如果选中"公式"单选按钮,Excel 将只粘贴公式。

运算　　　　设置目标单元格中的原有数据将被如何计算。例如,如果选中"乘"单选按钮,那么单元格中的原有数据将会同目标单元格中的数据相乘。

跳过空单元　选中该复选框后,如果没有从剪贴板中粘贴数据,目标单元格中的原始数据将不会被空值覆盖。

转置　　　　如果选中该复选框,数据将被旋转。原来在剪贴板中以列的形式向下排列的数据,将在目标单元格中变为以行形式排列。原来在剪贴板中以行形式排列的数据,粘贴后将在目标单元格中以列形式排列。

技巧课堂

学习使用“选择性粘贴”命令。。

1. 打开“选择性粘贴”工作簿，如图 9–32 所示。
2. 将其另存为“选择性粘贴 - 学生”。

	A	B	C	D	E
1	数值	公式			
2	10.1	20.2			60.6
3	**20.20**	**40.40**			70.7
4	*$30.30*	*$60.60*			80.8
5	4.04E+01	8.08E+01			90.9
6	FRED	fred			JOE

图 9–32

首先，将数值粘贴到多个目标单元格中。

3. 选择单元格区域 A2:B6，然后单击常用工具栏中的“复制”按钮。
4. 选择单元格 H3。
5. 选择“编辑” | “选择性粘贴”命令。
6. 在打开的“选择性粘贴”对话框中，选中“数值”单选按钮，然后单击“确定”按钮。

下面比较两个单元格区域中每个单元格中的内容。

7. 选择单元格区域 H3:I7。
8. 选择单元格区域 A2:B6。

   由于选中了“数值”单选按钮，Excel 会计算所有的公式，然后将结果粘贴到目标单元格中。该选项对含有文本和数值的单元格不会产生任何影响。但应注意，单元格的格式不会被复制到目标单元格中。
9. 重复第 3～6 步，选中“选择性粘贴”对话框中的“格式”单选按钮。

下面尝试将公式粘贴到目标单元格中。

10. 选择单元格区域 B2:B6，然后单击常用工具栏中的“复制”按钮。
11. 选择单元格 F2。
12. 选择“编辑” | “选择性粘贴”命令。
13. 在打开的“选择性粘贴”对话框中，选中“公式”单选按钮，然后单击“确定”按钮。

下面尝试使用“转置”功能。

14. 选择单元格区域 A2:B6，然后单击常用工具栏中的“复制”按钮。
15. 选择单元格 B9。
16. 选择“编辑” | “选择性粘贴”命令。
17. 在打开的“选择性粘贴”对话框中，选中“转置”复选框，然后单击“确定”按钮。

使用“矩阵”功能在函数中添加数值

18. 选择单元格区域 A2:A6，然后单击常用工具栏中的“复制”按钮。
19. 选择单元格 H3。
20. 选择“编辑” | “选择性粘贴”命令。
21. 在打开的“选择性粘贴”对话框中，选中“数值”和“加”单选按钮，然后单击“确定”按钮。

    完成后的工作表显示如图 9–33 所示。

	A	B	C	D	E	F	G	H	I
1	数值	公式							
2	10.1	20.2			60.6	121.2			
3	**20.20**	**40.40**			70.7	141.4		20.2	20.2
4	*$30.30*	*$60.60*			80.8	161.6		**40.40**	**40.40**
5	4.04E+01	8.08E+01			90.9	181.8		*$60.60*	*$60.60*
6	FRED	fred			JOE	joe		8.08E+01	8.08E+01
7								FRED	fred
8									
9		10.1	**20.20**	*$30.30*	4.04E+01	FRED			
10		20.2	**40.40**	*$60.60*	8.08E+01	fred			

图 9–33

22. 保存并关闭工作簿。

9.6 数据排序

Excel 提供了数据排序工具，允许用户在工作表中为某一列中的数据按照其数值执行管理或排序。排序将增强数据的可读性。用户可以根据不同需要选择不同的列进行排序，没有次数限制。

图 9-34

如果多个数据包含"主要关键字"而无法决定其次序，用户最多可以选择三组数据作为排序关键字。

要使用"排序"功能，选择"数据"｜"排序"命令。

"排序"对话框允许用户选择三个不同列，可以选择按"升序"或"降序"的方式排序，如图 9-34 所示。Excel 将按照所选择列的顺序进行排序。如果要排序的单元格区域不包括列标题，则选中"无标题行"单选按钮。如果选中"有标题行"单选按钮，该标题将会被包括在数据中。

主要关键字	决定 Excel 排序时，数据中的第一列，即主要排序关键字。可以选择"升序"排序（A~Z，0~9）或者"降序"排序(Z~A，9~0)。
次要关键字/第三关键字	决定排序中接下来使用的列，即第二和第三排序关键字。当有多个行含有主要关键字时，该选项可以决定这几行的排序顺序。可以选择排序的方式为"升序"(A~Z，0~9)或"降序"(Z~A，9~0)。
我的数据区域	设置要将第一行作为数据处理还是作为标题行处理。

"排序"功能还可以通过单击常用工具栏中的"升序排序"按钮或"降序排序"按钮实现。

技巧课堂

使用两个列作为排序关键字排序。

1. 打开"电话簿"工作簿，将其另存为"电话簿－学生"。
2. 选择单元格区域的任意位置。
3. 选择"数据"｜"排序"命令，打开"排序"对话框。
4. 在"主要关键字"下拉列表框中选择"姓"选项，然后选中"升序"单选按钮。
5. 在"次要关键字"下拉列表框中选择"名"选项，然后选中"升序"单选按钮。
6. 选中"有标题行"单选按钮，单击"确定"按钮，排序效果如图 9-35 所示。

	A	B	C	D	E	F	G
1	姓	名	地址	城市	省	邮编	国家
2	Bell	Graham	67-119A Ave	Calgary	AB	T3R 6T5	加拿大
3	Bunyan	Paul	123 Forest Lane	Vancouver	WA	98004	美国
4	Cooper	Peter	2382 Hockey Circle Ave	Montreal	PQ	H3A 1W7	加拿大
5	Fish	Codd	7402 Atlantic Avenue	Halifax	NS	B2Y 1N3	加拿大
6	Fish	Wanda	#115-311 Ocean Drive	Vancouver	WA	98004	美国
7	Jones	Byron	3042 123 Street	Chicago	IL	60657	美国
8	McKay	Tyler	8420 Main Street	Winnipeg	MB	R3C 1P5	加拿大
9	Rabbitt	Bunnie	555 Circle Valley	Dallas	TX	75248	美国
10	Rabbitt	Peter	3123 Cottontail Crescent	Vancouver	BC	V5C 1L8	加拿大
11	Smith	Adelaide	433 Crescent Lane	Toronto	ON	T5D 2S1	加拿大
12	Smith	Joseph	440 Quarter Hill Ave	Richmond	VA	24290	美国
13	Thompson	Margaret	#10-414 Bute Street	Vancouver	BC	V5C 3E4	加拿大

图 9-35

注意任何重复的姓都依据各自名中的第一个字母顺序进行排序。

7. 保存工作簿。

技巧演练

练习数据排序功能。

1. 打开"电话簿（练习）"工作簿。

2. 将其另存为 "电话簿（练习）－学生"。

首先，按城市名称排序。

3. 选择 D 列中的任何单元格（单元格区域 D1:D13 之间）。

4. 单击常用工具栏中的 "升序排序" 按钮 ，排列效果如图 9-36 所示。

	A	B	C	D	E	F	G
1	姓	名	地址	城市	省	邮编	国家
2	Bell	Graham	67-119A Ave	Calgary	AB	T3R 6T5	加拿大
3	Jones	Byron	3042 123 Street	Chicago	IL	60657	美国
4	Rabbitt	Bunnie	555 Circle Valley	Dallas	TX	75248	美国
5	Fish	Codd	7402 Atlantic Avenue	Halifax	NS	B2Y 1N3	加拿大
6	Cooper	Peter	2382 Hockey Circle Ave	Montreal	PQ	H3A 1W7	加拿大
7	Smith	Joseph	440 Quarter Hill Ave	Richmond	VA	24290	美国
8	Smith	Adelaide	433 Crescent Lane	Toronto	ON	T5D 2S1	加拿大
9	Thompson	Margaret	#10-414 Bute Street	Vancouver	BC	V5C 3E4	加拿大
10	Rabbitt	Peter	3123 Cottontail Crescent	Vancouver	BC	V5C 1L8	加拿大
11	Fish	Wanda	#115-311 Ocean Drive	Vancouver	WA	98004	美国
12	Bunyan	Paul	123 Forest Lane	Vancouver	WA	98004	美国
13	McKay	Tyler	8420 Main Street	Winnipeg	MB	R3C 1P5	加拿大

图 9-36

注意数据已经按城市名称的字母顺序排列。但是，有些行含有相同城市名，它们的顺序是随机排列的。因此，还应该将 "姓" 和 "名" 也设置为排序关键字。

5. 选择单元格区域 A1:G13 中的任意单元格。

6. 选择 "数据" ｜ "排序" 命令，打开 "排序" 对话框。

7. 选中 "有标题行" 单选按钮。

8. 单击 "主要关键字" 下拉按钮，选择下拉列表框中的 "城市" 选项。

9. 单击 "次要关键字" 下拉按钮，选择下拉列表框中的 "姓" 选项。

10. 单击 "第三关键字" 下拉按钮，选择下拉列表框中的 "名" 选项。

11. 单击 "确定" 按钮。

下面以 "国家"、"省"、"城市" 作为关键字进行排序。

12. 选择单元格区域 A1:G13 中的任意单元格。

13. 选择 "数据" ｜ "排序" 命令，打开 "排序" 对话框。

14. 选中 "有标题行" 单选按钮。

15. 单击 "主要关键字" 下拉按钮，选择下拉列表框中的 "国家" 选项。

16. 单击 "次要关键字" 下拉按钮，选择下拉列表框中的 "省" 选项。

17. 单击 "第三关键字" 下拉按钮，选择下拉列表框中的 "城市" 选项。

18. 单击 "确定" 按钮，排序效果如图 9-37 所示。

注意现在所有行（即使有重复城市名称的行）都按各自姓名顺序排好。因为在执行此次重新排序之前，上一次排序是按照 "姓" 和 "名" 作为排序的次要关键字，这些排序位置保持不变。

	A	B	C	D	E	F	G
1	姓	名	地址	城市	省	邮编	国家
2	Bell	Graham	67-119A Ave	Calgary	AB	T3R 6T5	加拿大
3	Rabbitt	Peter	3123 Cottontail Crescent	Vancouver	BC	V5C 1L8	加拿大
4	Thompson	Margaret	#10-414 Bute Street	Vancouver	BC	V5C 3E4	加拿大
5	McKay	Tyler	8420 Main Street	Winnipeg	MB	R3C 1P5	加拿大
6	Fish	Codd	7402 Atlantic Avenue	Halifax	NS	B2Y 1N3	加拿大
7	Smith	Adelaide	433 Crescent Lane	Toronto	ON	T5D 2S1	加拿大
8	Cooper	Peter	2382 Hockey Circle Ave	Montreal	PQ	H3A 1W7	加拿大
9	Jones	Byron	3042 123 Street	Chicago	IL	60657	美国
10	Rabbitt	Bunnie	555 Circle Valley	Dallas	TX	75248	美国
11	Smith	Joseph	440 Quarter Hill Ave	Richmond	VA	24290	美国
12	Bunyan	Paul	123 Forest Lane	Vancouver	WA	98004	美国
13	Fish	Wanda	#115-311 Ocean Drive	Vancouver	WA	98004	美国

图 9-37

19. 保存并关闭工作簿。

9.7 使用自动筛选

XL03S-2-1

在工作表中，查找信息是一件非常耗费精力和时间的工作。尤其是当工作表中的内容繁多而且凌乱复杂的时候，为数据排序可以使查找变得相对容易。但是，用户仍然需要查看整个工作表上的数据才能找到想要的内容。在这种情况下，使用"筛选"功能可以快捷定位查找信息，通过它可以过滤那些不需要的数据并将其隐藏。"筛选"功能不会更改当前工作表中的内容，只是改变查看数据的方式而已。

在 Excel 中，最快捷并且最容易的筛选数据的方法是使用"自动筛选"功能。激活"自动筛选"功能后，Excel 会将"自动筛选"下拉按钮放置在每个单元格区域名称的右侧，这些下拉按钮将用于选择筛选条件。最开始在没有设置自动筛选标准时，工作表将会显示所有的项目。

选择"数据" | "筛选" | "自动筛选"命令可激活"自动筛选"功能。

"自动筛选"功能使用的筛选标准包括应用于单元格区域内的前 10 项。使用前 10 项，可以选择当前数据中前 10 个最大或最小的数值。也可以选择超过（或少于）前 10 个或后 10 个的数据，还可以按项目或者按百分比筛选。

 技巧课堂

学习在数据中使用"自动筛选"功能。

1. 打开"电话簿－学生"工作簿。
2. 选择单元格区域 A1:G13 中的任意单元格。
3. 选择"数据" | "筛选" | "自动筛选"命令。

   这时，每列标旁边都出现一个"自动筛选"下拉按钮，如图 9-38 所示。

	A	B	C	D	E	F	G
1	姓	名	地址	城市	省	邮编	国家
2	Bell	Graham	67-119A Ave	Calgary	AB	T3R 6T5	加拿大
3	Bunyan	Paul	123 Forest Lane	Vancouver	WA	98004	美国
4	Cooper	Peter	2382 Hockey Circle Ave	Montreal	PQ	H3A 1W7	加拿大
5	Fish	Codd	7402 Atlantic Avenue	Halifax	NS	B2Y 1N3	加拿大
6	Fish	Wanda	#115-311 Ocean Drive	Vancouver	WA	98004	美国
7	Jones	Byron	3042 123 Street	Chicago	IL	60657	美国
8	McKay	Tyler	8420 Main Street	Winnipeg	MB	R3C 1P5	加拿大
9	Rabbitt	Bunnie	555 Circle Valley	Dallas	TX	75248	美国
10	Rabbitt	Peter	3123 Cottontail Crescent	Vancouver	BC	V5C 1L8	加拿大
11	Smith	Adelaide	433 Crescent Lane	Toronto	ON	T5D 2S1	加拿大
12	Smith	Joseph	440 Quarter Hill Ave	Richmond	VA	24290	美国
13	Thompson	Margaret	#10-414 Bute Street	Vancouver	BC	V5C 3E4	加拿大

图 9-38

4. 单击"姓"列标旁边的"自动筛选"下拉按钮。
5. 在弹出的下拉菜单中选择 Smith 选项。

   注意工作表中当前所显示的行号。那些不符合筛选条件的项目被自动隐藏，只有符合条件的项目才能显示出来。使用"自动筛选"功能后，行号的颜色和"自动筛选"下拉按钮的颜色也都发生了变化，由此提示用户该单元格区域内的项目部分因为筛选条件限制而没有全部显示出来。

将所有的项目重新显示。

6. 单击"姓"列标旁边的"自动筛选"下拉按钮，然后在弹出的下拉菜单中选择"（全部）"选项。Excel 所应用的筛选条件称为"标准"。用户也可以通过"自动筛选"下拉按钮选择多个筛选条件，从而设置多重筛选标准（注意只能通过设置多个列的自动筛选条件来设置多个标准，因为每一列只能选择一个筛选标准）。
7. 单击"城市"列标中的"自动筛选"下拉按钮，然后选择 Vancouver 选项。
8. 单击"省"列标中的"自动筛选"下拉按钮，然后选择 BC 选项，排序效果如图 9-39 所示。

再次显示所有项目。

9. 选择"数据" | "筛选" | "全部显示"命令。

现在关闭"自动筛选"功能。

10. 再次选择"数据" | "筛选" | "自动筛选"命令，"自动筛选"功能被关闭。

11. 关闭工作簿，无须保存。

	A	B	C	D	E	F	G
1	姓 ▾	名 ▾	地址 ▾	城市 ▾	省 ▾	邮编 ▾	国家 ▾
10	Rabbitt	Peter	3123 Cottontail Crescent	Vancouver	BC	V5C 1L8	加拿大
13	Thompson	Margaret	#10-414 Bute Street	Vancouver	BC	V5C 3E4	加拿大
14							
15							

图 9-39

技巧演练

练习"自动筛选"功能。

1. 打开"影像租赁"工作簿（见图 9-40），将其另存为"影像租赁-学生"。

	A	B	C	D	E
1	日期	租赁类型	影碟名	价格	用户编号
2	2003年10月1日	3-3 晚	四个婚礼一个葬礼	$3.50	316
3	2003年10月1日	1-1 晚 热租项目	拯救世界	$4.50	328
4	2003年10月1日	3-3 晚	美国海军在行动	$3.50	333
5	2003年10月1日	3-3 晚 周租项目	X 档案	$3.50	379
6	2003年10月1日	2-2 晚 热租项目	罗马假日	$4.50	340
7	2003年10月1日	3-3 晚 周租项目	雨人	$3.50	395
8	2003年10月1日	3-3 晚	情道无价	$3.50	338
9	2003年10月1日	3-3 晚 周租项目	美国独立日	$3.50	363
10	2003年10月2日	3-3 晚 周租项目	小兔白泥	$3.50	322
11	2003年10月2日	3-3 晚	恋人	$3.50	360
12	2003年10月2日	3-3 晚	四个婚礼一个葬礼	$3.50	311
13	2003年10月2日	3-3 晚	恋人	$3.50	328
14	2003年10月2日	3-3 晚 周租项目	小兔白泥	$3.50	347
15	2003年10月2日	3-3 晚	恋人	$3.50	376
16	2003年10月2日	1-1 晚 热租项目	拯救世界	$4.50	326
17	2003年10月2日	5-7 晚 儿童项目	魂断蓝桥	$0.99	349
18	2003年10月2日	5-7 晚 儿童项目	木偶人	$0.99	301
19	2003年10月2日	3-3 晚 周租项目	美国独立日	$3.50	367
20	2003年10月2日	3-3 晚 周租项目	美国独立日	$3.50	351

图 9-40

2. 选择单元格区域的任何单元格，然后选择"数据" | "筛选" | "自动筛选"命令。

仅显示特定客户的租赁影片。

3. 单击"用户编号"列标的"自动筛选"下拉按钮，然后在弹出的下拉菜单中选择 300 选项。

4. 重复第 3 步，选择"用户编号"为 301～306。

5. 单击"用户编号"列标的"自动筛选"下拉按钮，然后在弹出的下拉菜单中选择"（全部）"选项。

现在选择某特定租赁类型下的所有租赁项目。

6. 单击"租赁类型"列标的"自动筛选"下拉按钮，然后在弹出的下拉菜单中选择"2-2 晚热租项目"选项。

7. 单击"日期"列标中的"自动筛选"下拉按钮，然后在弹出的下拉菜单中选择"2003 年 10 月 10日"选项。

显示所有的记录。

8. 选择"数据" | "筛选" | "全部显示"命令。

现在选择某特定日期下的所有租赁项目。

9. 单击"日期"列标中的"自动筛选"下拉按钮，然后在弹出的下拉菜单中选择"（自定义）"选项。打开"自定义自动筛选方式"对话框，如图 9-41 所示。

左侧的两个下拉列表框用于选择相应的比较符号（"等于"、"小于"和"大于"等），而右侧的两个下拉列表框用于输入数值。在"自定义自动筛选方式"对话框中还可以使用"与"和"或"功能。

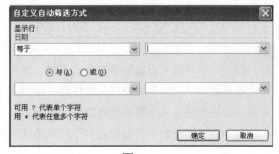

图 9-41

这里所提供的比较符号同逻辑函数中的运算符号功能一致，不同的是这里的符号使用语言性的描述，如"等于"、"小于"、"大于"，而逻辑函数中使用的是符号"="、"<"、">"等。

10. 在左上角下拉列表框中，选择"大于或等于"选项。

11. 在右上角的下拉列表框中输入 "2003 年 10 月 10 日"。

> 也可以从下拉列表框中选择数据而不使用手动输入数据的方式。

12. 在左下角下拉列表框的中选择"小于或等于"选项。

13. 在右下角的下拉列表框中输入"2003 年 10 月 20 日"。

14. 单击"确定"按钮。

15. 单击"日期"列标中的"自动筛选"下拉按钮，然后在弹出的下拉菜单中选择"（全部）"选项。

尝试同时从列表中选择筛选标准并且使用"自定义"功能。

16. 单击"日期"列标中的"自动筛选"下拉按钮，然后在弹出的下拉菜单中选择"(自定义)"选项，打开"自定义自动筛选方式"对话框。

17. 在左下角的下拉列表框中，选择"小于"选项。

18. 在右上角的下拉列表框中输入"2003 年 10 月 3 日"。

19. 单击"确定"按钮。

20. 单击"价格"列标中的"自动筛选"下拉按钮，然后在弹出的下拉菜单中选择"$4.50"选项。
完成后的工作表显示如图 9-42 所示。

	A	B	C	D	E
1	日期	租赁类型	影碟名	价格	用户编号
3	10/1/03	1 - 1 晚 热租项目	拯救世界	$4.50	328
6	10/1/03	2 - 2 晚 热租项目	罗马假日	$4.50	340
16	10/2/03	1 - 1 晚 热租项目	拯救世界	$4.50	326
21	10/2/03	2 - 2 晚 热租项目	德克萨斯电锯杀人狂	$4.50	388
329					
330					

图 9-42

现在尝试使用"（前 10）"功能。

21. 选择"数据" | "筛选" | "全部显示"命令。

22. 单击"日期"列标中的"自动筛选"下拉按钮，然后在弹出的下拉菜单中选择"（前 10 个）"选项，在打开的"自动筛选前 10 个"对话框中进行设置，如图 9-43 所示。

23. 完成设置后，单击"确定"按钮。

关闭"自动筛选"功能。

图 9-43

24. 再次选择"数据" | "筛选" | "自动筛选"命令，关闭"自动筛选"功能。

25. 不保存更改，关闭工作簿。

9.8 以文本文件形式导出数据

　　Excel 的数据将以其特有的格式存储，这种格式不能直接被其他的电子表格、文档或公司的大型数据处理系统读取。如果需要在其他程序中使用 Excel 的数据，用户必须先将 Excel 的工作簿以某种格式导出，该格式还必须与其他程序兼容。

　　电子表格中的数据可以按各种不同的格式导出，并且有空格分隔或制表符分隔等文件类型。

技巧课堂

学习把 Excel 工作簿以制表符分隔的文件形式导出，里面的数据将会被不同的制表符分隔。

1. 打开“大宗物资供应商”工作簿，如图 9–44 所示。
2. 选择“文件”|“另存为”命令，打开“另存为”对话框。
3. 根据实际需要，选择一个文件夹。
4. 在“文件名”下拉列表框中，将工作簿的名称更改为“大宗物资供应商 - 定位分隔 - 学生”。
5. 在“保存类型”下拉列表框中，选择“文本文件（制表符分隔）”选项。
6. 单击“保存”按钮。

   如果工作簿包含一个以上的工作表（不管其他工作表是否包含数据），将会弹出图 9–45 所示的对话框。

	A	B	C	D	E
1	日期	买方	种类	描述	数量
2	2-1	B&C 农场	种子	大豆种子	1,754
3	2-1	Ed 石油	石油	柴油类	365
4	2-1	Mac 农场	种子	大豆种子	9,901
5	2-1	Annie 石油	石油	汽油	430
6	2-1	Jerry & Tom 农场	种子	西红柿种子	10,815
7	2-2	Annie 石油	种子	胡萝卜种子	4,089
8	2-2	Annie 石油	种子	玉米种子	10,977
9	2-2	B&C 农场	种子	胡萝卜种子	7,212
10	2-2	Ed 石油	种子	大豆种子	5,902
11	2-2	Mac 农场	种子	红豆种子	9,870
12	2-2	Jerry & Tom 农场	种子	黄瓜种子	11,441
13	2-3	Jerry & Tom 农场	种子	红豆种子	10,442
14	2-3	Jerry & Tom 农场	石油	汽油	533
15	2-3	Mac 农场	种子	红豆种子	9,479
16	2-3	B&C 农场	种子	玉米种子	11,164
17	2-3	Annie 石油	石油	柴油类	390
18	2-3	Ed 石油	石油	天然气	9,437
19	2-4	Mac 农场	种子	大豆种子	10,652
20	2-4	Ed 石油	石油	柴油类	338
21	2-4	B&C 农场	种子	大豆种子	7,672
22	2-4	Jerry & Tom 农场	种子	洋葱种子	11,487

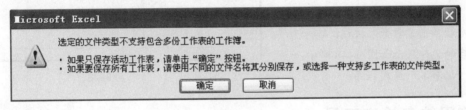

图 9–44

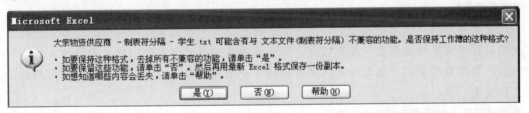

图 9–45

7. 单击“确定”按钮。

   此时，会弹出图 9–46 所示的对话框，因为 Excel 文件中所包含的格式与文本文件（制表符分隔）不兼容。例如，Excel 中含有的日期格式可能在其他程序中读取时出现不一致的情况。

图 9–46

8. 单击“是”按钮。
9. 从“开始”菜单启动“记事本”应用程序。
10. 在“记事本”窗口中打开“大宗物资供应商 - 定位分隔 - 学生”。

    此时，记事本显示如图 9–47 所示。
11. 关闭“记事本”应用程序。
12. 在 Excel 中关闭“大宗物资供应商 - 定位分隔 - 学生”工作簿，不保存所做的更改。

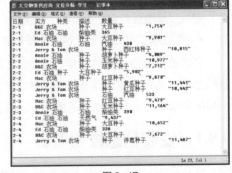

图 9–47

技巧演练

练习将一个 Excel 工作簿的数据导入到以逗号作为分隔符的文件中，里面的数据将会被逗号分隔。

1. 打开“影像租赁”工作簿。
2. 选择“文件”|“另存为”命令，打开“另存为”对话框。

3. 根据实际需要，选择一个文件夹。

4. 在"文件名"下拉列表框中，将工作簿的名称更改为"影像租赁－逗号分隔－学生"。

5. 在"保存类型"下拉列表框中选择"CSV（逗号分隔）"选项。

6. 单击"保存"按钮。

7. 当 Excel 提醒不支持多份工作表时，单击"确定"按钮。

8. 当 Excel 提醒存在不兼容时，单击"是"按钮。

9. 关闭工作簿，不保存任何更改。

10. 从 "开始"菜单启动"记事本"应用程序。

11. 在"记事本"窗口中，选择"文件" | "打开"命令。

12. 在"打开"对话框中，从"文件类型"下拉列表框中选择"所有文件"选项。

13. 选择"影像租赁－逗号分隔－学生"文件，然后单击"打开"按钮。

打开后的文件显示如图 9-48 所示。

14. 关闭"记事本"应用程序。

图 9-48

9.9 使用信息检索工具

"信息检索"工具可以帮助快速查找信息，可以通过在线查找或是本地查找检索信息。例如，用户可以查找不同类型的引用资源以获取数据信息，可以查看有关股票的财务报告，还可以通过在线帮助学习使用某些功能。

多功能为一体的"信息检索"工具允许用户在 Excel 中完成信息检索。这种多合一的设计避免了使用过程中为了搜索信息、复制数据，而在操作系统桌面上不停切换其他程序，从而节省了工作时间。将所有相关的"信息检索"功能设计在一个程序界面中，可以有效提高用户的工作效率和工作质量。

使用以下方法激活"信息检索"工具：

• 选择"工具" | "信息检索"命令。

• 　单击任务窗格上方的下拉按钮，然后在弹出的下拉菜单中选择"信息检索"选项。

• 按 Alt 键，然后单击文档中的任意位置。

和其他微软办公软件一样，Excel 附带了同义词库和外语翻译器（字典）。用户可能使用微软电子百科全书中的英语字典以及网站搜索功能等。用户还可以在"信息检索"工具中添加第三方的在线服务，例如医学信息服务和金融信息服务等，直接连接互联网或者公司内网。

9.9.1 安装信息搜索服务

开始使用"信息检索"工具之前，需要完成一些额外安装。可能需要当前计算机系统管理员的协助，从而获得访问权限或者使用微软安装软件。

激活"信息检索"功能，可以使用以下方法：

• 选择"工具" | "信息检索"命令。

• 按 Alt 键，然后单击工作表中的任意位置。

• 单击任务窗格上方的下拉按钮，然后在弹出的下拉菜单选择"信息检索"选项。

技巧课堂

安装"信息检索"工具。

1. 选择"工具" | "信息检索"命令，打开"信息检索"任务窗格。

2. 在"所有参考资料"下拉列表框中选择"翻译"选项，此时可能弹出提示对话框，如图 9-49 所示。

3. 若弹出该对话框，单击"是"按钮。

 如果当前计算机还没有安装 Microsoft Internet Explorer 浏览器，将无法选择"在浏览器中打开网页"选项。

4. 单击任务窗格底端的"信息检索选项"超链接。

打开"信息检索选项"对话框，该对话框中显示了当前电脑中所有已安装的参考资料或者互联网以及内网中可以使用的信息检索服务，如图 9-50 所示。

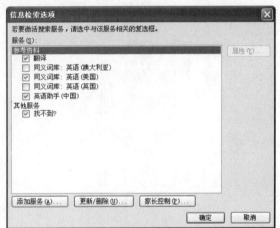

图 9-49   图 9-50

如果需要添加更多的信息检索服务，单击"添加服务"按钮。如果需要更改（例如，改变某个信息检索服务的 URL），单击"更改/删除"按钮。如果需要控制 Excel 检索或者返回的数据，单击"家长控制"按钮。

"家长控制"功能允许用户设立筛选器，过滤潜在的不安全内容。为了保护该控制的相关设置不被更改，用户还可以设置密码。

5. 单击"取消"按钮。

9.9.2 使用信息检索服务

"信息检索"任务窗格如图 9-51 所示。

搜索	输入要检索的单词或语句，可以在线搜索，也可以本地搜索。
检索服务	选择提供检索的服务类型。如果选择"所有参考资料"选项，所有的检索服务都可以同时被使用。
	在"搜索"文本框中向前或向后查看搜索过的词语。
信息列表框	显示依照某个检索标准而查找到的信息。
找不到？	建议在其他可选的网站或资料中检索需要查找的信息。
更新服务	从 Microsoft Office 网站上更新系统上的 Microsoft Office 服务。
获取 Office 市场上的服务	在 Office 服务商城中搜索其他提供服务的网站。
信息检索选项	规定使用"信息检索"功能时哪些参考服务是可用的。

　　同义词库是 Microsoft Office 所附带的一个搜索工具，可用于检索并提示所搜索单词的同义词或反义词。尽管在使用其他的办公软件（如 Word 和 PowerPoint）时，同义词库功能的实用性更强，但是它也是 Excel 必不可少的一个"信息检索"工具。Excel 中的工作表和图表都需要更恰当的词语向他人呈现信息，因此检索同义词功能也是必不可少的。

　　使用同义词库时，可以先查看词典列出的所有同义词，然后选择其中的一个，通过选择的同义词进一步查找它们的同义词，这样就可能得到更多的选择。使用同义词库时，可能会用到如下操作：

- 单击词语列表左侧的"展开"按钮⊞或"折叠"按钮⊟，显示与该词语相关的解释。
- 单击词语旁边的下拉按钮，打开更多的选项。例如，可以插入该词语并替换原来的词语，可以将该词语复制到剪贴板中以便将来使用，也可以查找该词语进一步的解释，如图 9-52 所示。

图 9-51

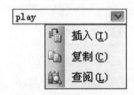

图 9-52

- 当查找多个单词时，可以单击 ⊙返回|▼ 和 ⊙|▼ 按钮向前或向后查看历史记录列表中所有搜索过的项目，也可以单击下拉按钮从历史记录中直接选择某条目。

　　翻译功能是另外一个比较常用的"信息检索"工具（或称为双语字典）。用户可以通过不同的选项实现各种语言之间的相互翻译。例如，英语（指美国英语）和法语（法国）之间的相互翻译。

　　注意，即使是同一种语言，在不同国家中具体语法的使用也有很大差异，因此使用时要注意括号内所标注的国家名称。

 技巧课堂

使用同义词库以及翻译功能。

1. 打开"检索词汇"工作簿，如图 9-53 所示。

	A	B	C
1	英语	同义词	法语
2	car (名词)		
3	drop (动词)		
4	grasp(动词)		
5	lazy (形容词)		
6	penniless (形容词)		
7	window (名词)		

图 9-53

2. 将其另存为"检索词汇-学生"。

3. 选择"工具"｜"信息检索"命令，打开"信息检索"任务窗格。

4. 确认在"搜索"文本框下面的下拉列表框中选择了"所有参考资料"选项。

5. 在"搜索"文本框中输入 car（工作表中的第一个词汇），然后单击文本框右边的➡按钮。

6. 拖动"信息检索"任务窗格中的滚动条至"翻译"选项标题，然后单击标题左边的➕按钮。在"将"下拉列表框中选择"英语（美国）"，在"翻译为"下拉列表框中选择"法语"。

7. 选择工作表中的某个单元格（例如，选择 car 所在的单元格 B2）。

8. 将鼠标置于同义词列表中某个单词的右边，然后单击弹出下拉菜单，如图 9-54 所示。

9. 选择下拉菜单中的"插入"选项，将同义词插入到工作表的"同义词"列中代替原来的单词。

10. 将翻译功能中查到的法语单词手动输入到工作表中的"法语"列中。

11. 重复第 5、7、8、9、10 步，对 A 列中的剩余项目进行操作。

完成后的工作表显示如图 9-55 所示（取决于最终选择的单词）。

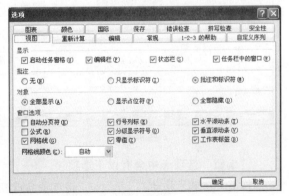

图 9-54

	A	B	C
1	英语	同义词	法语
2	car (名词)	automobile	voiture
3	drop (动词)	let fall	lacher
4	grasp(动词)	grab	prise
5	lazy (形容词)	lethargic	paresseux
6	penniless (形容词)	destitute	sans le sou
7	window (名词)	casement	fenetre

图 9-55

12. 保存并关闭工作簿。

9.10　改变 Excel 选项

　　可以通过更改 Excel 选项中的一些设置来改变 Excel 电子表格的显示方式。"选项"对话框中共有 13 个选项卡，每个选项卡都含有多个可更改的选项，这些将影响 Excel 电子表格的外观或工作方式，如图 9-56 所示。

　　在"视图"选项卡中，可以更改的选项包括：

编辑栏、状态栏	编辑栏显示当前单元格的地址、内容以及其他相关信息。状态栏在屏幕底端显示警告以及其他相关状态信息。如果关闭这两个选项，可以在屏幕上获得更多空间以显示电子表格。
网格线	网格线是工作表中环绕每个单元格的水平和垂直线。默认情况下，会显示网格线。更改该选项后只会影响当前激活的工作表，而不会影响其他工作表。

图 9-56

网格线颜色	设置网格线的颜色。
行号列标	行号是工作表中用于标识每一行的数字（1、2、3、....、65 536），位于行的最左侧。列标用于标识每一列的字母（A、B、C、....、IV），位于列的顶端。
零值	决定了一个单元格是否显示零值。默认情况下会显示零值。更改该选项可以使含有很多零值并且外观拥挤的工作表变得更简洁美观。
垂直滚动条、水平滚动条	决定了是否显示滚动条。默认情况下显示滚动条。
工作表标签	决定了工作表标签是否显示在工作表的底端。默认情况下显示在底端。

常规选项卡如图 9–57 所示。

"常规"选项卡包括以下选项：

最近使用的文件列表	该数值决定了"文件"菜单栏中将显示的电子表格数量。通过该快捷方式可以在启动 Excel 时迅速打开经常使用的工作簿。最近使用过的文件个数最多可设置为九个。还可以通过"开始"菜单中的文档列表打开文档。
新工作簿内的工作表数	该数值决定了在一个新建的工作簿中自动包含工作表的数量。要改变该数字，可以直接输入一个数值，也可以使用微调按钮进行设置。该选项只会影响新创建的工作簿。
标准字体、大小	这两个设置可以改变新电子表格中的默认字体和大小。只有退出并重新启动 Excel 后，设置才会生效。
默认文件位置	该设置决定了 Excel 打开或保存电子表格文件时的默认文件夹位置。
用户名	用户名将会自动添加到"文件"|"属性"命令打开的工作表属性对话框的"作者"文本框中。

"编辑"选项卡如图 9–58 所示。

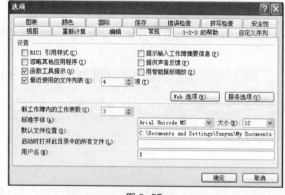

图 9–57　　　　　　　　　　　　　　　图 9–58

"编辑"选项卡中含有以下选项：

按 Enter 键后移动	该选项会改变按 Enter 键后单元格指针移动的方向。如果不想选择该选项，则取消选中的复选框。如果要改变单元格指针移动的方向，在"方向"下拉菜单中选择"向左"、"向上"、"向右"、"向下"其中的一个选项。更改单元格指针选项，将会影响当前工作表以及之后打开的工作表。
记忆式键入	启用或关闭自动键入功能。

技巧课堂

更改"选项"对话框中的设置，然后观察其效果。

1. 打开"普门供应商－学生"工作簿。

要在窗口中显示"选项"对话框，必须先打开一个工作簿。

2. 选择"工具"｜"选项"命令，打开"选项"对话框。

3. 切换到"视图"选项卡。

4. 取消选中选项旁边的复选框，禁用以下功能：

　　☐　网格线

　　☐　行号列标

　　☐　水平滚动条

　　☐　垂直滚动条

　　☐　工作表标签

5. 单击"确定"按钮，设置效果如图 9–59 所示。

普门供应商c9p268 － 学生.xls						
普门供应商						
运营成本						
	十月	十一月	腊月	正月	二月	三月	总计
总收入	$8,466.67	$9,704.04	$9,367.40	$9,141.40	$10,146.76	$11,246.50	$58,072.77
广告成本	$532.25	$452.63	$386.35	$486.30	$480.00	$550.25	$2,887.78
按摩成本	225.00	1,526.54	145.00	185.00	325.00	650.36	3,056.90
薪水	3,000.00	3,000.00	3,000.00	3,000.00	3,000.00	3,000.00	18,000.00
交通成本	118.67	212.50	250.75	200.00	252.60	264.89	1,299.41
保险成本	283.33	283.33	283.33	283.33	283.33	283.33	1,699.98
房屋租赁成本	1,783.33	1,783.33	1,783.33	1,783.33	1,783.33	1,783.33	10,699.98
水电成本	263.17	235.20	255.14	268.30	246.50	236.94	1,505.25
办公用品成本	298.58	398.14	305.12	368.45	326.40	299.23	1,995.92
税	385.62	385.62	385.62	385.62	385.62	385.62	2,313.72
总成本	$6,889.95	$8,277.29	$6,794.64	$6,960.33	$7,082.78	$7,453.95	$43,458.94
利润	$1,576.72	$1,426.75	$2,572.76	$2,181.07	$3,063.98	$3,792.55	$14,613.83
利润率	18.6%	14.7%	27.5%	23.9%	30.2%	33.7%	

图 9–59

6. 选择"工具"｜"选项"命令，打开"选项"对话框。

7. 选中选项旁边的复选框，重新启用以下功能：

　　☑　网格线

　　☑　行号列标

　　☑　水平滚动条

　　☑　垂直滚动条

　　☑　工作表标签

8. 切换到"编辑"选项卡。

9. 选中"按 Enter 键后移动"复选框，禁用单元格自动移动功能。

10. 切换到"常规"选项卡，将"新工作簿内的工作表数"微调框中的数值改为 5，然后单击"确定"按钮。

测试更改的选项对工作表产生的影响。

11. 单击常用工具栏中的"新建" ☐ 按钮，新建一个工作簿。

12. 观察屏幕底端的工作表标签。

现在工作簿中已包括五个工作表标签。

13. 在任意单元格中输入一个名字，然后按 Enter 键。

注意单元格指针这时并没有移动。现在将所有设置改回默认值。

14. 选择"工具"｜"选项"命令，打开"选项"对话框。

15. 将以下选项改回最初的设置：

选项卡	选项
常规	新工作簿内的工作表数（设置为 3）
编辑	按 Enter 键后移动（选中该复选框）

16. 单击"确定"按钮，关闭"选项"对话框。

17. 关闭新建的工作簿，不保存。

18. 关闭"普门供应商－学生"工作簿，不保存所做的更改。

9.11 实战演练

技巧应用

练习排序、插入超链接以及替换格式。

1. 打开"飞翼指挥官得分"工作簿，如图 9-60 所示。

2. 按关键字"年龄"（升序），"得分"（降序）为列表排序。

3. 插入引用 www.ccilearning.com/excel/Age Calculator.htm 超链接，并将该链接名称定义为"计算年龄"。

4. 单击"计算年龄"超链接，当网页打开后，计算某个人的年龄。

5. 将年龄为 7 以下的人的年龄格式改为：倾斜 italic，单下画线。

完成后的工作表显示如图 9-61 所示。

	A	B	C	D
1		飞翼指挥官得分		
2		A级指挥官		
3				
4	姓	名	年龄	得分
5	Perth	Jim	7	194,400
6	Zethof	Joe	7	213,200
7	Lubrinski	Peter	9	123,400
8	Wong	Joseph	8	159,000
9	Lee	Kenny	10	176,600
10	Smith	Adam	8	141,900
11	Merritt	Susan	7	139,100
12	Wong	Milton	5	201,500
13	Smith	Terry	7	201,100
14	Perry	Bernie	8	227,300
15	Lee	Peter	9	195,100
16	Yen	Calvin	8	126,900
17	Smith	Samuel	9	188,700
18	Parhar	Jasbinder	8	204,800

图 9-60

	A	B	C	D	E	F
1		飞翼指挥官得分				
2		A级指挥官				
3						
4	姓	名	年龄	得分		
5	Wong	Milton	5	201,500		
6	Zethof	Joe	7	213,200		年龄计算
7	Smith	Terry	7	201,100		
8	Perth	Jim	7	194,400		
9	Merritt	Susan	7	139,100		
10	Perry	Bernie	8	227,300		
11	Parhar	Jasbinder	8	204,800		
12	Wong	Joseph	8	159,000		
13	Smith	Adam	8	141,900		
14	Yen	Calvin	8	126,900		
15	Lee	Peter	9	195,100		
16	Smith	Samuel	9	188,700		
17	Lubrinski	Peter	9	123,400		
18	Lee	Kenny	10	176,600		

图 9-61

6. 将工作簿另存为"飞翼指挥官得分－学生"并关闭。

技巧应用

练习对工作表排序、导出数据以及使用"自动筛选"功能。

1. 打开"管道使用"工作簿，如图 9-62 所示。

2. 以"日期"为主要关键字，"油种"为次要关键字，"公司"为第三关键字，对工作表排序。

3. 将数据复制到工作表 Sheet2 中。以"日期"为主要关键字，"油种"为次要关键字，"公司"为第三关键字，对工作表按递减的方式排序。

4. 将数据复制到工作表 Sheet3 中。以"油种"为主要关键字，"数量"为次要关键字，"日期"为第三关键字，对工作表进行排序。确保"数量"是按递增方式排列。

5. 对工作表 Sheet1 中的数据进行自动筛选，显示"日期"为"6/12"，"油种"为"普通"。

	A	B	C	D	E	F
1			管道使用			
2						
3	日期	编号	管道号	公司	数量	油种
4	6-12	12345	2	艾森	1234	石油
5	6-12	12346	1	壳牌	3211	普通
6	6-12	12347	1	艾森	5312	柴油
7	6-12	12348	3	墨客	4231	优质
8	6-12	12349	4	艾森	3211	普通
9	6-12	12350	3	特克	3212	柴油
10	6-12	12351	2	艾格	3214	普通
11	6-12	12353	1	特克	4221	优质
12	6-13	23451	4	艾森	3211	石油
13	6-13	23452	3	艾格	3212	优质
14	6-13	23456	2	艾森	2311	柴油
15	6-13	23457	2	艾森	3211	石油
16	6-13	23458	4	壳牌	5431	石油
17	6-13	23459	4	艾森	4231	普通
18	6-13	23481	3	壳牌	3211	石油
19	6-14	34567	3	特克	3211	柴油
20	6-14	34568	2	壳牌	3121	普通
21	6-14	34569	2	特克	1234	石油

图 9-62

6. 将工作簿另存为"管道使用 – 学生"。

7. 将工作表 Sheet2 的数据导入到以逗号作为分隔符的文件中，并将该文件命名为"管道使用 – 逗号分隔 – 学生"，关闭 Excel 中的该文件。

8. 再次打开文件"管道使用 – 逗号分隔 – 学生"。观察该文件包含的工作表数量以及与原文件不同的地方，然后关闭该文件。

技巧应用

练习插入超链接以及发布工作表。

1. 打开"东部销售"工作簿。

2. 将该工作簿另存为网页，并命名为"东部销售"。

3. 打开"西部销售"工作簿。

4. 将该工作簿另存为网页，并命名为"西部销售"。

5. 打开"全国销售"工作簿。

6. 为"全国销售"工作簿中的单元格 A4 和 A5 插入具有相同网页名称的超链接。

7. 将"全国销售"工作簿另存为网页，并命名为"全国销售"。

网页打开后显示如图 9–63 所示。

图 9–63

8. 单击"西部"超链接后，显示如图 9–64 所示。

9. 单击"东部"超链接后，显示如图 9–65 所示。

图 9–64

图 9–65

10. 将"全国销售"工作簿另存为"全国销售 – 学生"，然后将其关闭。

11. 关闭其他所有工作簿，不保存。

9.12 小结

本课学习了如何使用 Excel 中的互联网功能、管理数据功能以及相关的编辑功能。完成了这部分的学习后，您应该了解到以下几个方面的内容：

☑ 如何在当前电脑的 Microsoft Office 文档中、本地区域网络、企业内网以及外部网中插入、更改及删除超链接

☑ 在一个网页窗口中预览工作表

☑ 在一个网页中发布工作表

☑ 使用自动填充工具

☑ 查找替换数据及单元格式

☑ 使用定位条件工具来查找普通的单元格

☑ 使用选择性粘贴命令

☑ 使用自动筛选工具筛选需要的数据

☑ 将数据导出以供其他程序使用

☑ 使用信息检索工具

☑ 改变 Excel 选项设置

9.13 习题

1. 什么是 URL？它的用途是什么？

2. 下面关于超链接的描述中哪一项是不恰当的？
   A. 文档存储在本地电脑或网络上的特定位置，而且是独一无二的
   B. 只能用于已经以网页形式存储的引用文档
   C. 如果超链接的源文档移动了位置，所有有关该文档的超链接都必须重新设定
   D. 以 URL 的形式存储

3. 什么是网页？

4. 由 Excel 工作表创建的网页只能用 Microsoft Internet Explorer 浏览器打开。
   A. 正确
   B. 错误

5. 由 Excel 电子表格创建的网页只允许用户浏览数据，不允许更改网页内容。
   A. 正确
   B. 错误

6. 下面关于“自动筛选”功能的描述哪一项最恰当？
   A. 将数据或公式复制到一个或多个连续的单元格中
   B. 操作适当，不仅仅是简单地从原单元格中复制数据，还可以创建线性序列
   C. 默认情况下，也会将格式复制到目标单元格中
   D. 以上均为恰当描述

7. “排序”对话框中的次要关键字有什么作用？

8. 下面的哪一个选项可以限制“查找”功能只能搜寻到那些与查找内容完全匹配的单元格？
   A. 单元格匹配
   B. 查找范围
   C. 区分大小写
   D. 范围

9. “替换”功能是查找功能的一个扩展。可以先使用“查找”选项卡搜索整个工作表以确认查找内容的正确性，然后再切换到“替换”选项卡，这时用户就可以准确无误地替换数据。
   A. 正确
   B. 错误

10. 键盘上的哪个键能够用于快速激活定位功能？

11. 筛选工具的作用有哪些？什么是自动筛选工具？

12. Excel 工作表的数据可以被导入到某些文本类型的文档中，列举两种文本类型。

13. 列举三种不同的信息检索工具。

14. 列举两个可以更改 Excel 默认设置的选项名称。

Appendix A 项目及案例研究

任务 #1

▶▶▶▽▽　**难度指数：3**

五所私立学校决定联合成立一所名为 ACI 的大学，从而更好地利用五所大学集中宣传、集中管理、集中融资等方面的优势，在教育市场上获得强有力的竞争地位。

假设你是这所新成立大学中的一名员工，曾经参加过 Excel 方面的培训，懂得如何使用该软件。校长让你使用 Excel 软件帮助管理学校运营方面的事务。

校长需要你帮助开发一个供五所学校同时使用的学生电子注册表。当前学校还在使用传统手写的学生注册表，使用手写注册表经常出现以下问题：第一，很多情况下无法识别学生的笔迹；第二，经常错误计算学生应缴纳的学费。现在需要创建一张电子表格来解决以上问题。该表格要在一张纸中全部显示，并且含有以下项目：

- 标题"学生注册表"。
- 学生姓名和家庭住址。
- 学号。
- 注册科目、科目编号、上课地点、每门课的费用（每个学生最多可选八门课）。
- 学费总数。
- 使用"货币"格式。
- 教员签名和签字日期。

完成一张样表，用虚构的数据填充以上项目。然后将其打印，请校长审阅。

将其保存为"注册表–学生"。

任务 #2

▶▶▶▶▽　**难度指数：4**

组成 ACI 大学的五所学校包括：高善大学、沃克大学、贺景大学、白帽大学和福泽大学。每所学校都有独立的工作表记录 2001、2002、2003 年的学生入学情况。

校长需要向学校董事会递交一份招生宣传计划，他想了解五所学校在校生的总人数，并且根据历史数据及其增长率来预测 2004 年的招生人数，以便更好地指定新的宣传计划。

现在有过去两年中每所学校入学学生的数据统计。校长要求你完成以下任务：

- 新建一张工作表并以"入学总人数–学生"命名。
- 打开每所学校含有学生入学统计数据的工作簿，将数据复制到新的工作簿中。在新工作簿中，每所学校都有自己独立的一张工作表。如有必要，在工作簿中增添新的工作表。
- 按照每所学校的名字，重新命名每张工作表。
- 在每张工作表中，增加"入学人数平均数"部分，计算三年中每学期每门课的平均入学人数。按照图 A1 中的样式制作工作表。
- 执行相关操作使工作表更加美观。必要时，可以冻结单元格。

学科	入学人数平均数		
	秋季学期	冬季学期	春季学期
科目1	9999	9999	9999
科目2	9999	9999	9999
科目3	9999	9999	9999
其他	9999	9999	9999
总数	9999	9999	9999

图 A1

2004 年每所学校入学人数的预计值按照在前三年的平均数基础上增加一定百分比计算（例如，增加 5%）。因此，需要在每张工作表中增加适当的列，计算需要使用的百分比：

- 2004 年预计入学人数计算所用的百分比将为每学期每门课入学平均人数增长的百分比。每门课都要使用不同的百分比计算人数，但是三个学期所用的百分比应该是保持不变的。图 A2 中，五所学校都使用了同一个百分比，但是你在建立工作表时要区分每个学校各自适用的百分比。

学科	入学人数平均数			预计%增长	2004年预计入学人数		
	秋季学期	冬季学期	春季学期		秋季学期	冬季学期	春季学期
科目1	9999	9999	9999	99%	9999	9999	9999
科目2	9999	9999	9999	99%	9999	9999	9999
科目3	9999	9999	9999	99%	9999	9999	9999
其他	9999	9999	9999	99%	9999	9999	9999
总数	9999	9999	9999		9999	9999	9999

图 A2

- 学校将使用以下百分比计算各科入学人数增长：计算机 5%、机械制造 35%、金融 0%、音乐 10%、设计 15%。

现在将数据相加：

- 在该工作簿中，新建工作表"入学人数总计"。在该工作表内将所有学校 2001 年—2003 年每学期的入学人数相加。该工作表的组织结构应该和每个学校入学人数工作表的组织结构相一致。例如，每学期每门课都要有独立的单元格包含各自的统计数据。
- "入学人数总计"工作表中要包括平均值的计算。不能只是将每个学校工作表的数值简单相加。
- "入学人数总计"工作表中还要包括 2004 年五所学校预计入学人数的总数。

任务 #3

▶▶▶▶▷ **难度指数：4**

校长在参加学校董事会之后，向你要更多有关学生入学统计的数据。

你需要打开每所学校的工作表才能完成以下任务：

- 插入一列，计算入学人数总数（将 2001 年—2003 年所有学期的入学人数相加）。计算每学期每门课的入学人数总数。
- 计算 2003 年比 2001 年每门课入学人数增加或减少的百分比。
- 计算 2001 年—2003 年中，每年入学人数的最大值、最小值和平均值。
- 必要时，可以冻结单元格。
- 做适当的格式设定，使数据容易阅读，显示方式如图 A3 所示。

学科	2002		2003				2003比2001		2001年2002年2003年		
	春季学期	总数	秋季学期	冬季学期	春季学期	总数	总数	%	平均值	最小值	最大值
计算机	9999	9999	9999	9999	9999	9999	9999	99%	9999	9999	9999
机械制造	9999	9999	9999	9999	9999	9999	9999	99%	9999	9999	9999
金融	9999	9999	9999	9999	9999	9999	9999	99%	9999	9999	9999
音乐	9999	9999	9999	9999	9999	9999	9999	99%	9999	9999	9999
总数	9999	9999	9999	9999	9999	9999	9999	99%			

图 A3

- 将工作表打印出来。

将其分别保存为：

高善大学学生入学人数 – 学生

沃克大学学生入学人数 – 学生

贺景大学学生入学人数 – 学生

白帽大学学生入学人数 – 学生

福泽大学学生入学人数 – 学生

任务 #4

▶▶▶▶▷ 难度指数：4

为了准备 PPT 给学校董事会，校长决定使用一些图表，以更好地比较五所学校的入学人数。校长要求准备如下资料：

- 创建条形图，X 坐标轴包括 2001、2002、2003 和 2004 年。Y 坐标轴包括三个学期入学的总人数。条形图需要显示五所学校的数据，并且要显示在新的工作表中。
- 创建关于 2003 年五所学校入学人数的饼图。显示每所学校所占的百分比，显示学校名称和数值。

使用单独的工作表计算每所学校的入学总人数，然后使用该工作表创建饼图。

将工作表粘贴到"入学总人数–学生"工作簿中。

任务 #5

▶▶▶▷▷ 难度指数：3

校长现在需要你准备一份财务报表，具体需要的内容：

- 打开之前完成的"入学总人数"工作表，在 Sheet2 中创建一份财务报表。

财务报表的格式显示如图 A4 所示。

	2001		2002		2003	
	入 学 人 数	收 入	入 学 人 数	收 入	入 学 人 数	收 入
科目 1	9,999	$9,999	9,999	$9,999	9,999	$9,999
科目 2	9,999	$9,999	9,999	$9,999	9,999	$9,999
其他	9,999	$9,999	9,999	$9,999	9,999	$9,999
总数	9,999	$9,999	9,999	$9,999	9,999	$9,999

图 A4

- 为工作表命名。
- 由于科目不同，学生学费收入也会有所不同。计算机和机械制造的学费为每门课$100、金融为$150、音乐为$50、设计为$80。
- 打印财务报表。

任务 #6

▼▼▼▽▽　难度指数：3

彩色世界是一家为商业和个人提供装饰材料的生产商，通过直销方式销售装饰材料，对于很多大型装饰材料生产商而言，该公司的产品都极具竞争力。该公司的高管部门决定采取一些措施增强公司在市场、生产、财务和管理方面的市场竞争力。

作为该公司的一名职员，你负责协助产品经理协调全球范围的生产销售活动，直接对产品经理报告工作进程。

产品经理要求你完成一份月销售报告并发布在公司内网上，如图 A5 所示。
- 某些列名称所占单元格比数据所占的单元格要宽，首先将以下列宽减少到要求的数值：

列标	列宽
B	7
E	8.29
F	14.86
G	14.86

	A	B	C	D	E	F	G
1	日期	产品编号	产品描述	数量	客户编号	客户姓	客户名
2	2003年6月1日	P0002	室内 A	66	C0001	Baden	Wolfgang
3	2003年6月1日	P0014	室内 A	80	C0006	US Navy	
4	2003年6月1日	P0007	室外 B	52	C0007	ABC Painters	
5	2003年6月1日	P0004	室内 A	11	C0016	Wong	Kelly
6	2003年6月2日	P0013	室内 A	80	C0002	Wong	Peter
7	2003年6月2日	P0009	室内 C	14	C0004	Thiessen	Edward
8	2003年6月2日	P0010	室内 A	22	C0013	Sharpe	Dean
9	2003年6月2日	P0013	室内 F	93	C0015	Wilde	Timothy
10	2003年6月3日	P0001	室内 A	53	C0001	Baden	Wolfgang
11	2003年6月3日	P0006	室内 A	3	C0003	Singh	Warren
12	2003年6月3日	P0016	室内 A	1	C0007	ABC Painters	
13	2003年6月3日	P0009	室内 G	100	C0012	Sharpe	James
14	2003年6月4日	P0008	室外 B	57	C0005	Peacock	Susan
15	2003年6月4日	P0014	室外 B	21	C0005	Peacock	Susan
16	2003年6月4日	P0010	室外 B	29	C0005	Peacock	Susan
17	2003年6月4日	P0005	室外 B	23	C0006	US Navy	
18	2003年6月5日	P0012	室外 B	28	C0010	Demner	Patrick
19	2003年6月6日	P0005	室外 B	84	C0011	Parhar	Samson
20	2003年6月6日	P0012	室外 C	20	C0016	Wong	Kelly

图 A5

- 如果没有足够空间显示列标，可以使用自动换行功能。将列标居中水平对齐，然后靠上垂直对齐。
- 按照产品编号和日期将工作表中的项目进行排序。
- 完成后使用自动筛选功能将月销售报告发布到网上。
- 将发布的网页命名为"彩色世界–学生"，测试自动筛选功能在网页上的可用性。
- 保存工作簿。

任务 #7

▼▼▼▼▽　难度指数：4

公司的客户名单是一个很重要的市场营销工具，该名单列出所有经常购买产品的客户信息，由于要和市场部门的同事开会，现在需要对图 A6 的格式做出修改。

	A	B	C	D	E	F
1	客户编号	姓	名	第一次购买产品时间	购买总数	购买总额
2	C0001	Baden	Wolfgang	1985年11月29日	501	5,536.05
3	C0002	Wong	Peter	1986年12月30日	2,978	45,980.32
4	C0003	Singh	Warren	1987年7月15日	833	9,221.31
5	C0004	Thiessen	Edward	1988年12月9日	2,237	30,333.72
6	C0005	Peacock	Susan	1989年12月22日	821	16,058.76
7	C0006	US Navy		1990年2月15日	4,758	90,116.52
8	C0007	ABC Painters		1990年7月9日	4,253	72,173.41
9	C0008	Thiessen	Peter	1992年1月6日	200	3,070.00
10	C0009	Sharpe	Lisa	1993年5月29日	3,639	38,900.91
11	C0010	Demner	Patrick	1993年7月20日	1,194	17,360.76
12	C0011	Parhar	Samson	1995年7月27日	2,485	34,466.95
13	C0012	Sharpe	James	1995年12月1日	1,330	23,102.10
14	C0013	Sharpe	Dean	1996年8月12日	1,398	20,326.92
15	C0014	Montogne	Francois	1997年4月21日	399	6,942.60
16	C0015	Wilde	Timothy	1998年5月8日	312	4,667.52
17	C0016	Wong	Kelly	1998年5月23日	2,211	42,716.52
18	C0017	The Paint Brothers		1998年6月22日	4,217	62,791.13
19	C0018	Demner	Harry	1998年8月10日	1,283	22,747.59
20	C0019	Mason	Jimmy	1999年2月2日	1,033	18,769.61

图 A6

- 在工作表中增添列，将客户的姓和名输入到一列中，用逗号分隔客户的名和姓。如果资料中没有客户的名（例如，只有公司名），则只显示姓即可，也不需要显示逗号。将"姓"和"名"列隐藏，只显示新添增的"姓名"列。
- 减少列宽至 8.43。可为列标题设置自动换行选项。
- 产品购买总额超过$60 000 的客户，显示"VIP 客户"文本标签。
- 在购买总额低于$5 000 的客户名上显示红色圆圈。然后添加文本标签"继续跟进"，用箭头指向圆圈。
- 关闭"网格线"。
- 将其保存为"彩色世界客户名单–学生"。

任务 #8

▶▶▶▶▽ **难度指数：3**

公司总裁和 CEO 决定为新研究上市的产品做一个全新的市场宣传计划，因为之前的市场计划实施后反应不尽人意。总裁希望在高端客户中推广该产品，并启用更有效果的广告宣传和策划。

产品经理需要你使用函数功能做一些假设分析，根据销量和市场宣传方面的花费，计算总收入、生产成本、利润。

可使用的信息：

- 产品单价$21。每件产品的生产成本为$10。
- 总收入等于销售量乘以产品单价。总生产成本等于总销售量乘以每件产品的生产成本。利润等于总收入减去总生产成本再减去市场宣传方面的花费。工作表使用格式如图 A7 所示。

	A	B	C
1	价格	$99	
2	生产成本	$99	
3			
4	销售量		$999,999
5	总收入		$999,999
6	总生产成本		$999,999
7	市场宣传花费		$999,999
8	利润		$999,999

图 A7

- 市场部总监提供了如下内容：

当前销售量为 50 000，市场宣传花费为$100 000。

预计销售量	市场宣传花费
60 000	$180 000
70 000	$220 000
80 000	$320 000
90 000	$470 000

100 000	$580 000
110 000	$850 000
120 000	$1 000 000

- 使用自动填充工具及公式完成以上数据的编辑。

- 使用格式刷更改单元格格式。

- 依据最大利润原则，决定最佳销售量，使用画图工具强调该数据。

- 将完成后的工作表保存为"色彩世界销售预测–学生"。

Appendix B 常 用 工 具

常用工具栏

📄（新建）

新建空白工作簿。

📂（打开）

打开现有工作簿。

💾（保存）

把屏幕上的文档保存到磁盘上。

🔒（自由访问的权限）

激活信息权限管理功能，设置或更改进入文档或文件夹的权利。

📧（邮件收件人）

通过电子邮件把当前工作表或者工作簿作为附件通过互联网或者局域网（LAN）发送给收件人。

🖨（打印）

打印当前工作簿。

🔍（打印预览）

预览当前屏幕上的工作表。

✏（拼写和语法）

检查工作簿中文本的拼写和语法。

🔎（信息检索）

显示检索任务窗格。

✂（剪切）

剪切工作表单元格中的内容，移动到剪贴板中。

📋（复制）

复制工作表中选定的单元格中的内容。

📋（粘贴）

把剪贴板中的单元格内容粘贴到新的位置。

🖌（格式刷）

把和目标单元格相同的格式应用到其他单元格中。

↩（撤销）

撤销或后退上一个操作。单击下拉按钮可以显示能够撤销的全部操作。最多可以撤销之前 16 步的操作。

↪（恢复）

恢复或重复上一个操作。单击下拉按钮可以显示能够恢复的全部操作。

🔗（超链接）

在文档中插入一个链接，一般用于打开存储在服务器、局域网或者互联网上的文档。

Σ（自动求和）

所有选定的单元格的总和，单击下拉按钮可以查看其他函数。

⬆（升序）

将选中的单元格按升序排列。例如，0~9、A~Z。

⬇（降序）

将选中的单元格按降序排列。例如，9~0、Z~A。

📊（图表向导）

激活图表向导，创建新图表。

🖍（绘图）

打开绘图工具栏，在工作表中添加图形。

100%（显示比例）

更改文档的显示比例。

❓（Microsoft Excel 帮助）

打开 Excel 帮助窗格为使用者提供帮助。

格式工具栏

（字体）
为所选择的文本更改字体。

（字号）
为所选择的文本更改字号。

B（加粗）
为所选择的文本应用粗体。

I（倾斜）
为所选择的文本应用斜体。

U（下画线）
为所选择的文本添加下画线。

（左对齐）
设置单元格中的数据左对齐。

（居中）
设置单元格中的数据在左右边距的中间。

（右对齐）
设置单元格中的数据右对齐。

（两端对齐）
设置单元格中的数据在左右边距之间平均分布。

（合并及居中）
合并工作表中的单元格，然后将数据在所在的单元格里居中对齐，再次单击按钮取消合并。

$（货币格式）
将选择的单元格设置为含有货币符号和小数点后显示特定数位的格式。

%（百分比格式）
显示为百分比格式。

，（千位分隔符）
将单元格中的数值设置千位分隔符，然后设置为显示小数点后两位。

（增加小数数位）
增加小数点后显示的数位。

（减少小数数位）
减少小数点后显示的数位。

（减少缩进量）
对所选择的文本减少缩进量。

（增加缩进量）
对所选择的文本增加缩进量。

（边框）
对所选择的文本添加或删除边框或框线。

（填充颜色）
为选定的单元格填充当前按钮中显示的颜色。

A（字体颜色）
更改所选择的单元格中文本的颜色。要更改的颜色为当前按钮中显示的颜色。

图表工具栏

（图表区）
显示当前选定的图表元素。

（图表区格式）
更改选择对象的图表区格式。

（图表类型）
更改使用的图表类型。

（图例）
增添或者更改图例属性。

（数据表）
在图表下插入数据表。

（按行）
按行显示图表中的数据。

（按列）
按列显示图表中的数据。

（顺时针斜排）
将文本顺时针旋转 45°。

（逆时针斜排）
将文本逆时针旋转 45°。

绘图工具栏

（绘图）
显示一个管理对象功能的菜单。

（选择对象）
选择一个对象。同时按 Shift 键可以选择多个对象。

（自选图形）
显示一个有很多图形的菜单，可以把它们插入文档。

（椭圆）
在文档中创建一个椭圆形。同时按 Shift 键可以绘制一个圆形。

（文本框）
创建一个文本框，可以和在文档中一样对输入的文本设置格式。

（插入艺术字）
插入一个文本框，对文本应用艺术效果（如三维、曲线、向上倾斜等）。

（线条颜色）
更改直线的颜色。

A（字体颜色）
更改文本的颜色。

（线型）
选择各种类型的线条。

（虚线线型）
选择各种虚线样式。

↘（直线）

在文档中创建一条直线。同时按 Shift 键可以创建一条垂直的线。

↖（箭头）

在文档中创建一个箭头。

▭（矩形）

在文档中创建一个正方形或矩形框。同时按 Shift 键可以绘制一个正方形。

⟳（插入组织结构图或其他图示）

在文档中插入图表或组织结构图。

▣（插入剪贴画）

在文档中插入剪贴画。

▣（插入图片）

在文档中插入图片。

▣（填充颜色）

添加或更改填充对象的颜色。

▤（箭头样式）

选择各种箭头样式。

▣（阴影样式）

添加或更改阴影样式。

▣（三维效果样式）

添加或更改三维效果。可以从各种三维效果中进行选择。

Appendix C 术 语 表

活动单元格	活动单元格就是选定的单元格，可以向其中输入数据。一次只能有一个活动单元格。活动单元格四周的边框以加粗显示。
加载项	可以为 Excel 增添特殊命令或者功能的辅助程序。
对齐方式	单元格内容的显示位置，例如左右对齐或者居中对齐。
协助	Excel 中的帮助选项，出现在屏幕上的文本框。用户可以按照自己的语言习惯进行提问。Excel 将提供如何高效工作的使用提示和建议。
自动填充	通过拖动单元格区域中左下角的边框复制数据和格式，创建数据列。
自动调整	自动调整列宽和行高功能，以显示单元格中的所有数据。
自动套用格式	在预设好的格式中选择可以自动套用的格式。
自动求和	常用工具栏中可以在单元格中快速插入求和公式的功能，该功能将自动决定求和的单元格区域。
加粗	使文本加粗显示。
边框	为选定的单元格增添边框
单元格地址	单元格的具体位置描述。
单元格引用	用于表示单元格在工作表上所处位置的坐标集。例如，显示在第 B 列和第 3 行交叉处的单元格，其形式为 B3。
超链接	一般用于打开存储在服务器、局域网或者互联网上的文档的链接。

单元格区域	含有两个或者更多单元格的矩形区域。
居中	数据位于单元格的中间位置。
对话框	当 Excel 提供其他选项或者信息时出现的窗口，让用户做更多的设置或者了解更多的内容。
编辑	对文本进行处理的程序（如添加、清除、设置格式）。
扩展名	文件名的后半部分，扩展名最多三个字符，通常描述文件的类型（如 BAT 或者 XLS）。
文件名	文件名称的前半部分，文件名最多 255 个字符，通常描述的是文件的内容。
筛选	隐藏不符合筛选条件的数据。
字体	特定的字型和磅值。
字号	用来确定印刷字符大小的垂直尺寸（72 等于 1 英寸）。
页脚	可以在每个页面底端重复出现的自动文本或图表。页脚包括自动的页码。
格式	关于显示数字格式、字体、颜色等。
公式	用于计算新结果的计算公式，由数值、单元格引用和运算符号组成。
公式栏	用来显示单元格中的公式的活动单元格。
页眉	可以在每个页面顶端重复出现的自动文本或图表。页脚包括自动的页码。
帮助	帮助用户了解使用信息和操作。

HTML	hyper text markup language 用于显示网页上信息的编辑语言。	名称栏	显示活动单元格的地址，显示在工具栏的下方。
插入	可以把文本添加到其他文本之间。例如，插入行或列。	打开	从读取磁盘在屏幕上打开文件。
插入公式	插入计算不同数值的公式，完成相关计算。	打印设置	在打印的时候，设置 Excel 将如何显示或者打印工作表。例如，设置页边距、页眉和网格线。
调整	在单元格中显示对齐数据。	粘贴	把剪贴板中的单元格内容粘贴到新的位置。
电子表格	用于输入或者分析数据（例如，财务预测、现金流、审计等）。	打印	将文档由计算机传送到打印机，按照设置的格式和文本打印工作表。
状态栏	Excel 窗口最底端显示文档名称和当前工作状态。		
样式	保存并且以后可以反复使用的格式集合。	区域	即单元格区域。
		保存	把屏幕上的文档保存到磁盘上。
字符	可以是字母、文本、数字或者数据。	屏幕提示	提示当前使用的功能的文本框。
		全部选择按钮	单击该按钮选择当前工作表中的所有单元格。位于行标题和列标题交界的最左上角。
图表	用于展示数据的图片式的工具。		
图表向导	帮助用户创建图表的工具。		
清除	可以清除数据格式、批注或者单元格中的数据和公式。	系列	图表中的数据组。
		组合键	通过按键盘上的 Ctrl 加其他键激活不同命令。例如，按 Ctrl + P 组合键显示打印菜单。
列	纵向排列的数据或者文本，每一列由灰色的线条分隔，列首有字母提示不同的位置。Excel 最多可以有 256 列，从 A~IV。		
		快捷菜单	右击显示的菜单。
复制	使用 Office 剪贴板复制选择的单元格。	工作表标签	在工作表底部的选项卡，通过单击该标签可以切换不同的工作表。
剪切	将选择的单元格中的内容复制到剪贴板上，然后在粘贴到其他位置。	任务窗格	显示在 Excel 最右边的窗格，可以在该窗格中创建新的工作簿，查找帮助的主题，插入剪贴画和使用信息检索。
数据库	可以收集数据并且为数据排序的数据表。		
默认	通常情况下的设置，除非用户更改设置。用户可以按照需求更改该设置。	模板	创建后作为其他相似工作簿基础的工作簿。可以为工作簿和工作表创建模板。工作簿的默认模板名为 Book.xlt，工作表的默认模板名为 Sheet.xlt。
删除	删除单元格中的信息。		
标签	含有字符、数值或者符号的文本标签。一般不用于计算，除了在文本函数中使用。	文本	即字符、符号。
		工具栏	主菜单下方由不同按钮组成，通过工具栏中的按钮可以快速执行操作。例如，保存文档，加粗等。
图例	用于标识指定给图表中数据列或分类的图案或颜色的框。		
宏	记录按键或命令供以后使用的功能。	数值	数字、日期或者时间。该数值不仅可以显示信息，还可以应用于公式计算。
页边距	从纸边到文本之间的空白区域。		

菜单	一组命令列表。	工作簿	含有不同工作表的文档。
移动控点	鼠标放在工具栏上方时，工具栏四	工作表	工作簿的组成部分，含有行和列。
	周会出现十字形的标记，拖动该标	X 轴	图表中的横轴。
	记可以将工具栏移至其他位置。	Y 轴	图表中的竖轴。

Appendix D 习题答案

Lesson 1

1. 怎样理解"Excel 是三个软件的统一"?

   Excel 有三个不同的组成部分,用户可以在该软件中使用电子表格、图表和数据库功能。

2. 在 Excel 中输入数值型数据时,这些数据将呈现在单元格的哪一侧?

   数值型数据将呈现在单元格的右侧,除非用户进行特殊设置。

3. 一定要通过鼠标选择 Excel 工具栏。

   A. 正确

4. Excel 菜单栏中的短菜单是指什么?

   短菜单是指显示经常使用的命令和最近使用的命令菜单。

5. 在 Excel 工作表中有多少行?

   D. 65 536

6. 在 Excel 工作表中有多少列?

   A. 256

7. 任务窗格是指:

   D. 出现在 Excel 窗口最右边的窗格,可以通过它选择 Excel 提供的操作功能

8. 当打开 Excel 时:

   B. 一个新的空白工作簿将自动显现,默认的名字为 Book1

9. 举例说明 Excel 提供的模板。

   例如,发票模板、贷款偿还计算等。

10. 可以同时打开几个 Excel 工作簿。

    A. 正确

11. 如果想保存编辑之前做过的修改,可直接关闭 Excel,不需要做其他任何操作。

    B. 错误

12. 如果对工作簿已做过修改,选择什么命令保存这些修改?

    选择"文件"菜单下的"另存为"或者"保存"命令。

13. 如果想将 Excel 文件保存在指定的文件夹中,可以从 Excel 中直接创建该文件夹。

    A. 正确

14. 输入到 Excel 中的三种主要数据类型是什么?

    三种主要数据类型是文本、数字和公式。

15. 默认状态下,下列数据出现在单元格的什么位置(左,右,中):

    A. 文本(左)

    B. 数字(右)

    C. 时间和日期(右)

    D. 符号(左)

16. 键盘上的哪个键可以快速从 Excel 中的任何单元格位置到达 A1 单元格?

    按 Ctrl + Home 组合键。

Lesson 2

1. 要选择单元格区域,可以选择需要的数量,但是所有的单元格必须是以连续矩形出现的。

   B. 错误

2. 使用鼠标时,按哪一个键可以选择不同区域内的单元格?

   B. Ctrl

3. 按哪一个功能键可以激活 Excel 的编辑模式?

   按 F2 键。

4. 哪一个步骤可以将数据由一个位置转移到另一个位置?

   C. 选择单元格,然后剪切,再选择特定单元格并粘贴。

5. 在拖动单元格区域到新位置的过程中，Ctrl 键起什么作用？

Ctrl 键的作用是复制选中的单元格区域。

6. 判断对错：

A. 正确

B. 正确

C. 正确

D. 正确

E. 正确

7. 在哪一个菜单中可以调整列宽？

C. 格式

8. 什么是自动调整功能？

自动调整功能是指自动调整列宽度，显示单元格中的所有数据。

9. 什么是移动矩形，通常在什么时候出现？

在单元格区域附近出现的由虚线组成的可移动的矩形即移动矩形，此时单元格区域中的内容将被剪贴并复制到工作表的其他位置上。

10. 可以同时调整单元格的宽度和高度。

B. 错误

11. 显示一行符号（####）表示 Excel 当前的列宽不能显示目前的所有数据。

A. 正确

12. 可以同时插入多个行列。

A. 正确

13. 如何删除单元格中的内容？与删除单元格有什么不同？

按 Delete 键只清除单元格中的内容，而不会将其他单元格移动顶替到当前位置，因此使用这种方法不会改变当前工作表的布局。

14. Excel 中的"撤销"命令可以恢复任意多次数的操作。

B. 错误

Lesson 3

1. 什么是公式？它的重要性是什么？

公式是一个简单的计算工具，可以计算一个或几个单元格中的数字（或者单元格中的其他数据）。

2. 公式的基本要素是什么？

公式最重要的基本要素是等号（=）。

3. "功能"是指什么？

完成某项任务所执行的操作。例如，函数功能中的=SUM 或=AVERAGE 等。

4. 单元格引用有哪两种类型？

D. 绝对和相对

5. 写出可以计算下列功能的公式：

A. 最大值　　=MAX

B. 计数　　　=COUNT

C. 求和　　　=SUM

D. 平均值　　=AVERAGE

6. 实现统计单元格区域 G2:G10 中非空白单元格数目，写出完成此功能需要的公式。

完成此功能的公式为=COUNT(G2:G10)。

7. 为什么要非常小心地使用工作表中的公式？

很多用户只会注意工作表中数据的表面数值，而不研究其求得的过程，而且检查工作表中的数值要花费很长的时间。这种情况经常导致工作表中的数据出现错误，但是用户却没有意识到，最后造成很多不便和失误。

8. 工作表标签的名字最多有多长？

工作表标签的名字长度可达 31 个字符。

9. 一个 Excel 工作簿只能包括一个工作表。

B. 错误

10. 在插入工作表时，工作表标签将出现在：

A. 当前激活的工作表标签的左边

11. 工作簿中的工作表可以按任意顺序排列。

A. 正确

Lesson 4

1. 下面哪一个不是"数字"选项卡中的类别？

E. 以上都是

2. Excel 将数字放在单元格的右侧，文本放在单元格的左侧，用户不可更改上述设置。

B. 错误

3. 简述什么是字体？

字体是指文本样式中的一个表现形式、例如宋体、楷体等。

4. 边框是指：

C. 环绕单元格或单元格区域四周的框线

5. 为单元格和单元格区域设置图案或者颜色，可以有效地突出数据或者数据组，并将其从工作表其他内容中区分出来。

A. 正确

6. 清除功能和删除功能有什么差别？

Excel 中的清除功能可以将单元格内已有的内容（或者某些元素）清除。因为该单元格没有被删除，所以工作表的布局结构不会发生变化。而删除功能将改变工作表的布局结构。

7. 在使用自动套用格式功能前，必须先选择单元格或者单元格区域。

    A．正确

8. 用户可以为工作表标签设置 57 种不同的颜色。

    A．正确

9. 设置背景图案时不受以下哪一个因素的限制：

    C．背景图案的格式必须为 BMP 格式

Lesson 5

1. "打印预览"视图中显示的工作表将和打印出来的工作表一致。

    A．正确

2. 在"打印预览"视图下使用缩放功能时，可以选择缩放的比例（例如，50%、100%、150%等）。

    B．错误。只有两种显示比例。

3. 两种页面方向是什么？具体指什么？

    页面方向可以为纵向或者横向。纵向将以竖直方式打印在页面中，横向将以水平方式打印在页面中。

4. Excel 会在恰当的位置上自动插入分页符。

    B．错误

5. WYSIWYG 是指"What you see is what you get（所见即所得）"。

    A．正确

6. 以下哪一个不是"页面设置"对话框中"页面"选项卡里的选项？

    A．打印范围

7. 设置"上页边距"和"页眉边距"有什么不同？哪一个范围更大？

    "上页边距"是指页顶端到工作表数据间的距离，"页眉边距"是指页顶端到页眉间的距离。"上页边距"比"页眉边距"范围更大，不然工作表中的数据将与页眉重叠。

8. 可以不使用文档名称或者工作表名称，而在页眉或页脚处输入其他名称。

    A．正确

9. 如果预览的工作表要占用几个页面，用户可以设置行标题出现在每一个页面上。但是必须先关闭打印预览，然后在"页面设置"对话框中执行此操作。

    A．正确

10. "打印内容"对话框中没有以下哪个选项？

    E．以上都有

11. 新建窗口和新建工作表是一样的。

    B．错误

12. 冻结窗格一定要同时冻结行和列。

    B．错误

13. 一个窗口中最多可以设置多少个窗格？

    一个窗口最多可以拆分为四个窗格

14. 可以隐藏 Excel 窗口中的所有工作簿。

    A．正确

Lesson 6

1. 图表中的系列是指：

    C．图表中的一组数据

2. 试解释什么是图表。

    图表是用于展示数据的图形形式的工具。

3. 如何创建图表？

    选择数据区域，然后通过图表向导创建图表。

4. 如果依照工作表上的数据创建图表，该图表将在保存工作簿时自动保存。

    A．正确

5. 只能将图例放置在图表的上方、下方、角落和垂直边处。

    B．错误

6. 如果单元格四周有黑色的边框，则说明该区域已被选择，可以进行更改。

    A．正确

7. 可以同时查看图表和数据列表。

    A．正确

8. 可以同时打开几个图表。

    A．正确

9. 下列哪一个不是图表中的类型？

    D．蛋糕型

10. 在什么情况下饼图更为实用？

    显示每一数值相对于总数的百分比时，饼图更为实用。

11. 在打印预览模式下，无论是黑白打印机还是彩色打印机，Excel 都会显示彩色图表的打印预览。

    B．错误

12. 以下哪种方法不可以为现有的图表添加数据：

    C．使用滚动条

Lesson 7

1. 什么是函数？为什么要使用函数？

   使用函数可以通过简单的方式创建公式。例如，求和功能可以用于创建加法公式。

2. Excel 函数的基本类别都包括哪些？

   Excel 函数的基本类别包括数据库、日期与时间、财务、信息、逻辑、查找与引用、数学与三角函数、统计和文本函数。

3. 函数的基本语法是什么？

   =FUNCTION(ARGUMENT)

4. "插入函数"功能有什么用途？

   该功能下的"插入函数"对话框将显示所有的函数，并按照最近使用过的函数进行排列，或者依据前面介绍的函数分类排列。用户可能无法记住每个函数的语法，但却可以确定自己将要使用的函数功能，只要用户输入简单描述或者提示性的词语，插入函数功能就可以辨别并且推荐所需的函数。

5. ROUND()函数和 ROUNDUP()函数有什么区别？

   ROUND()按指定的小数位数进行四舍五入。如果指定的小数位数是负数，就四舍五入到小数点左边的指定数位。ROUNDUP()和 ROUND()函数一样，但总是取比指定数位数字更大一个的整数，或者更小一个的负数。

6. 下面哪个函数可以计算含有数值和文本单元格的个数？

   B. COUNTA()

7. 下面哪个不属于财务函数？

   C. AVERAGE()

8. =IF 函数包含三个参数：the value if true、the value if false、the logical test。它们在=IF 函数中的顺序是怎样的？

   =IF 函数，逗号，True value, 逗号，False value。

9. 如何使用 NOW()函数？

   NOW()函数用于需要返回日期时间格式的当前日期和时间的情况。

10. 如果要改变文本的大小写字母，应该使用哪个函数？

    使用=UPPER（用于大写），=LOWER（用于小写），=PROPER（用于适当格式）。

11. 如果销售额超过\$10 000 可以获得 5%的奖金销售额超过\$20 000 后可以额外多获得 2%的奖金，用什么函数可以执行该计算？假设销售总额显示在单元格 A1 中。

    =IF(A1>10000,IF(A1>20000,500+(A1-20000)*.07, (A1-10000)*.05),0)

    或者

    =((A1>1000)*(A1-1000)*.05+(A1-2000)* (A1-2000)*.02)

Lesson 8

1. 单元格中的数据可以垂直对齐、靠上、居中或者靠下。

   A. 正确

2. 格式刷的主要功能是什么？

   C. 将工作表中一个单元格区域的格式迅速复制到另一个单元格区域

3. 公式或数值的单元格都不应该被隐藏，因为这样它们将无法被引用。

   B. 错误（任何隐藏在单元格中的数据都将被计算在公式中）

4. 下面哪一个可能是需要隐藏行或列的原因？

   D. 以上都是

5. 工作簿必须至少包含一个不被隐藏的工作表。

   A. 正确

6. 与其他用户共享工作簿时，批注有哪些用途？

   共享一个工作簿的多个用户可以给工作表添加各自区分的注释。最终的用户可以依据每一条批注做相关处理，如果需要还可以查看初稿。

7. 在状态栏会显示单元格所应用样式的名称。

   B. 错误（当前所选择的样式名称不会显示在工具栏中，但是可以通过自定义工具栏显示样式名称，让用户方便查看当前激活的单元格样式）

8. 列出绘图工具栏中任意三个按钮的名称。

   "文本框"、"插入艺术字"、"箭头"。

9. 绘图工具栏是一个浮动的工具栏。

   A. 正确

10. 在调整图形大小之前，首先要做什么？

    首先要选定对象。

11. 艺术字都有哪些功能？

    艺术字能够设置各种富有艺术色彩的文字。

12. 可以通过哪个资源获得剪贴画?

    D. 以上都是

Lesson 9

1. 什么是 URL? 它的用途是什么?

    uniform resource locator,URL 是文档在 Internet 或内网中的唯一地址。

2. 下面关于超链接的描述中哪一项是不恰当的?

    B. 只能用于已经以网页形式存储的引用文档

3. 什么是网页?

    网页是含有文本和图表的文档。

4. 由 Excel 工作表创建的网页只能用 Microsoft Internet Explorer 浏览器打开。

    B. 错误(所有的浏览器都可以显示 Excel 中创建的文档,但是使用前用户需要检查显示的内容是否一致)

5. 由 Excel 电子表格创建的网页只允许用户浏览数据,不允许更改网页内容。

    B. 错误(交互式网页可以允许更新工作表并且使用其他常用功能)

6. 下面关于"自动筛选"功能的描述哪一项最恰当?

    D. 以上均为恰当描述

7. "排序"对话框中的次要关键字有什么作用?

    决定排序中接下来使用的列。当有多个行含有主要关键字时,该选项可以决定这几行的排序。

8. 下面的哪一个选项可以限制查找功能只能搜寻到那些与查找内容完全匹配的单元格?

    A. 单元格匹配

9. 替换功能是查找功能的一个扩展。可以先使用"查找"选项卡搜索整个工作表以确认查找到内容的正确性,然后再切换到"替换"选项卡,这时用户就可以准确无误地替换数据。

    A. 正确

10. 键盘上的哪个键能够用于快速激活定位功能?

    按 F5 键可以快速激活定位功能。

11. 筛选工具的作用有哪些?什么是自动筛选工具?

    自动筛选工具即筛选掉工作表中不需要的数据并将其隐藏。

12. Excel 工作表的数据可以被导入到某些文本类型的文档中,列举两种文本类型。

    空格分隔或制表符分隔。

13. 列举三种不同的信息检索工具。

    可以查看有关股票的财务报告、股票信息、公司资料,还可以通过在线帮助学习使用某些功能。

14. 列举两个可以更改 Excel 默认设置的选项名称。

    按 Enter 键后移动(改变按【Enter】键后单元格指针移动的方向)和记忆式键入(自动键入功能)。

Appendix E　Microsoft Office Excel 2003 专业测试目标

Microsoft Office Excel 2003 专业级考试技能要求	Microsoft Office Excel 2003 专家级考试技能要求
创建数据和内容	**组织和分析数据**
输入和编辑单元格中的内容	使用分类汇总功能
移动单元格中的内容	定义和使用高级筛选功能
输入、选择和插入数据	将数据分组和分级显示
插入和移动图表，调整图表大小	使用数据有效性功能
分析数据	创建和修改数据分列
使用自动筛选功能筛选数据列表	增添、显示、关闭、编辑、合并汇总条件
数据排序	使用工具分析数据
插入和修改公式	创建数据透视表和数据透视图
使用统计、日期与时间、财务和逻辑函数	查找和信息检索
根据工作表中的数据创建、修改和移动图表	使用数据库功能
为数据和内容设置格式	检查引用和从属单元格以及公式中的错误
使用和修改单元格格式	查找无效的数据和公式
使用和修改单元格样式	检查和评估公式
修改行和列的格式	定义、修改、使用定义名称区域
设置工作表格式	使用 XML 构建工作簿
分享	**为数据和内容设置格式**
插入、查看、编辑批注	创建和修改自定义的数据格式
管理工作簿	使用条件格式
从模板中创建新工作簿	为图片设置格式调整大小
插入、删除、移动单元格	为图表设置格式
创建和修改超链接	**分享**
组织工作表	保护单元格、工作表和工作簿
通过其他视图查看工作表	使用工作簿的安全设置
自定义窗口布局	分享工作簿
设置要打印的页面	合并工作簿
打印数据	记录、接受和拒绝工作簿中的修订
使用文件夹管理工作簿	**管理数据和工作簿**
依据不同需求使用恰当的格式保存工作簿	将数据导入 Excel
	将数据导出 Excel
	发布和编辑含有工作表或者工作簿的网页

续　表

Microsoft Office Excel 2003 专业级考试技能要求	Microsoft Office Excel 2003 专家级考试技能要求
	创建和编辑模板
	合并数据
	定义和修改工作簿的属性
	自定义 Excel
	自定义工具栏和菜单
	创建、编辑和使用宏
	更改 Excel 的默认设置